계산의 신 神

예비초 2

계산의 신 예비초 2

계산의 신(神)

예비초 2

학습 내용 미리보기

- 본격적인 학습에 들어가기 전, 어떤 내용을 배우게 될지 그림으로 미리 알려 줍니다. 익숙한 상황을 그림을 통해 보면서 학습 동기를 파악할 수 있습니다.

개념과 원리 이해

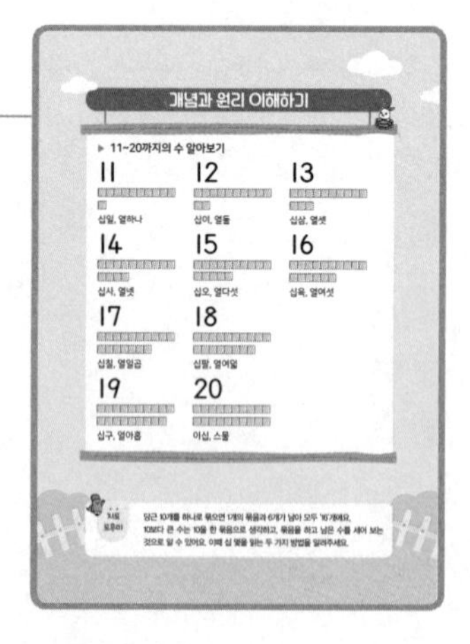

- 학습 내용 미리보기를 통해 확인한 예시를 풀어내면서 개념과 연산 과정을 확인하게 해 줌으로 개념과 원리를 쉽게 이해할 수 있습니다.

매일 2쪽씩 연산 연습

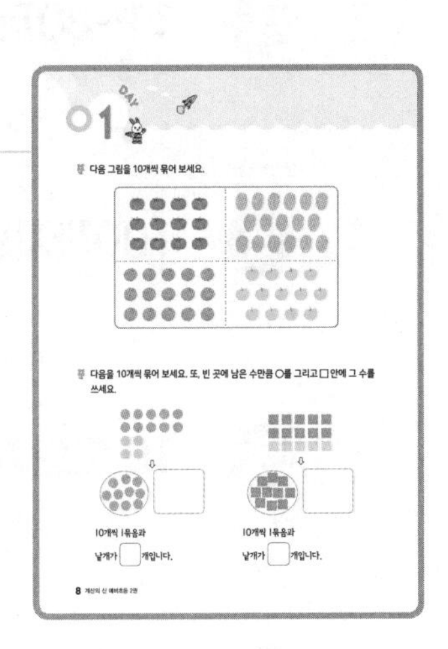

- 다양한 형태의 문제로 쉽고 재미있게 연산을 할 수 있습니다. 매일 2쪽씩 꾸준히 학습하는 습관을 기르고, 연산의 기본기를 튼튼히 다집니다.

학습 진도표

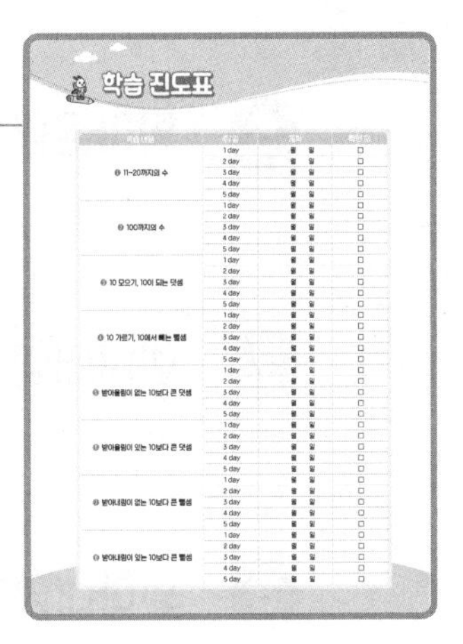

- 매일 문제를 풀면서 학습 진도표에 체크해 보세요. 매일 학습하는 습관과 성취감을 키울 수 있습니다.

차례

학습 내용	주/일	계획	확인 ☑
❶ 11~20까지의 수	1 day	월 일	☐
	2 day	월 일	☐
	3 day	월 일	☐
	4 day	월 일	☐
	5 day	월 일	☐
❷ 100까지의 수	1 day	월 일	☐
	2 day	월 일	☐
	3 day	월 일	☐
	4 day	월 일	☐
	5 day	월 일	☐
❸ 10 모으기, 10이 되는 덧셈	1 day	월 일	☐
	2 day	월 일	☐
	3 day	월 일	☐
	4 day	월 일	☐
	5 day	월 일	☐
❹ 10 가르기, 10에서 빼는 뺄셈	1 day	월 일	☐
	2 day	월 일	☐
	3 day	월 일	☐
	4 day	월 일	☐
	5 day	월 일	☐
❺ 받아올림이 없는 10보다 큰 덧셈	1 day	월 일	☐
	2 day	월 일	☐
	3 day	월 일	☐
	4 day	월 일	☐
	5 day	월 일	☐
❻ 받아올림이 있는 10보다 큰 덧셈	1 day	월 일	☐
	2 day	월 일	☐
	3 day	월 일	☐
	4 day	월 일	☐
	5 day	월 일	☐
❼ 받아내림이 없는 10보다 큰 뺄셈	1 day	월 일	☐
	2 day	월 일	☐
	3 day	월 일	☐
	4 day	월 일	☐
	5 day	월 일	☐
❽ 받아내림이 있는 10보다 큰 뺄셈	1 day	월 일	☐
	2 day	월 일	☐
	3 day	월 일	☐
	4 day	월 일	☐
	5 day	월 일	☐

9 11~20까지의 수

밭에 심어진 당근은 모두 몇 개인가요?

개념과 원리 이해하기

▶ 11~20까지의 수 알아보기

11

십일, 열하나

12

십이, 열둘

13

십삼, 열셋

14

십사, 열넷

15

십오, 열다섯

16

십육, 열여섯

17

십칠, 열일곱

18

십팔, 열여덟

19

십구, 열아홉

20

이십, 스물

지도 도우미

당근 10개를 하나로 묶으면 1개의 묶음과 6개가 남아 모두 '16'개예요.
10보다 큰 수는 10을 한 묶음으로 생각하고, 묶음을 하고 남은 수를 세어 보는 것으로 알 수 있어요. 이때 십 몇을 읽는 두 가지 방법을 알려주세요.

DAY 01

다음 그림을 10개씩 묶어 보세요.

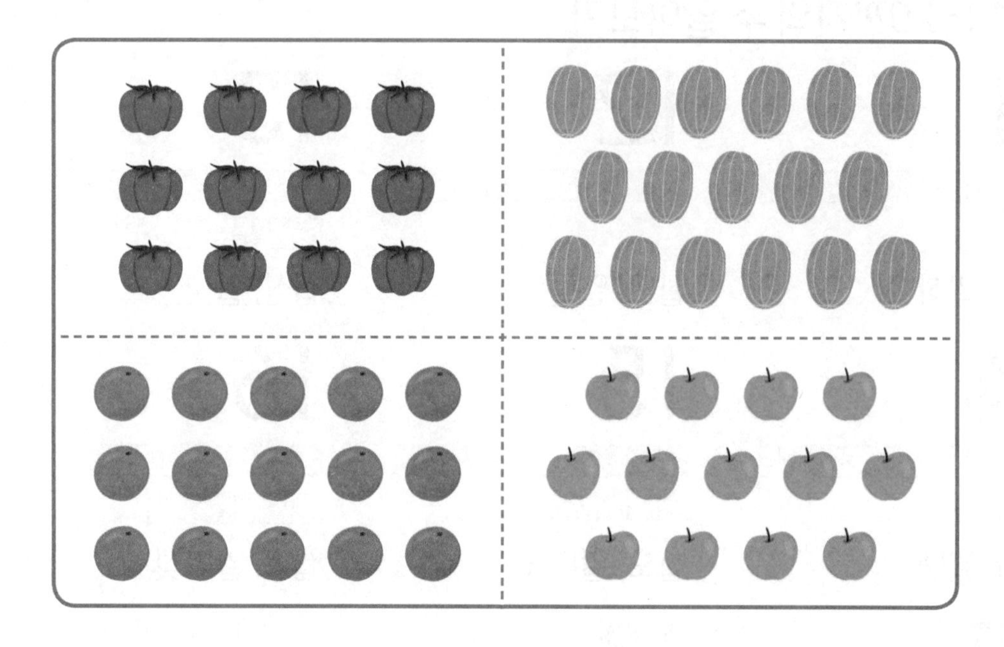

다음을 10개씩 묶어 보세요. 또, 빈 곳에 남은 수만큼 ○를 그리고 □ 안에 그 수를 쓰세요.

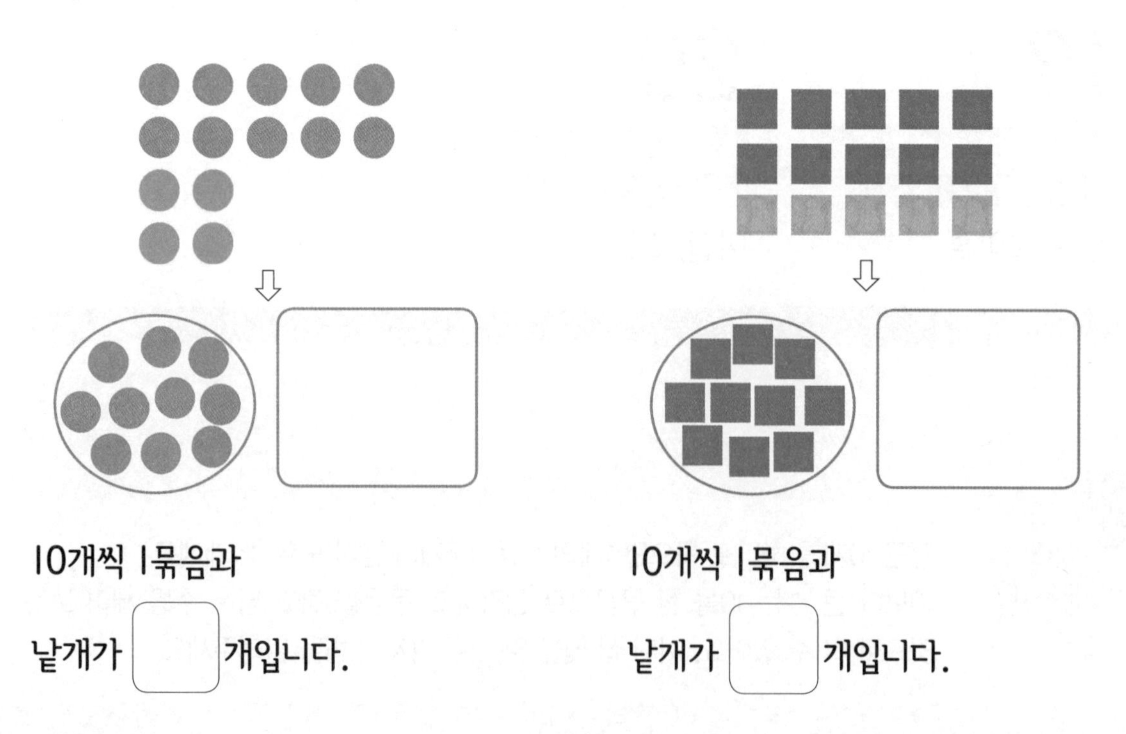

10개씩 1묶음과

낱개가 □ 개입니다.

10개씩 1묶음과

낱개가 □ 개입니다.

수를 쓰고, 읽어 보세요.

11	십일	열하나

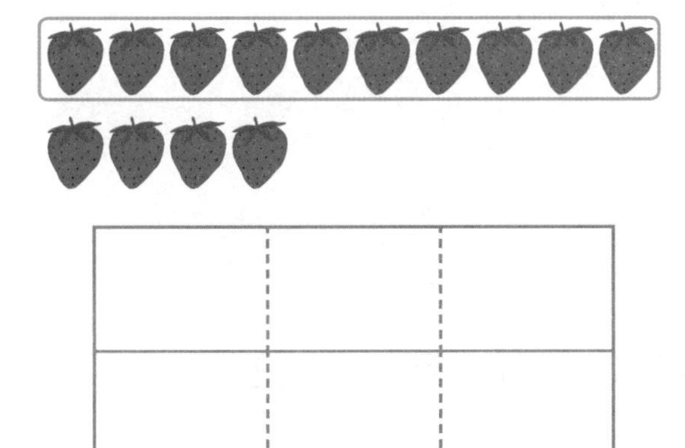

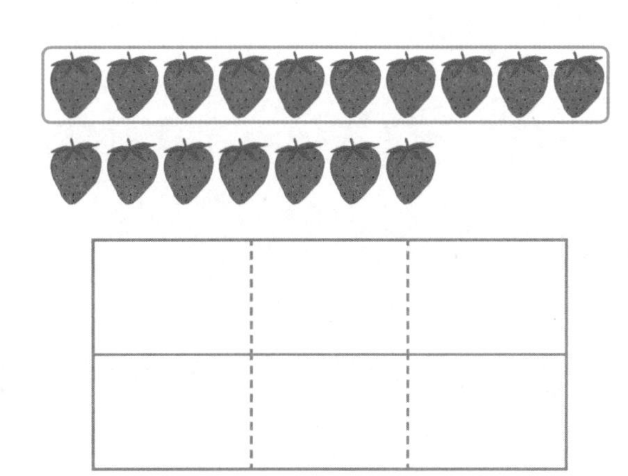

DAY 02

왼쪽의 수와 같아지도록 오른쪽의 ○에 색칠하세요.

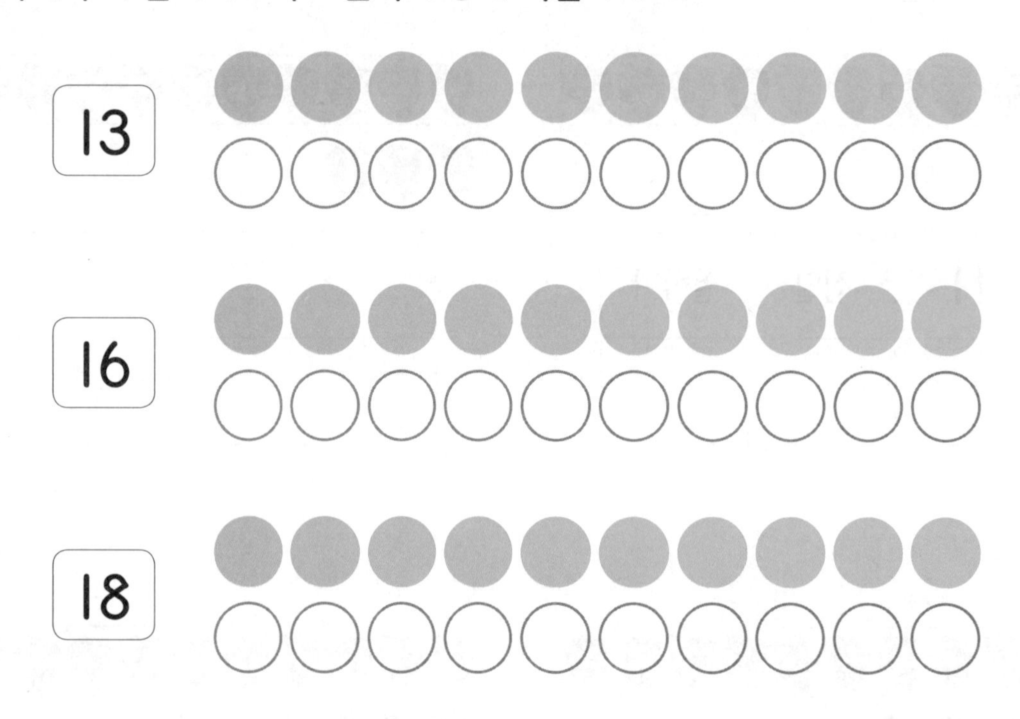

다음 그림을 10개씩 묶고, 남은 수가 같은 것끼리 줄(—)로 이으세요.

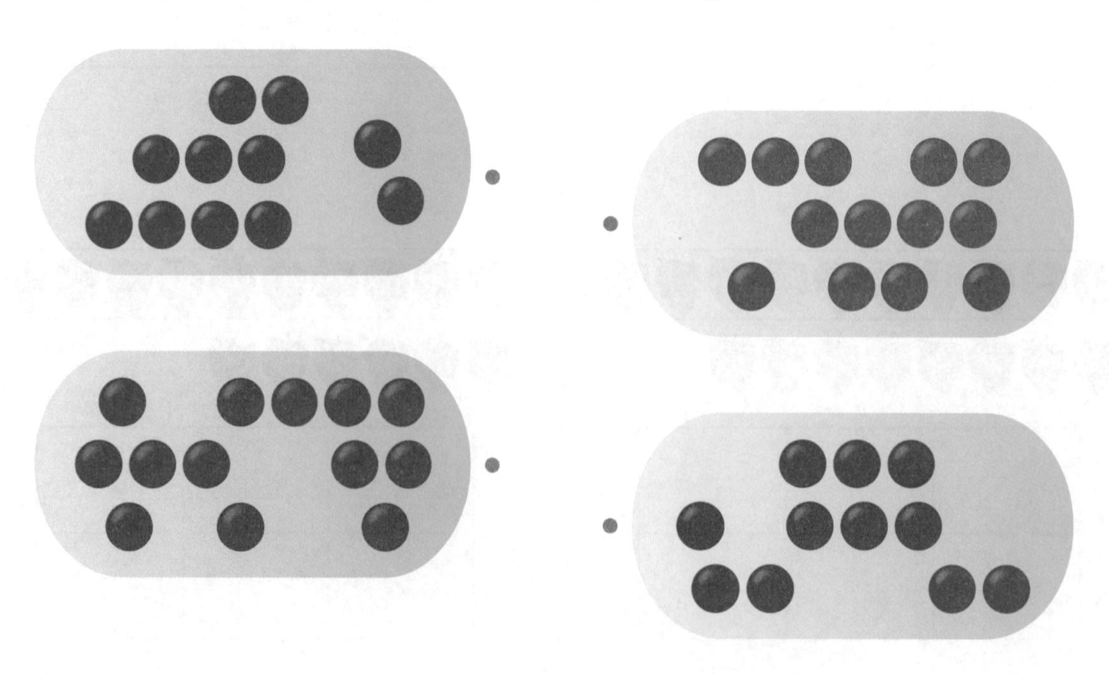

상점에 진열된 셔츠, 바지, 신발을 각각 세어 10개씩 묶고, 남은 것의 개수를 □ 안에 쓰세요.

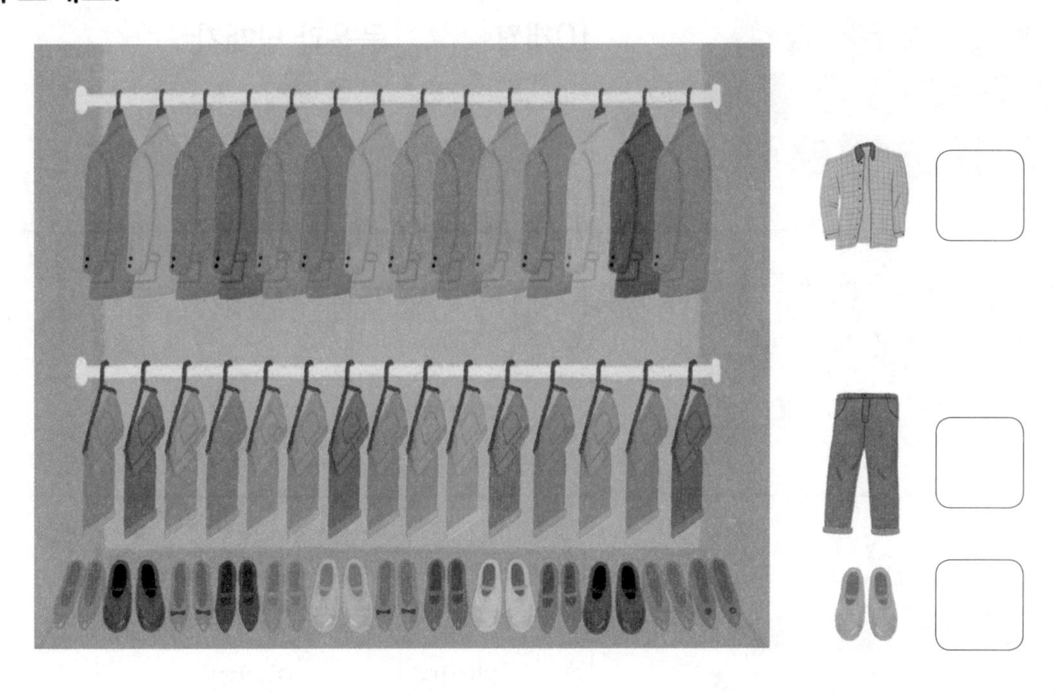

다음 그림을 10개씩 묶고, 남은 수만큼 □ 안에 있는 모양에 색칠하세요.

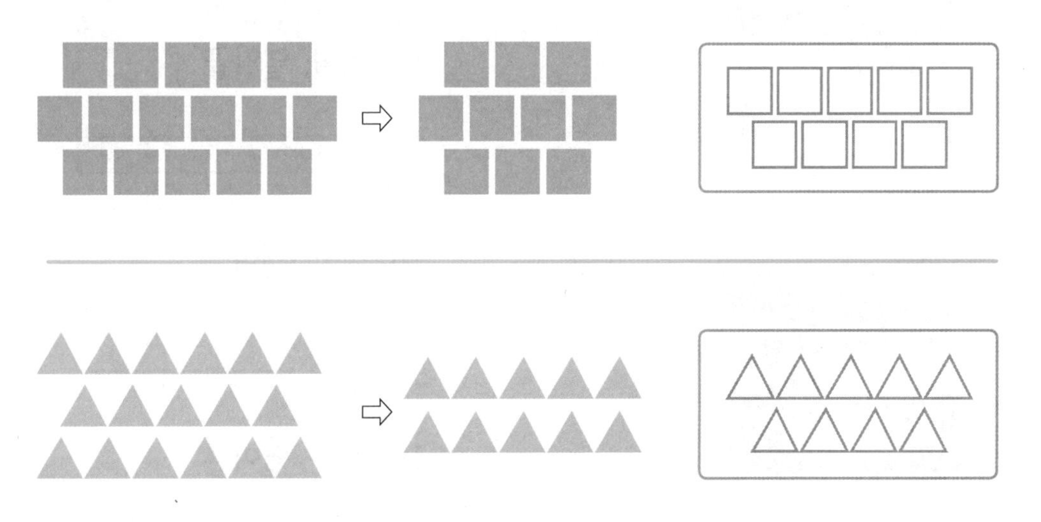

DAY 03

다음 그림을 10개씩 묶고, □ 안에 알맞은 수를 쓰세요.

10개씩 □ 묶음과 낱개가 □ 개이면 □ 입니다.

10개씩 □ 묶음과 낱개가 □ 개이면 □ 입니다.

10개씩 □ 묶음과 낱개가 □ 개이면 □ 입니다.

물건의 수를 세어 보고, 바르게 나타낸 것을 찾아 줄(—)로 이으세요.

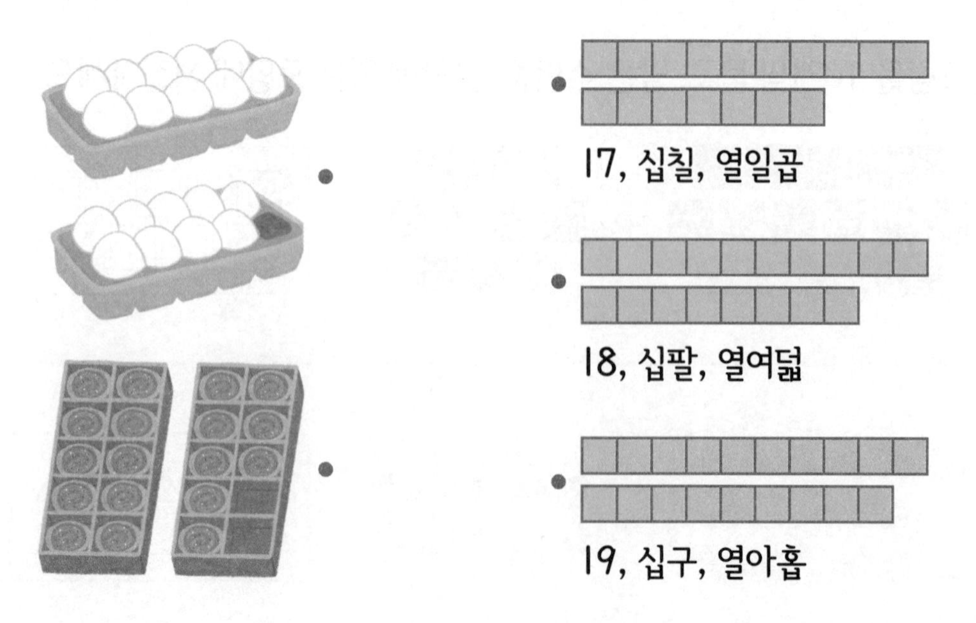

그림을 보고 각각의 수를 세어 알맞은 수에 ○표 하세요.

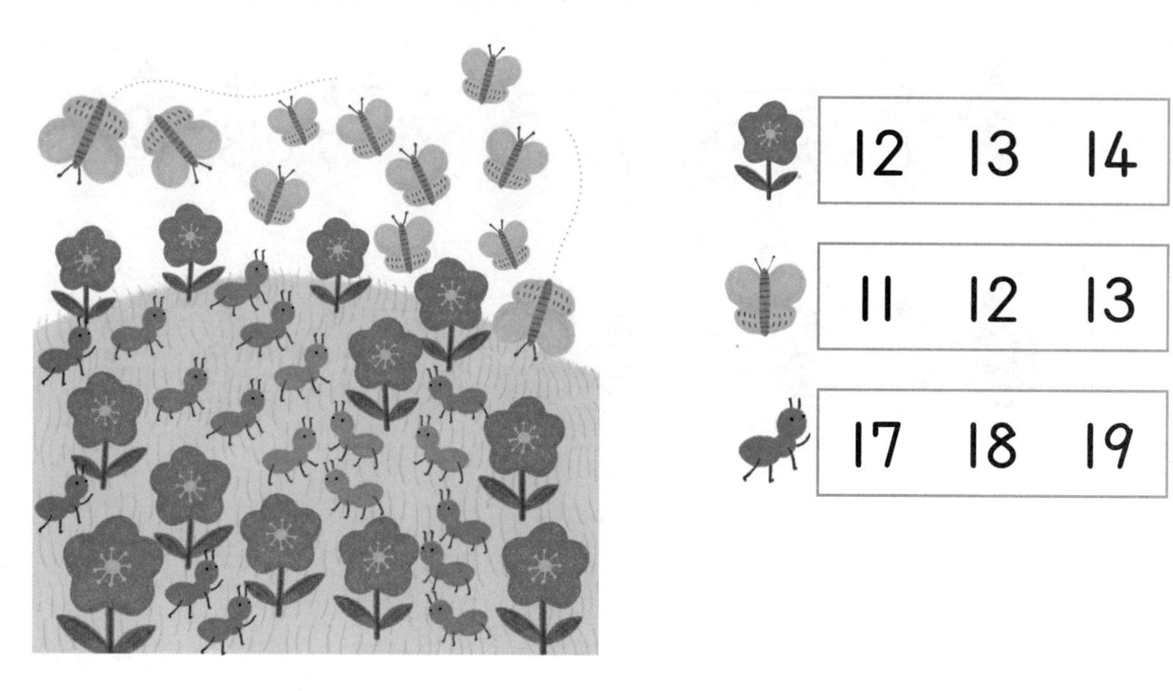

(꽃)	12	13	14
(나비)	11	12	13
(개미)	17	18	19

몇 개인지 세어 보고, □ 안에 알맞은 수를 쓰세요.

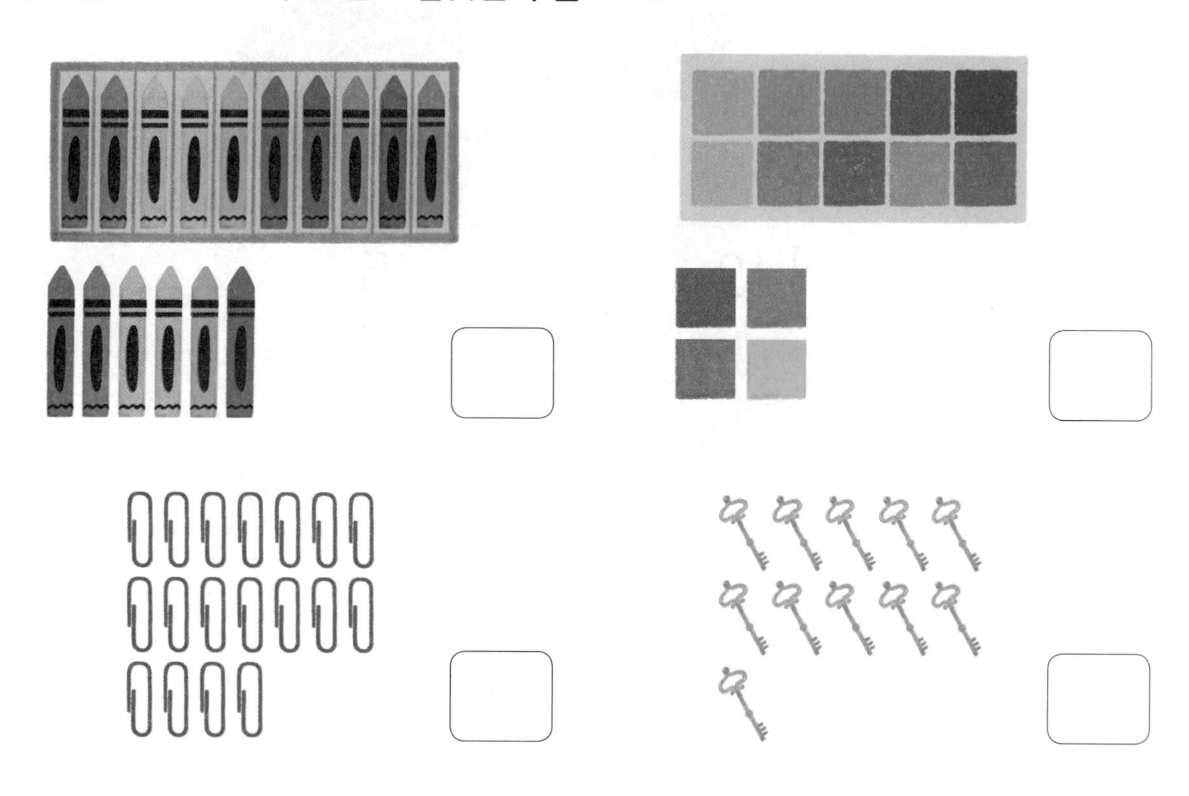

수의 순서에 맞게 빈 곳에 알맞은 수를 쓰세요.

수의 순서에 맞게 빈칸에 알맞은 수를 쓰세요.

수의 순서에 맞게 빈 곳에 들어갈 알맞은 수를 찾아 같은 색으로 색칠하세요.

9	10	11
12	13	14
15	16	17
18	19	20

수의 순서에 맞게 빈 곳에 알맞은 수를 쓰세요.

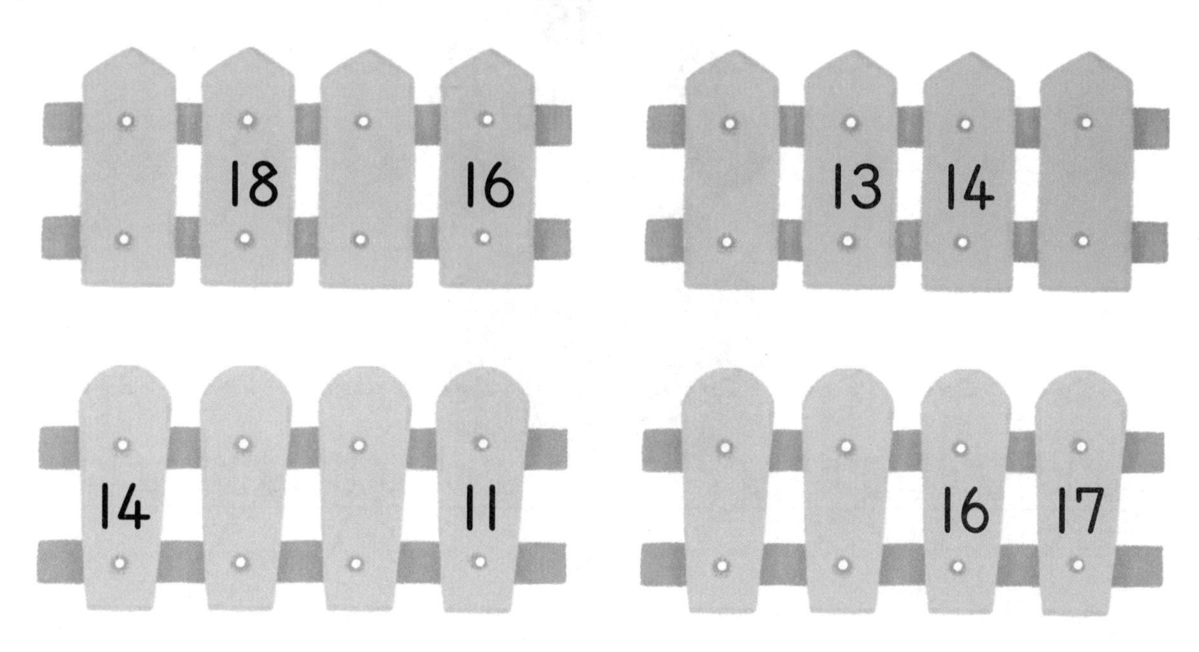

다음 수를 작은 수부터 차례대로 쓰세요.

11 13 14 12 15

16 17 15 18 19

13 15 17 14 16

다음 수를 큰 수부터 차례대로 쓰세요.

				15				

집에 도착할 수 있도록 수의 순서대로 길을 찾아가세요.

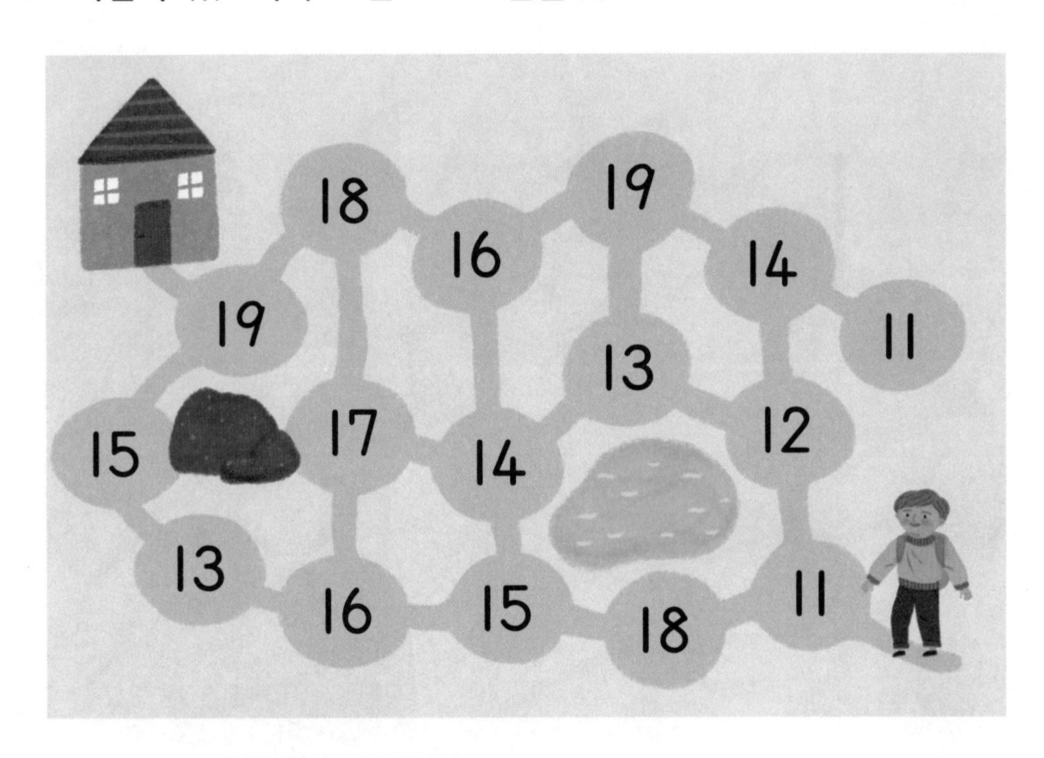

다음 수를 큰 수부터 차례대로 쓰세요.

15 18 19 16 17

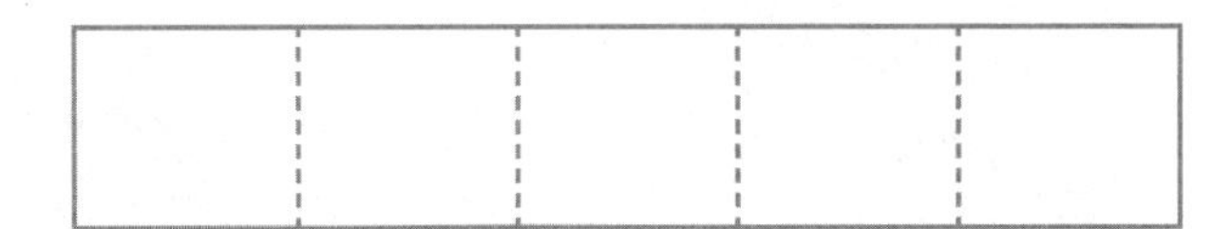

11 14 15 13 12

14 17 15 18 16

10 100까지의 수

계란은 모두 몇 개 있나요?

개념과 원리 이해하기

▶ 10, 20, …, 100까지의 수

10개씩 1묶음
10, 십, 열

10개씩 2묶음
20, 이십, 스물

10개씩 3묶음
30, 삼십, 서른

10개씩 4묶음
40, 사십, 마흔

10개씩 5묶음
50, 오십, 쉰

10개씩 6묶음
60, 육십, 예순

10개씩 7묶음
70, 칠십, 일흔

10개씩 8묶음
80, 팔십, 여든

10개씩 9묶음
90, 구십, 아흔

10개씩 10묶음
100, 백

지도 도우미

10씩 묶음의 수를 세면서 몇십을 알 수 있도록 해 주세요. 10개씩 묶음 ■개는 ■0이고, 이때 낱개의 수는 0이라는 것을 알려 주세요.
수를 읽는 두 가지 방법을 모두 확실히 알고 넘어갈 수 있도록 지도해 주세요.

DAY 01

🌸 10개씩 묶음의 수를 세어 보고, 빈칸에 알맞은 수를 쓰세요.

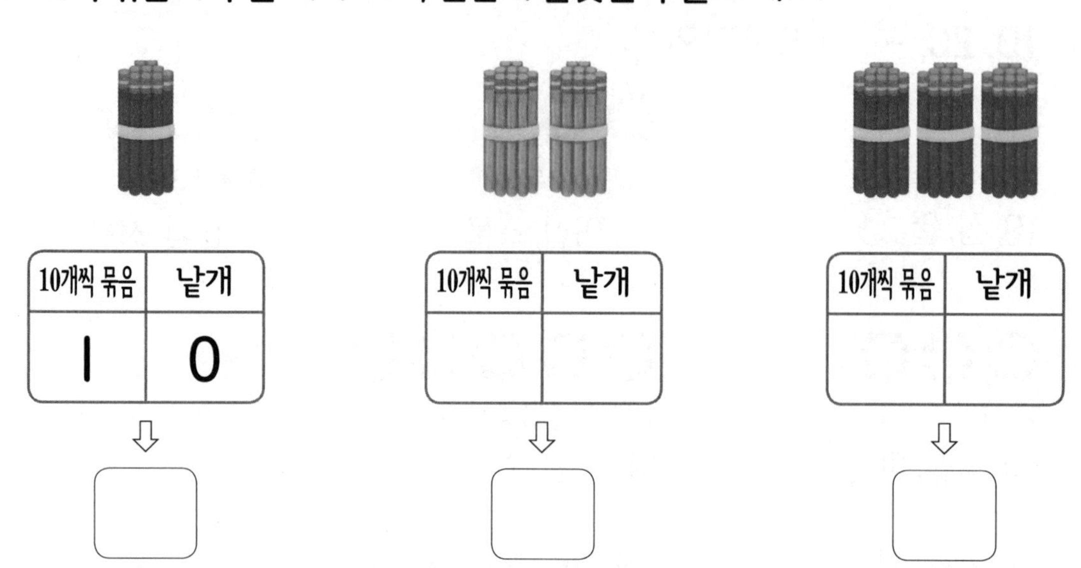

10개씩 묶음	낱개
1	0

10개씩 묶음	낱개

10개씩 묶음	낱개

🌸 그림의 수를 10개씩 묶어 세어 보고, 같은 수를 찾아 줄(—)로 이으세요.

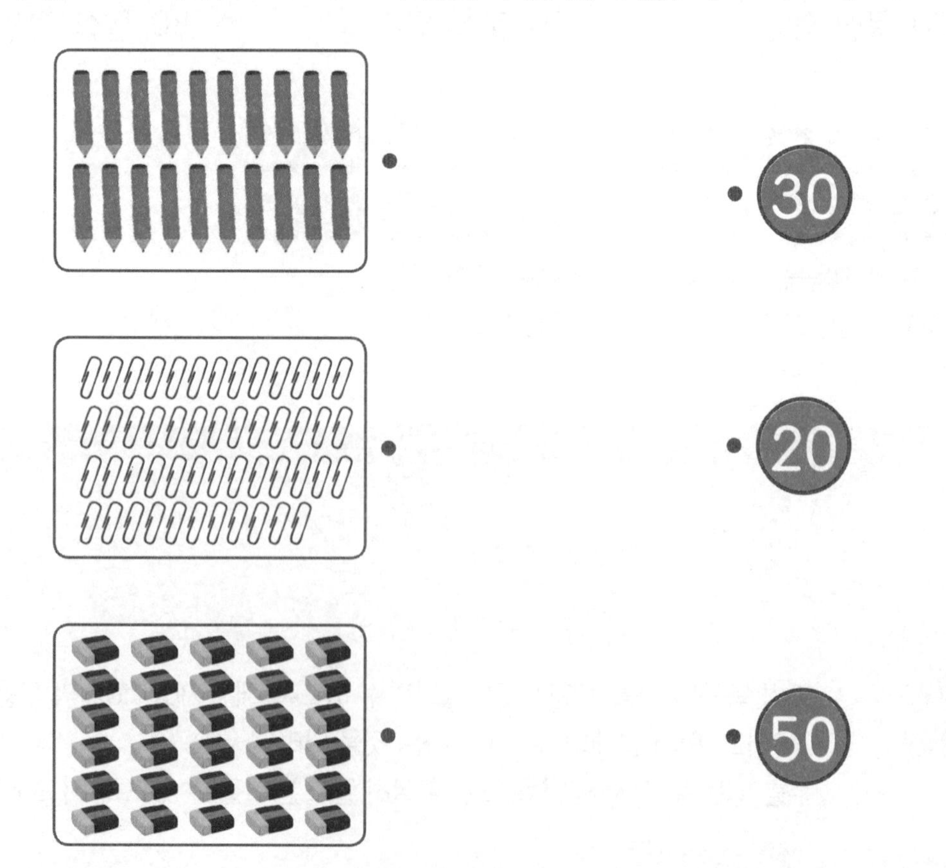

10개씩 묶음의 수를 세어 보고, □ 안에 알맞은 수를 쓰세요.

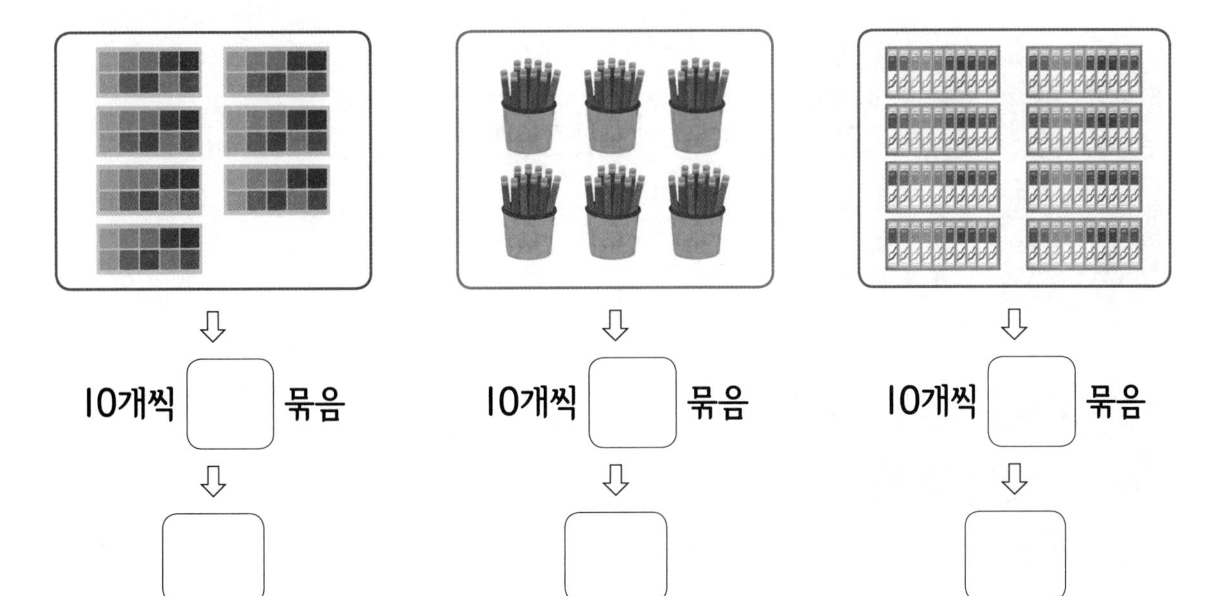

<보기>에 주어진 색을 보고, 같은 수를 찾아 그림에 색칠하세요.

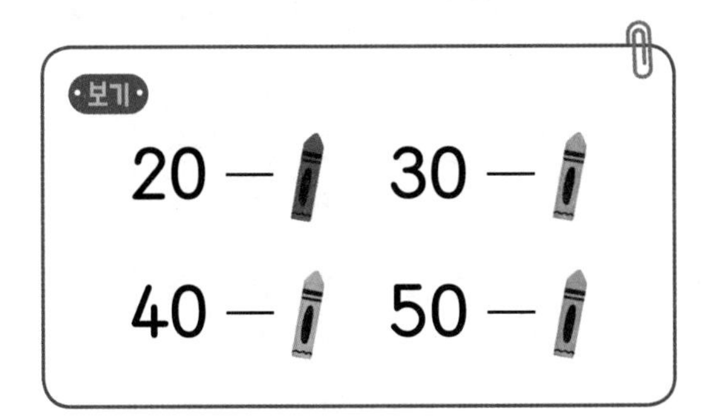

그림을 보고 그 수를 각각 세어 빈칸에 알맞은 수를 쓰세요.

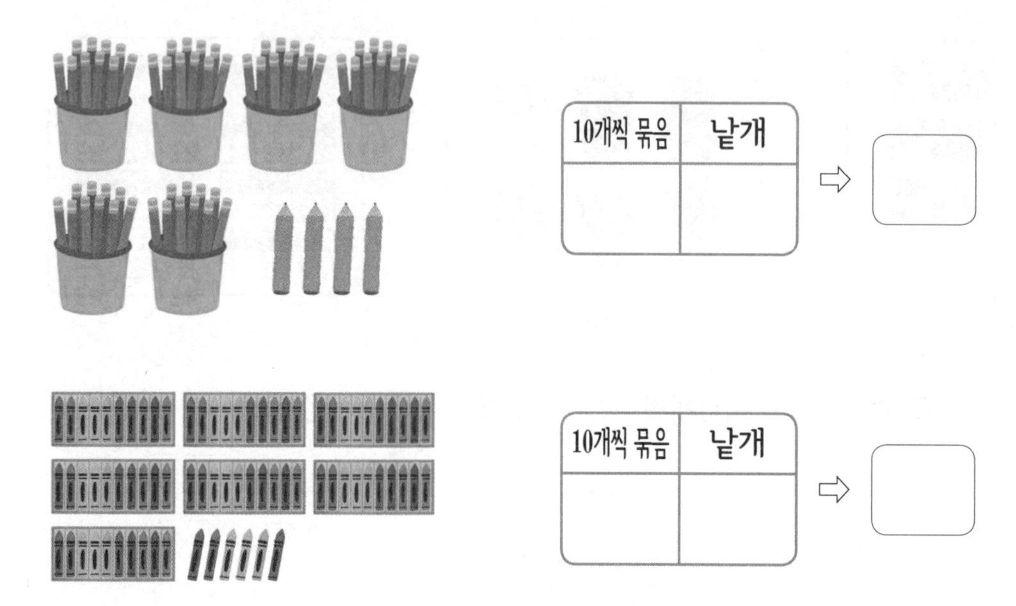

10개씩 묶음	낱개

⇨ ☐

10개씩 묶음	낱개

⇨ ☐

그림의 모양을 10개씩 묶음과 낱개로 나누어 세어 보고, 알맞은 수에 ○표 하세요.

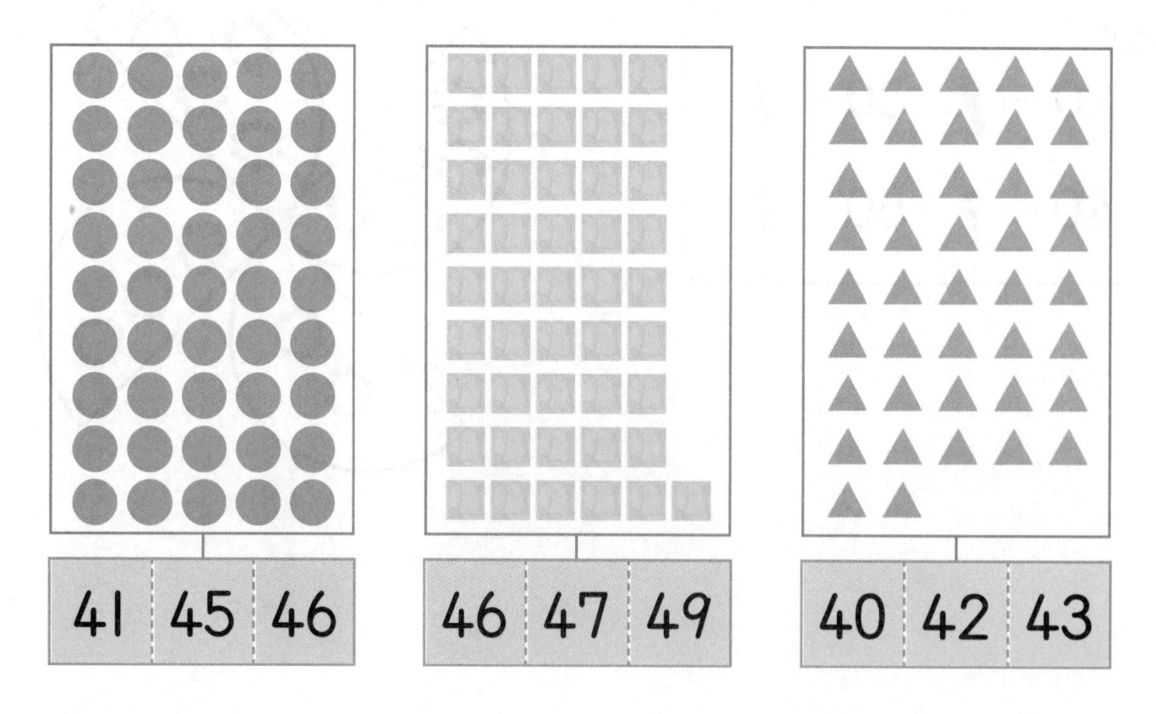

다음을 10개씩 묶음과 낱개로 나누어 세어 보고, □ 안에 알맞은 수를 쓰세요.

10개씩 묶음	낱개

⇨ □

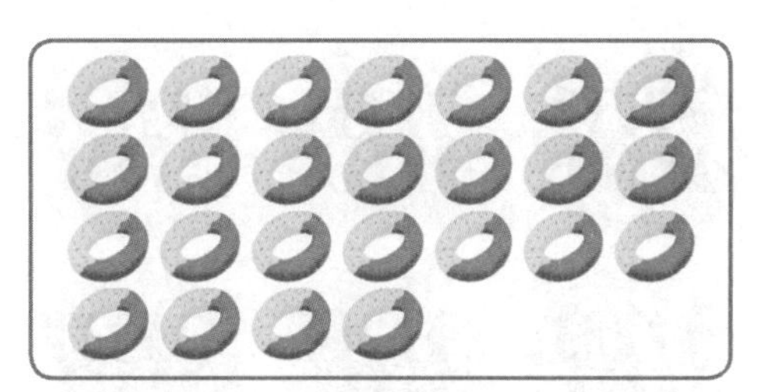

10개씩 묶음	낱개

⇨ □

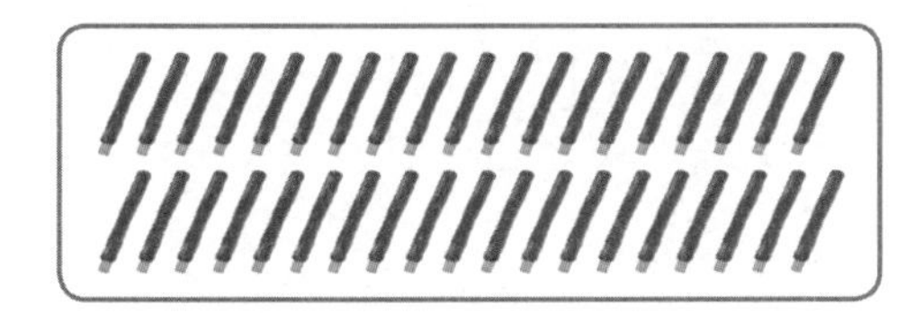

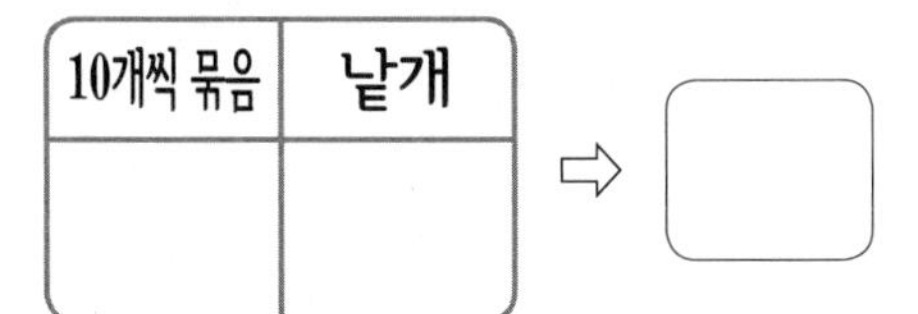

10개씩 묶음	낱개

⇨ □

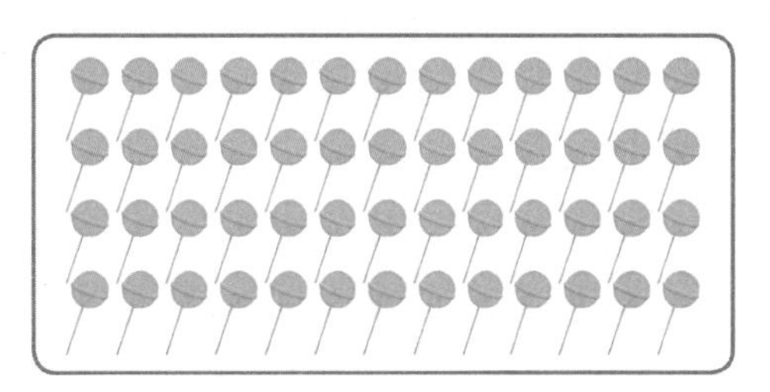

10개씩 묶음	낱개

⇨ □

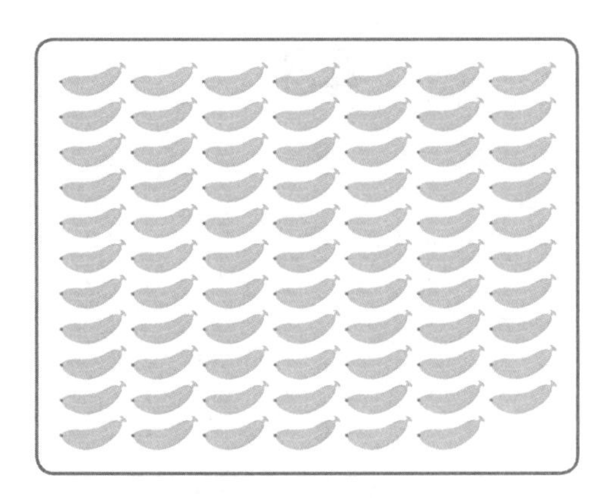

10개씩 묶음	낱개

⇨ □

10개씩 묶음	낱개

⇨ □

DAY 03

모두 몇 개인지 세어 보고, □ 안에 알맞은 수를 쓰세요.

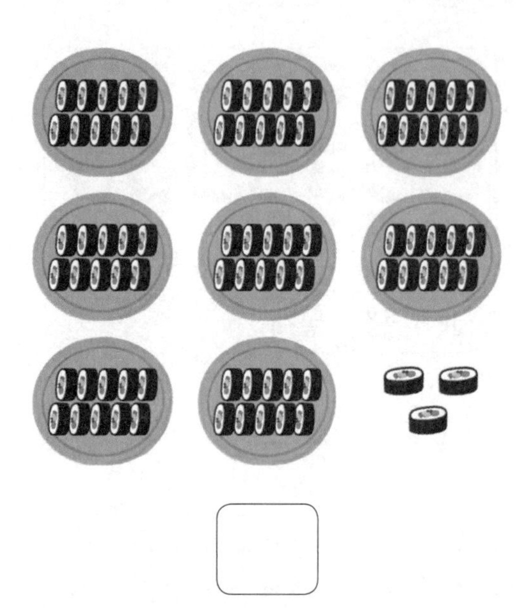

□ 안의 수와 같은 것을 찾아 줄(—)로 이으세요.

37	55	43

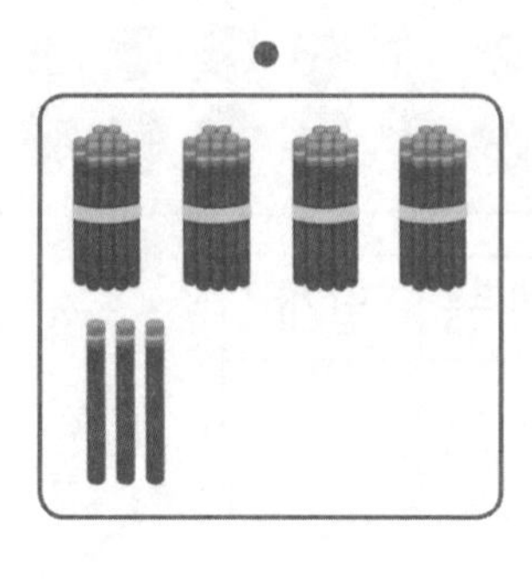

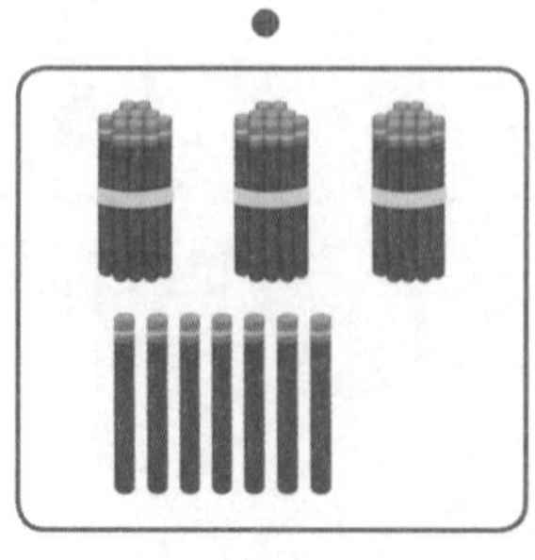

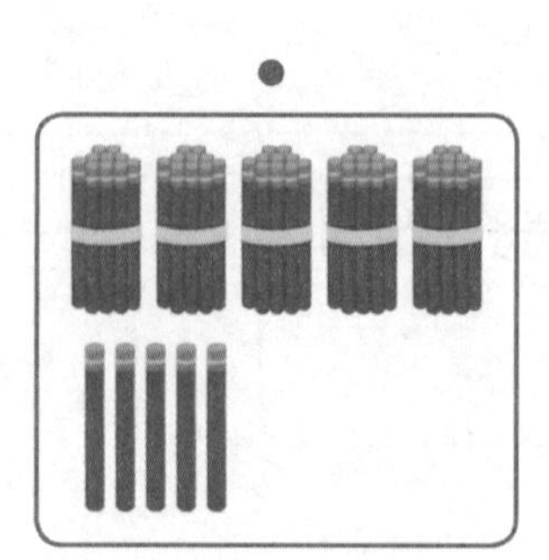

다음을 10개씩 묶음과 낱개로 나누어 세어 보고, □ 안에 알맞은 수를 쓰세요.

10개씩 묶음	낱개

⇨ □

10개씩 묶음	낱개

⇨ □

그림의 수를 세어 보고, ○ 안에 알맞은 수를 쓰세요.

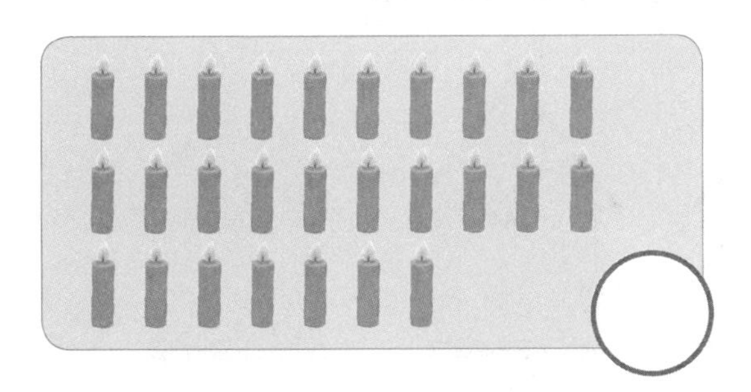

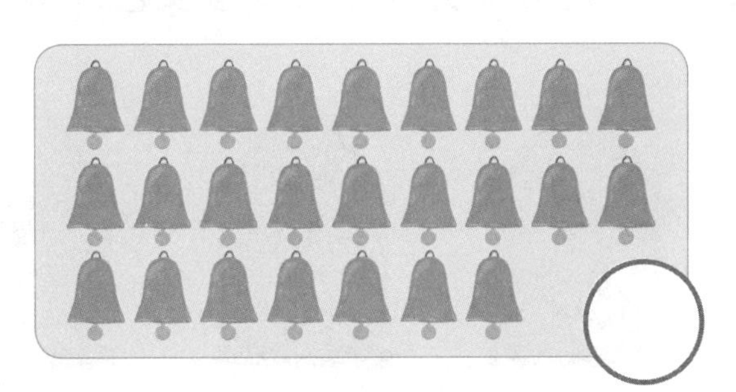

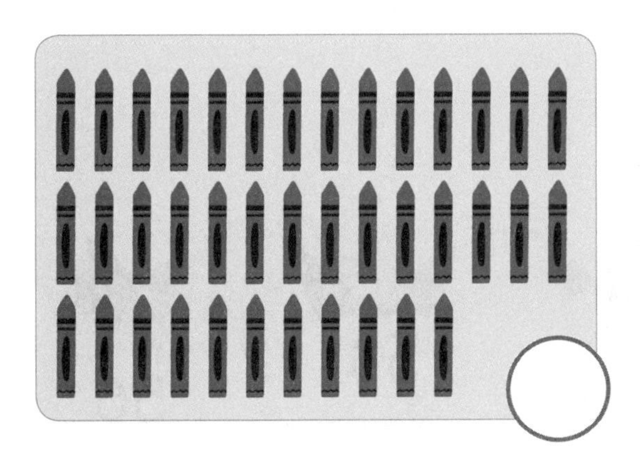

DAY 04

수의 순서에 맞게 빈칸에 알맞은 수를 쓰세요.

10	11	12	13	14	15	16	17	18	19
20		22			25			28	
	31			34			37		
40					45		47		49

수의 순서에 맞게 빈 곳에 알맞은 수를 찾아 줄(—)로 이으세요.

✿ 수의 순서에 맞게 빈 곳에 알맞은 수를 쓰세요.

✿ 수의 순서에 맞게 빈 곳에 알맞은 수를 찾아 ○표 하세요.

64 66 67

94 97 99

57 58 60

85 87 89

수의 순서에 맞게 빈 곳에 알맞은 수를 쓰세요.

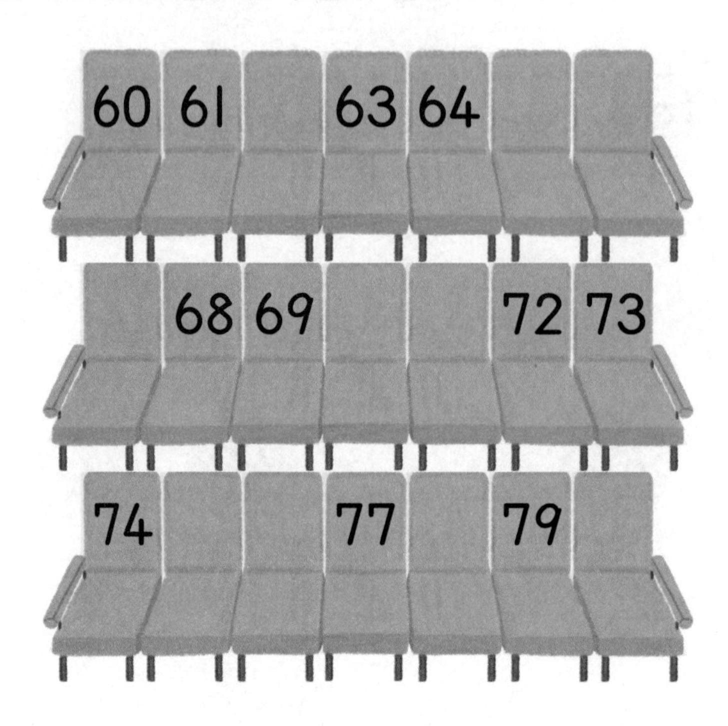

수의 순서에 맞게 빈칸에 알맞은 수를 쓰세요.

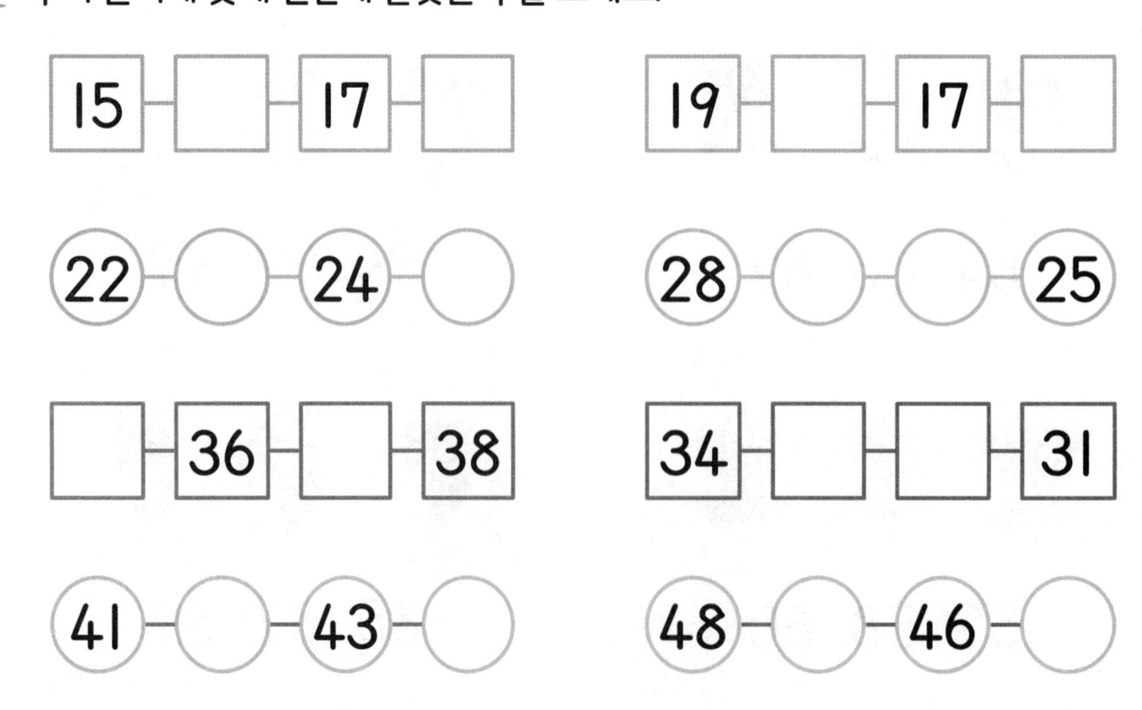

수의 순서에 맞게 빈 곳에 알맞은 수를 쓰세요.

<보기>와 같이 위에 쓰인 수의 1 작은 수에는 파란색을, 1 큰 수에는 빨간색을 색칠하세요.

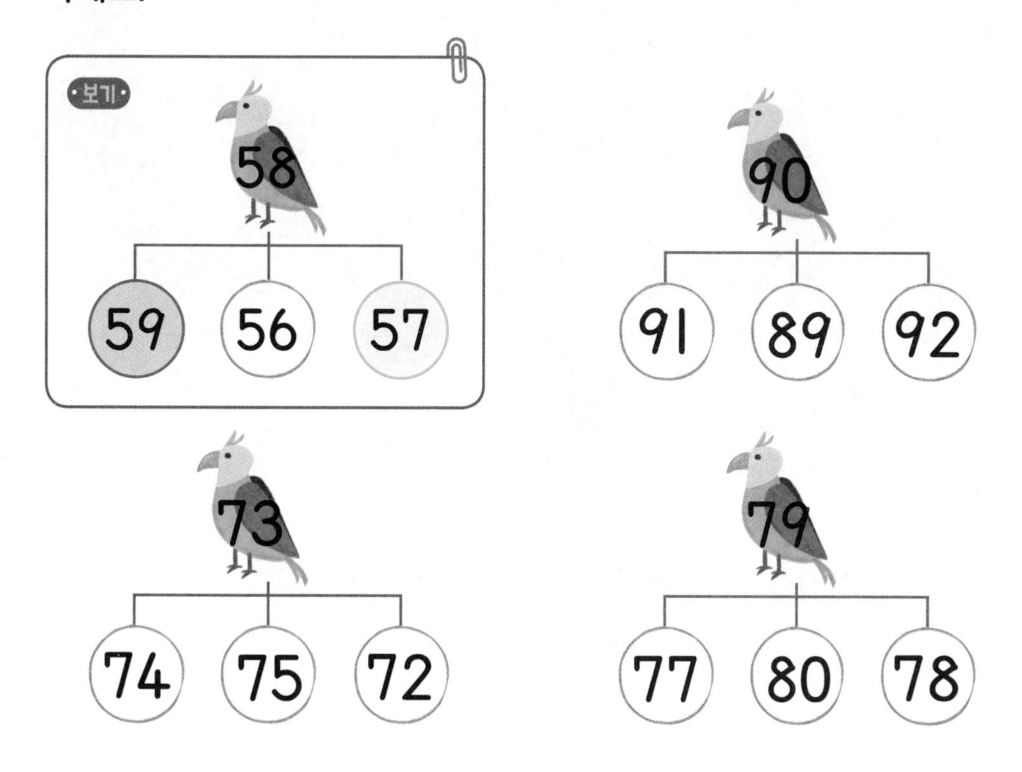

10 모으기 10이 되는 덧셈

10개가 들어가는 상자를 채우려면 몇 개가 더 있어야 할까요?

개념과 원리 이해하기

▶ 10이 되도록 모으기

10개가 들어가는 상자에
과자 7개가 들어 있어요.
상자를 채우려면 남아 있는 곳에
3개를 더해야 해요.

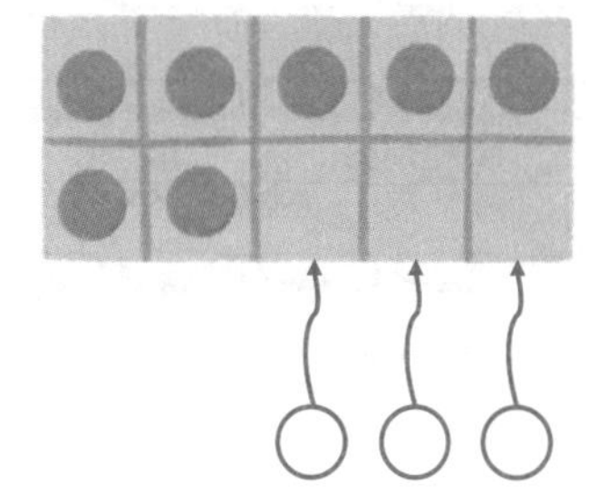

▶ 더하기로 나타내기

7개에 3개를 더하면

$$7 + 3 = 10$$

지도 도우미

세어 가며 모두 10개가 되는 것을 확인하고, 10이 되는 모으기를 알려 주세요.
10의 보수, 즉 10이 되도록 보충해주는 수는
(1—9) (2—8) (3—7) (4—6) (5—5) (6—4) (7—3) (8—2) (9—1)이고 10이 되는 덧셈은 후에 받아올림이 있는 덧셈을 하는데 기초가 됩니다.

DAY 01

그림의 수를 각각 세어 보고, □ 안에 알맞은 수를 쓰세요.

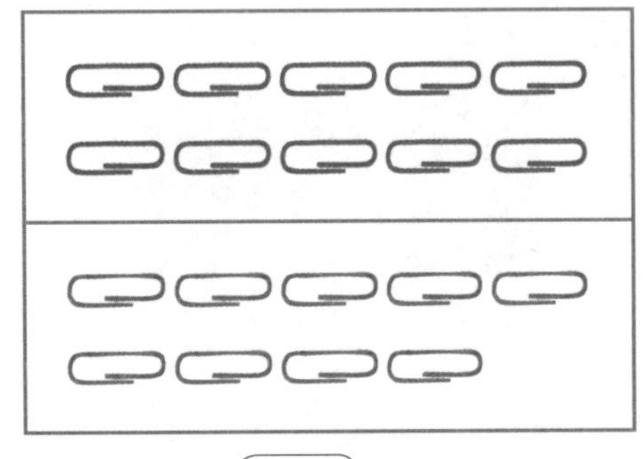

10은 9보다 □ 더 큰 수입니다.

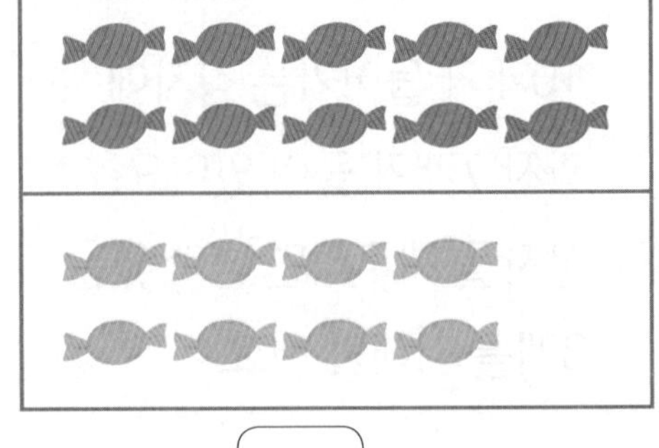

10은 8보다 □ 더 큰 수입니다.

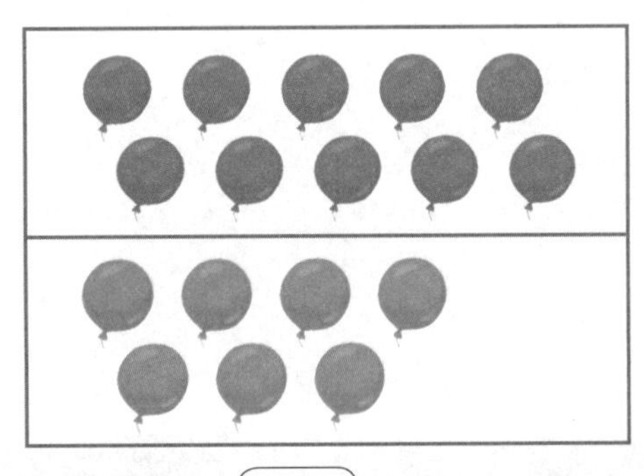

10은 7보다 □ 더 큰 수입니다.

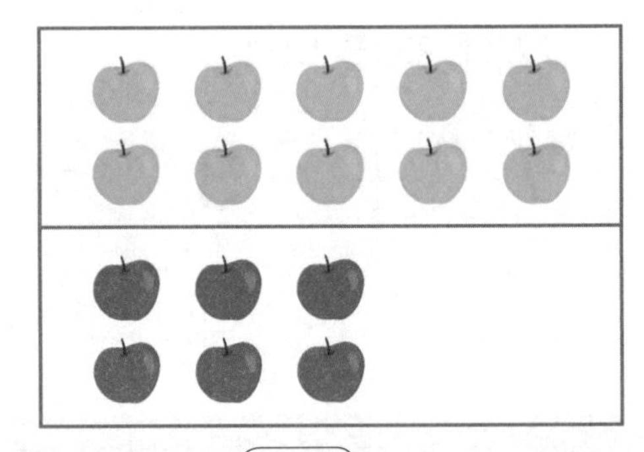

10은 6보다 □ 더 큰 수입니다.

첫째 그림처럼 구슬의 수가 10이 되도록 ○를 이어 그리세요.

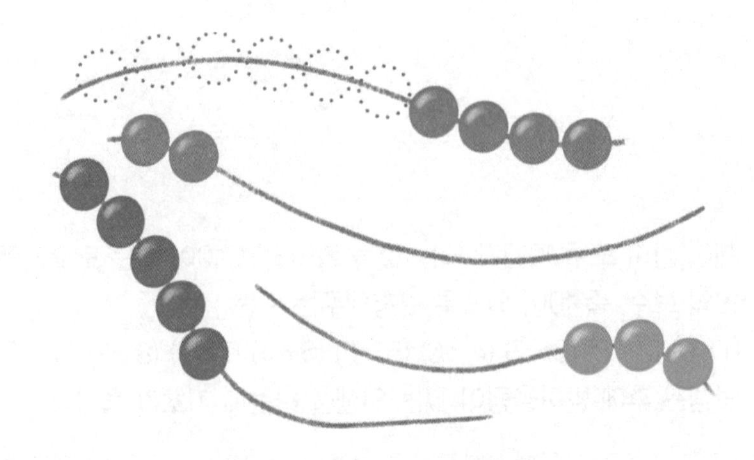

두 수를 모아 10이 되는 것끼리 줄(—)로 이으세요.

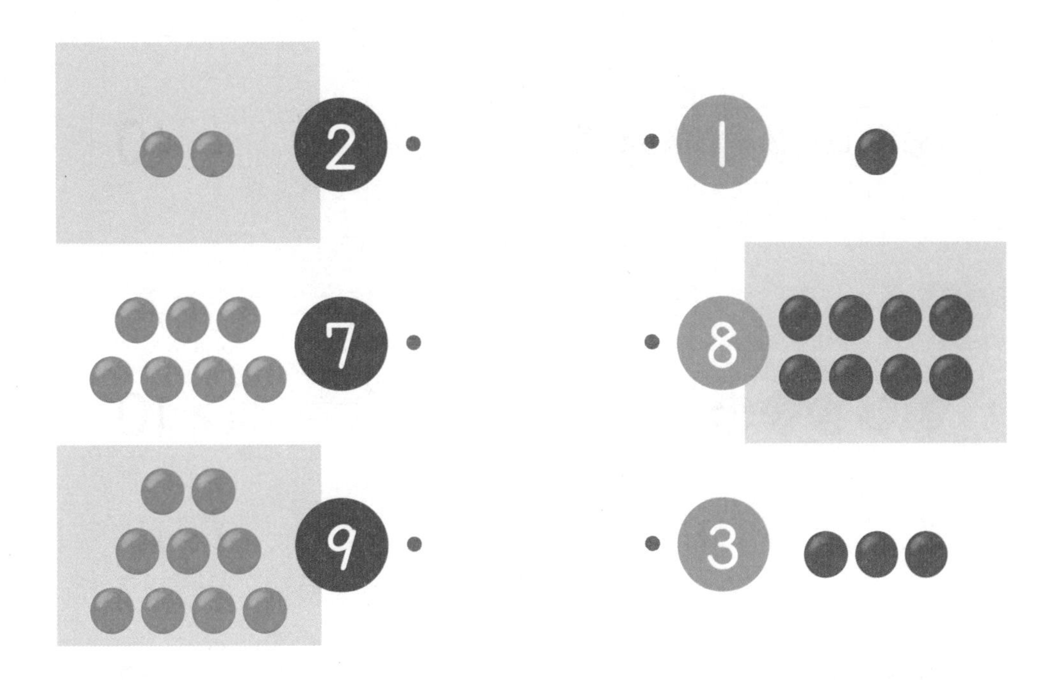

2개씩 들고 있는 풍선에 쓰인 수를 모아 10이 되도록 빈 곳에 알맞은 수를 쓰세요.

DAY 02

●이 10개가 되도록 빈 곳에 알맞은 수만큼 ○를 그리고, □ 안에 수를 쓰세요.

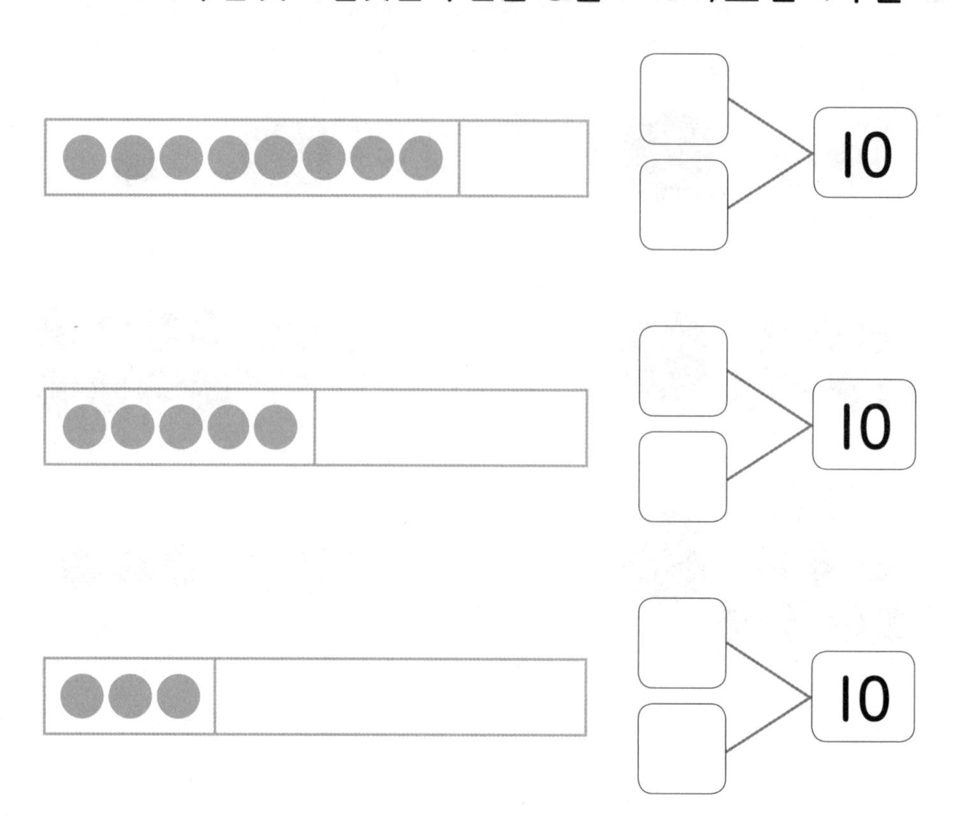

두 수를 모아 10이 되는 것끼리 줄(—)로 이으세요.

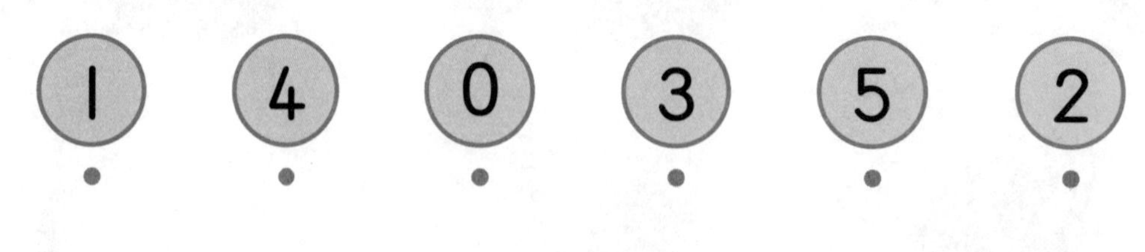

두 수를 모으기 한 그림을 보고, □ 안에 알맞은 수를 쓰세요.

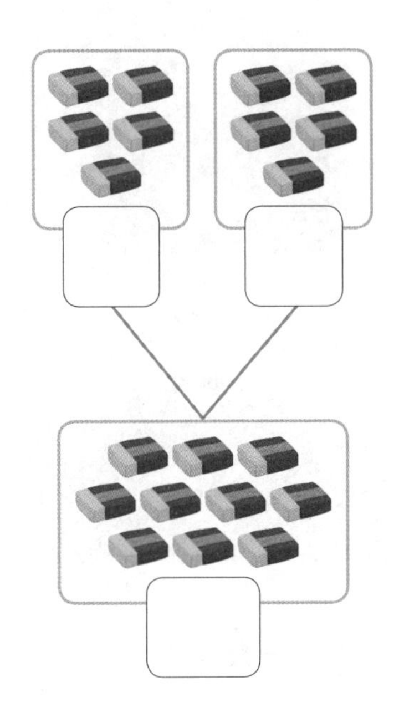

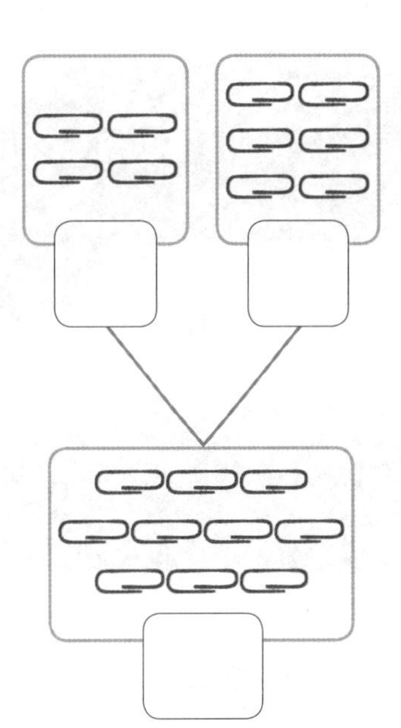

두 수를 하나로 모아 □ 안에 알맞은 수를 쓰세요.

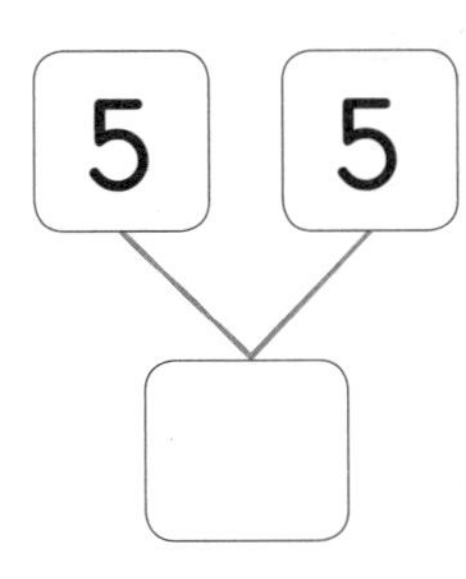

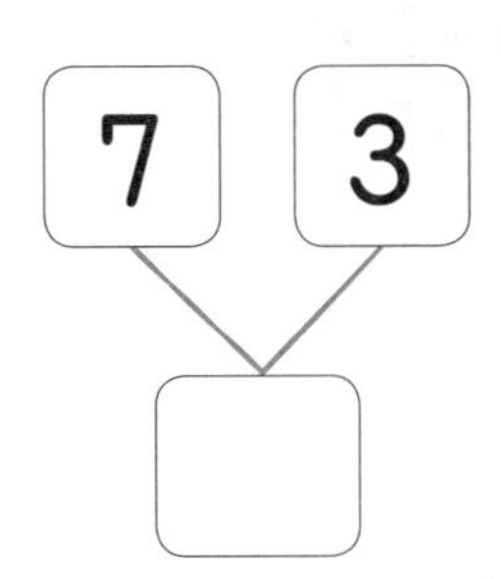

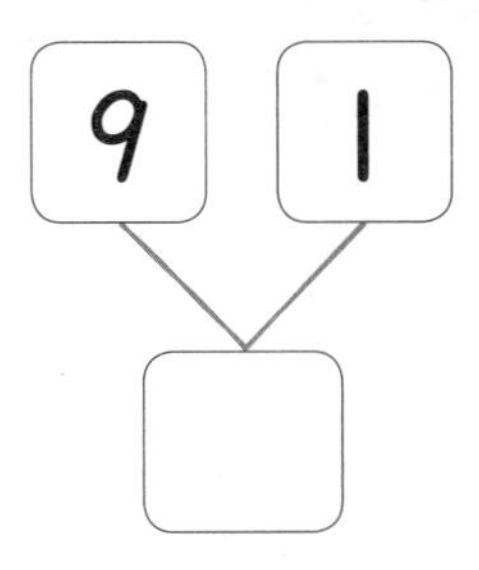

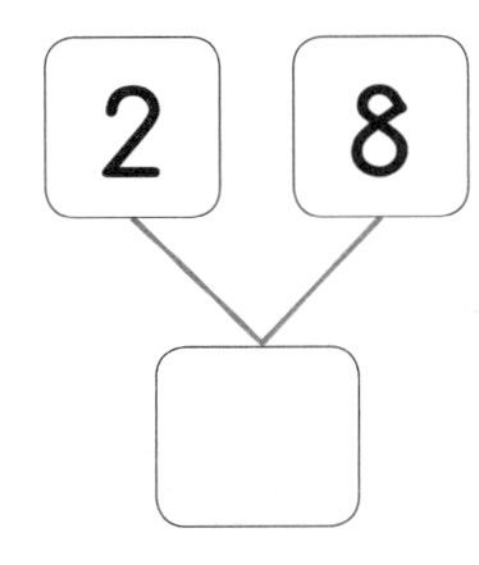

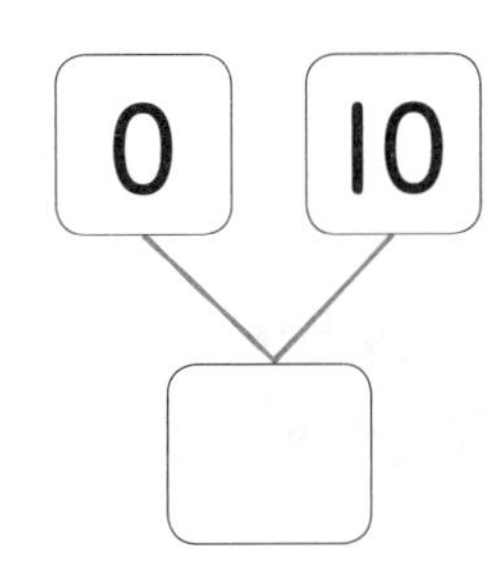

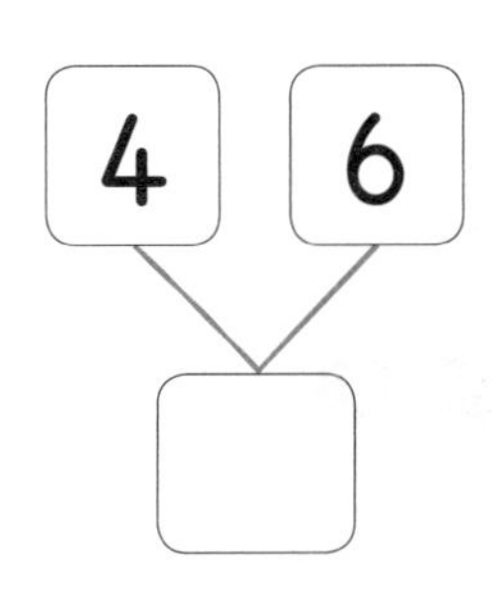

DAY 03

그림을 보고, □ 안에 알맞은 수를 쓰세요.

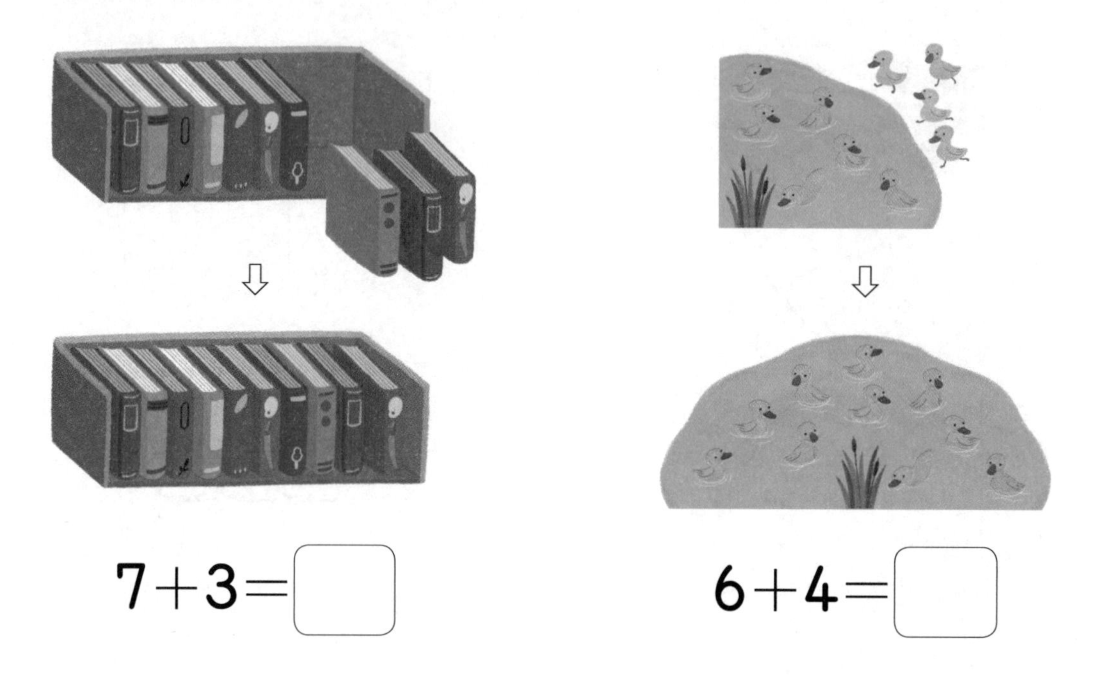

7+3=□

6+4=□

그림을 보고, 모두 몇 개인지 □ 안에 알맞은 수를 쓰세요.

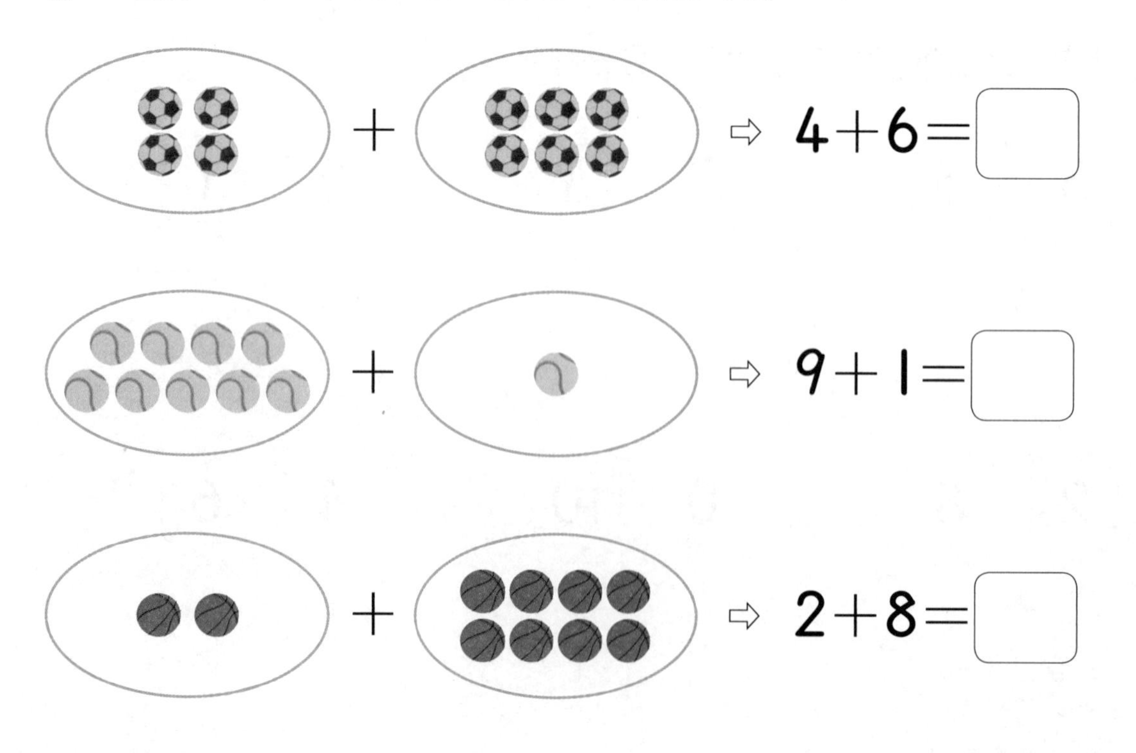

⇨ 4+6=□

⇨ 9+1=□

⇨ 2+8=□

그림을 보고 몇 개를 더 넣으면 10개가 되는지 □ 안에 알맞은 수를 쓰세요.

7+□=10

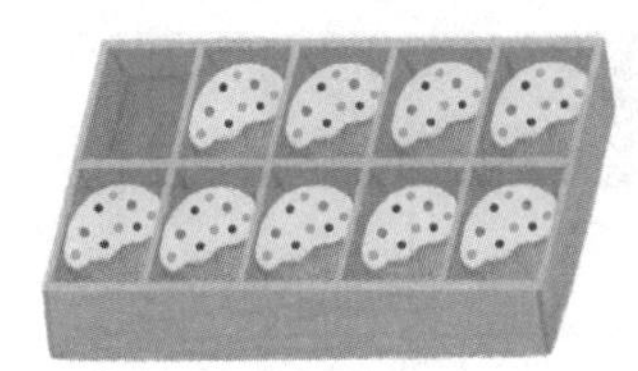

9+□=10

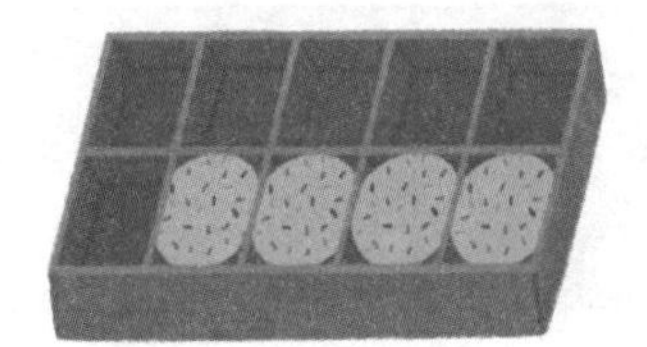

4+□=10

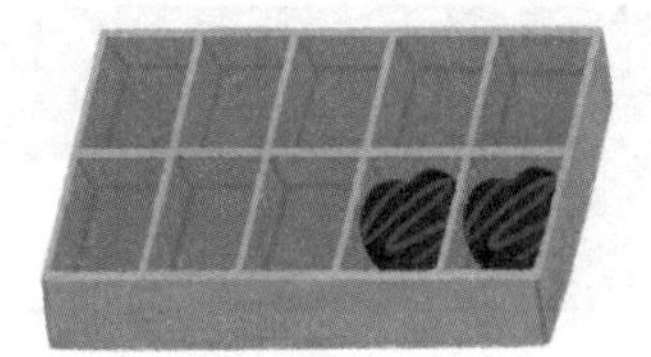

2+□=10

구슬의 수가 10이 되도록 주머니 안에 알맞은 수만큼 ○를 그리고, □ 안에 그 수를 쓰세요.

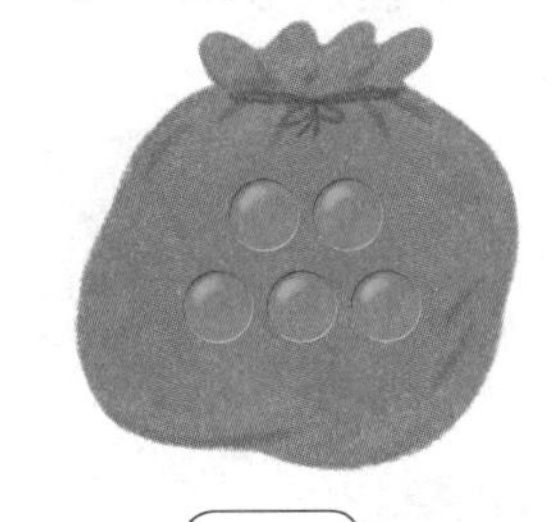

5+□=10

4+□=10

1+□=10

8+□=10

DAY 04

몇 칸을 더 칠하면 색칠한 칸이 모두 10칸이 되는지 □ 안에 알맞은 수를 쓰세요.

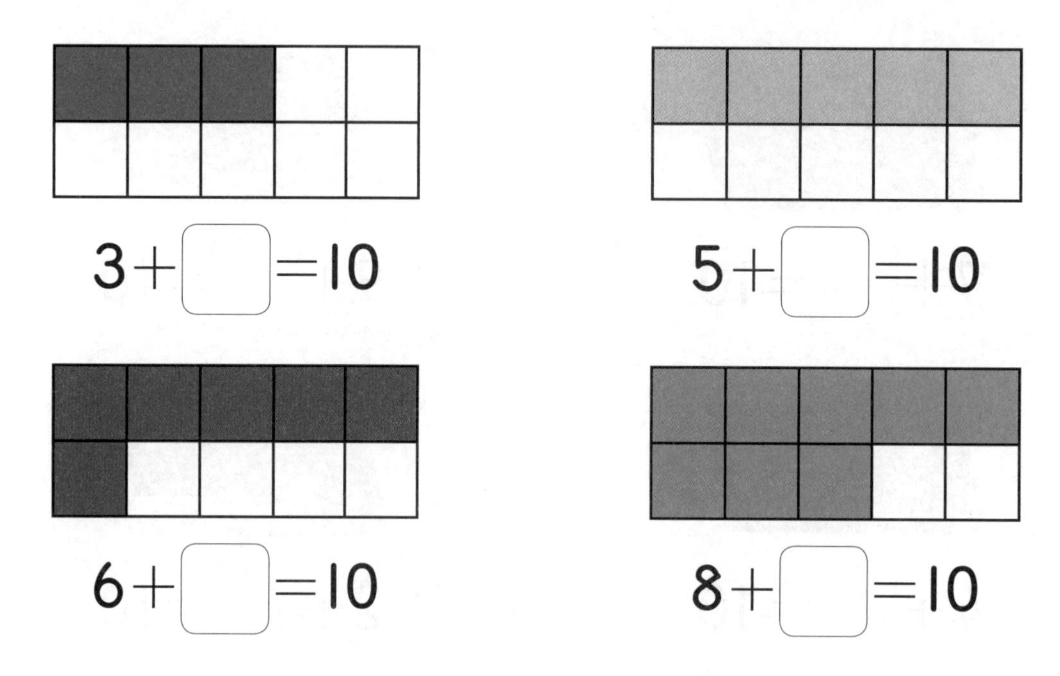

한 쪽에 갖고 있는 풍선과 더해서 10이 되는 풍선을 찾아 줄(—)로 이으세요.

그림을 보고, □ 안에 알맞은 수를 쓰세요.

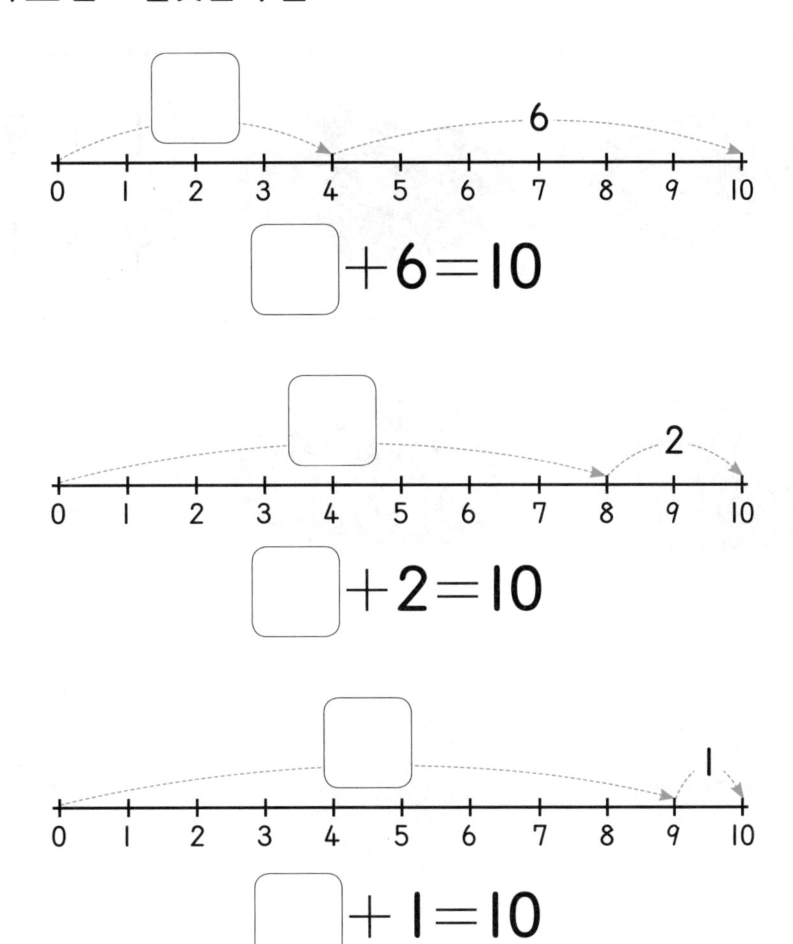

그림을 보고, □ 안에 알맞은 수를 쓰세요.

+ ⇨ □+□=10

+ ⇨ □+□=10

DAY 05

그림의 수를 세어 <보기>와 같이 □ 안에 알맞은 수를 쓰세요.

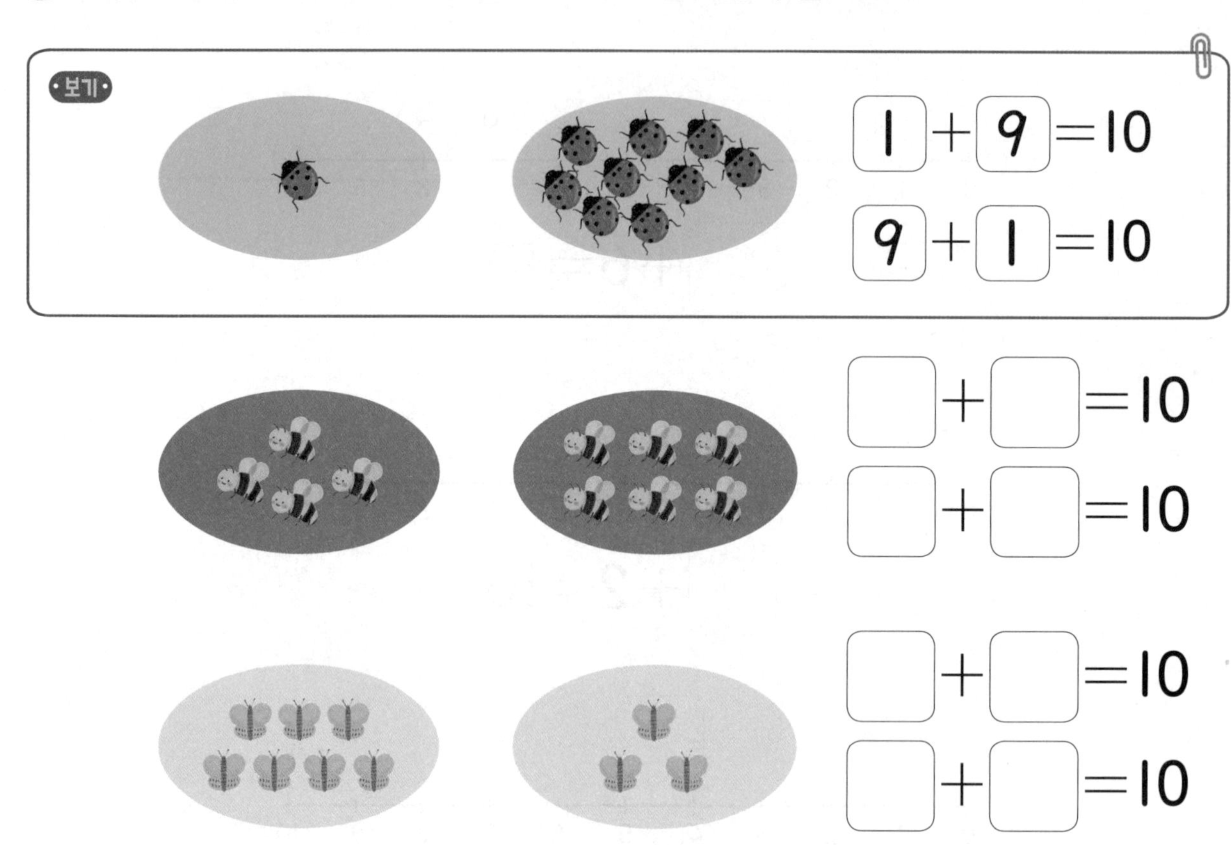

그림을 보고 덧셈을 하여 10이 되는 것을 찾아 색칠하세요.

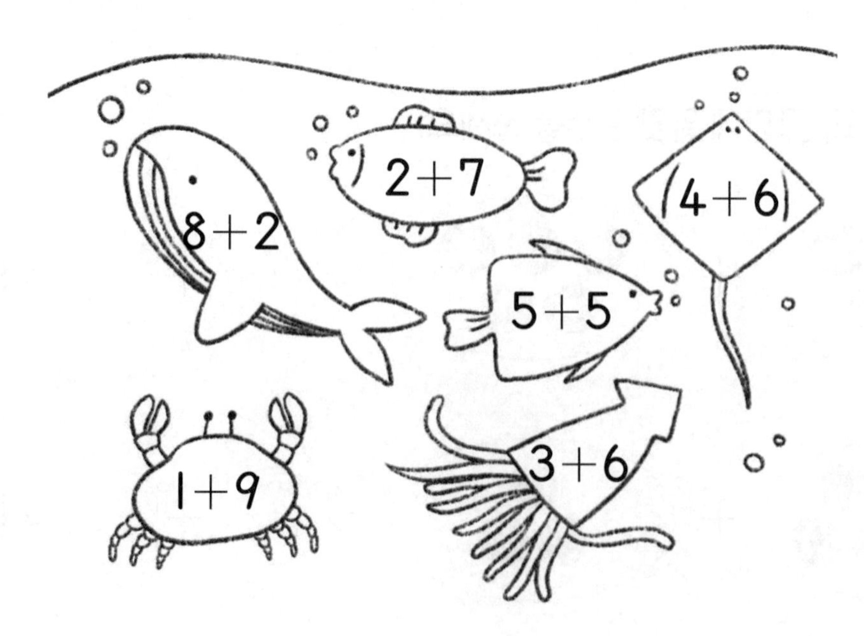

그림을 보고, □ 안에 알맞은 수를 쓰세요.

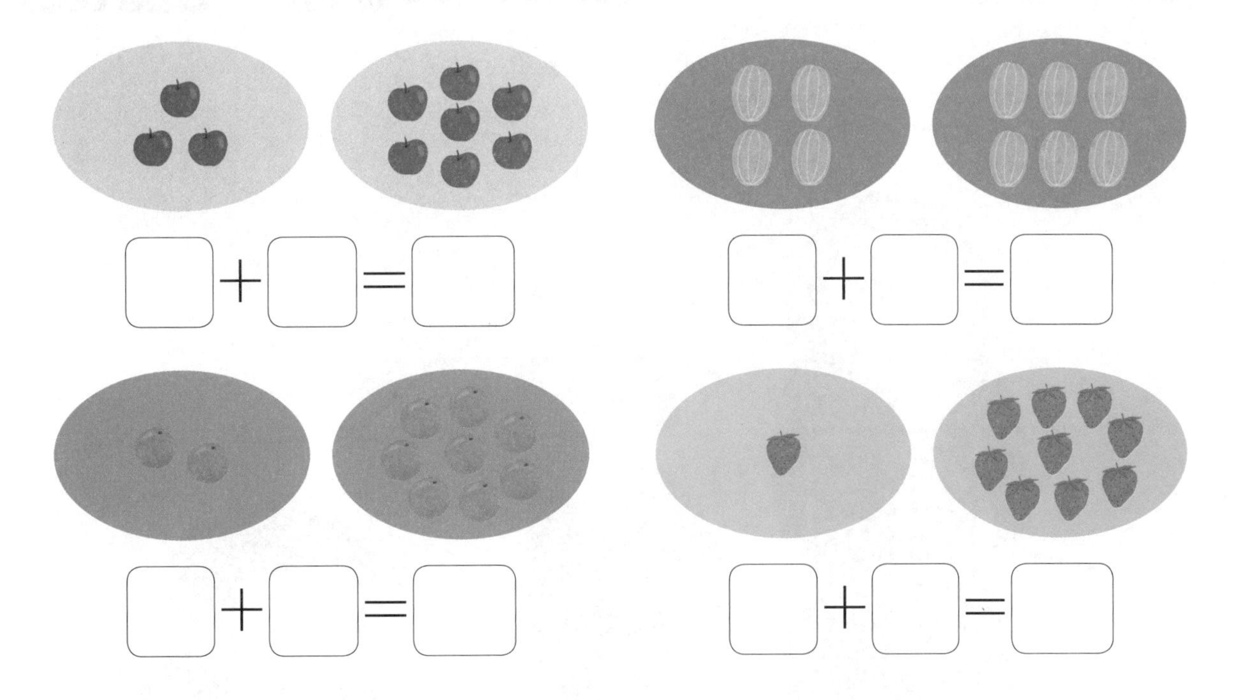

덧셈을 하여 10이 되는 곳으로만 길을 따라가 할머니 댁에 무사히 도착할 수 있게 해 주세요.

⇨ 5+4 7+2 4+3 4+4 6+2 5+5 3+7 8+2 10+0 3+6 1+9 7+1 2+4 5+3

12 10 가르기 10에서 빼는 뺄셈

10개의 투호 중 통 안에 들어간 투호의 개수는 몇 개인가요?

개념과 원리 이해하기

▶ 10을 가르기

10개의 투호를
통에 들어간 것과 통에 들어가지
않은 것으로 가르면
10을 **3**과 **7**로 가르기 할 수 있어요.

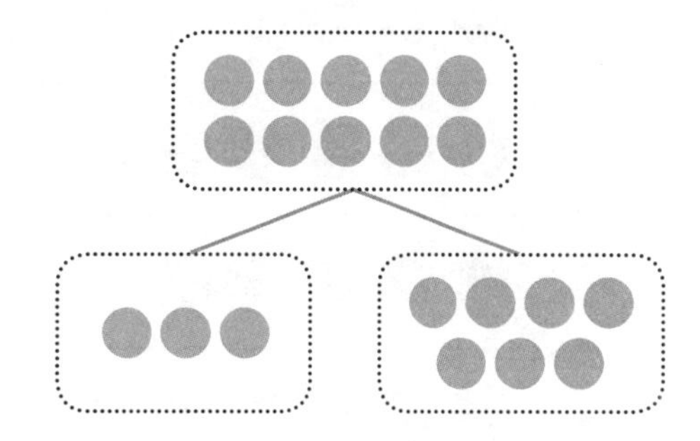

▶ 빼기로 나타내기

통에 들어가지 않은 투호의 수는
10개의 투호에서 통에 들어간 투호의 수 3을 빼면

$$10 - 3 = 7$$

지도 도우미

10은 3과 7로 가르기 할 수 있어요. 가르기는 거꾸로 하면 모으기가 되므로 앞에서 배운 모으기를 생각하며 이해할 수 있도록 지도해 주세요.
또한, 10에서 빼는 뺄셈은 받아내림이 있는 뺄셈을 하는데 기초가 됩니다.

DAY 01

그림을 이용하여 10이 되는 두 수를 알아보고, 빈칸에 알맞은 수를 쓰세요.

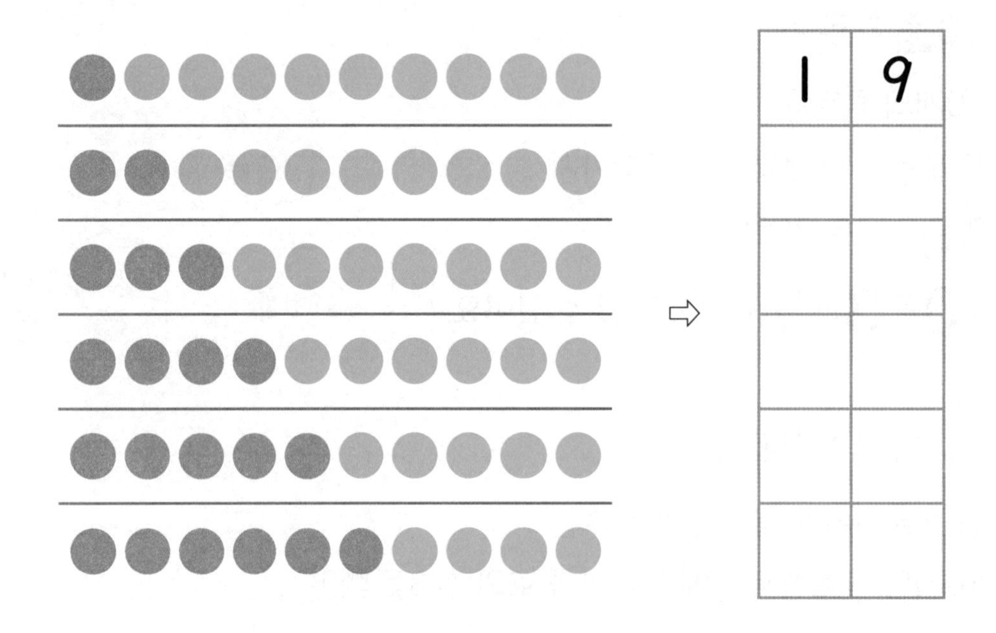

그림을 보고 10을 두 수로 가르기 하여 빈 곳에 알맞은 수만큼 ○를 그리고, □ 안에 수를 쓰세요.

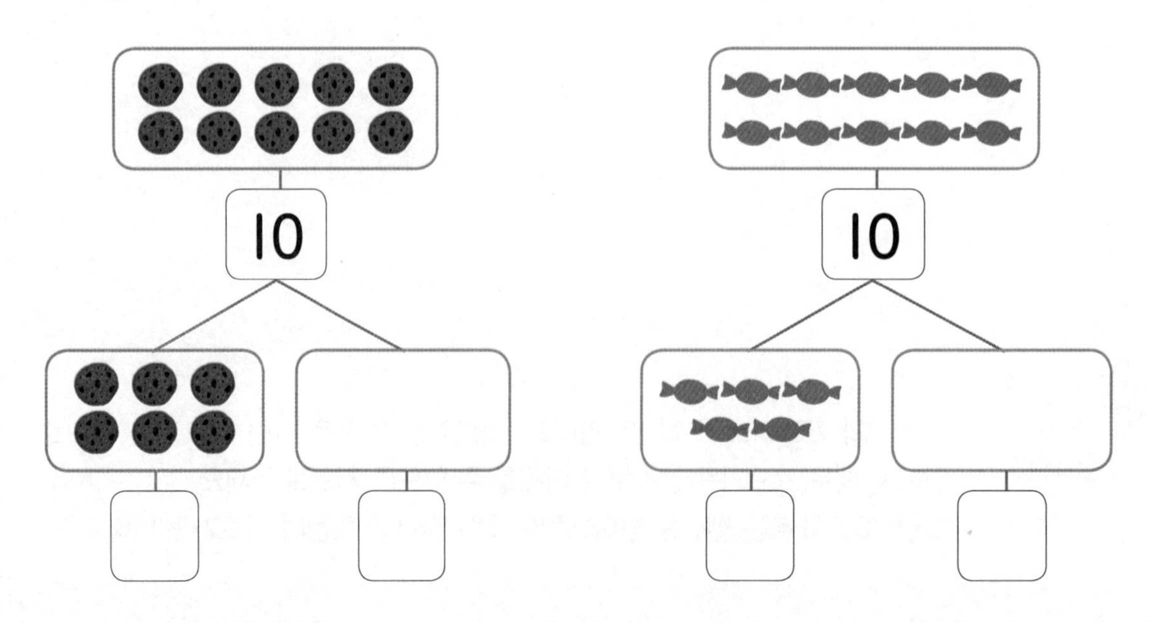

10을 두 수로 가르기 한 그림을 보고, □ 안에 알맞은 수를 쓰세요.

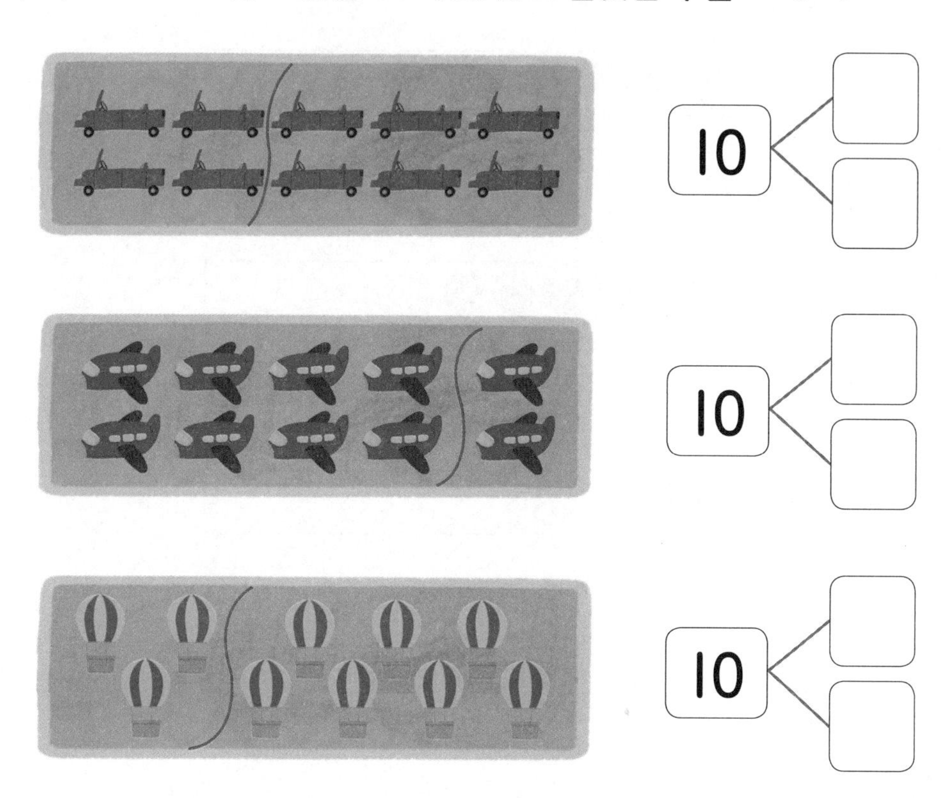

□ 안에 알맞은 수를 쓰세요.

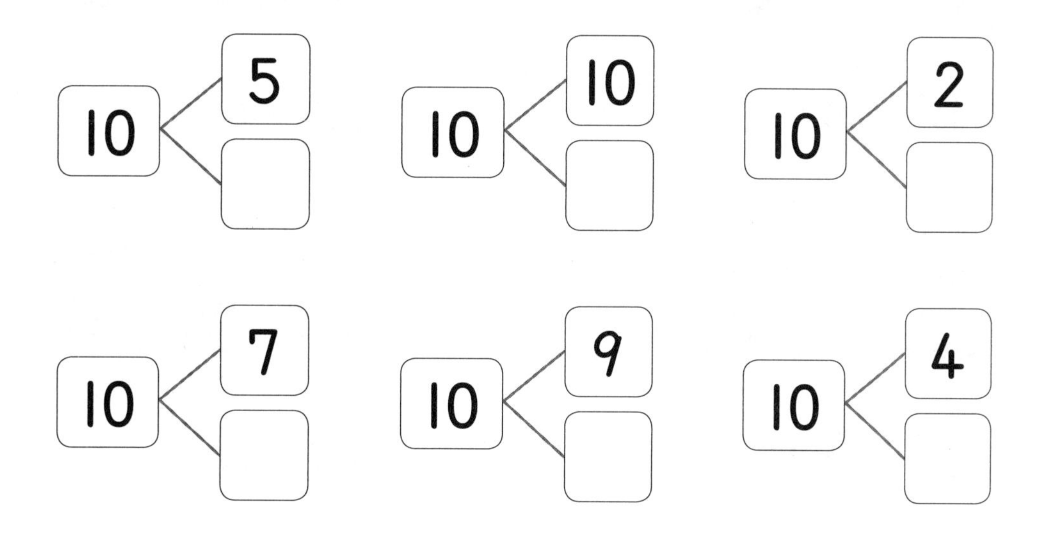

DAY 02

10을 두 수로 가르기 하여 빈 곳에 알맞은 수만큼 ○를 그리고, □ 안에 수를 쓰세요.

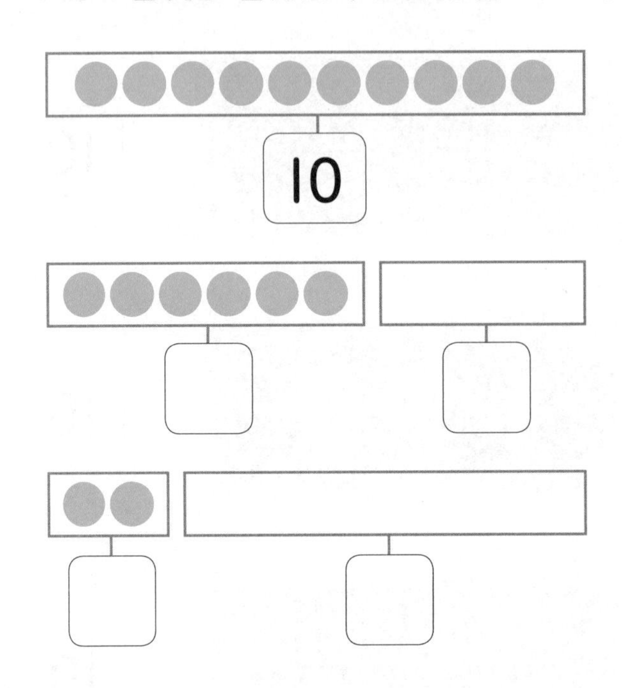

그림을 보고, □ 안에 알맞은 수를 쓰세요.

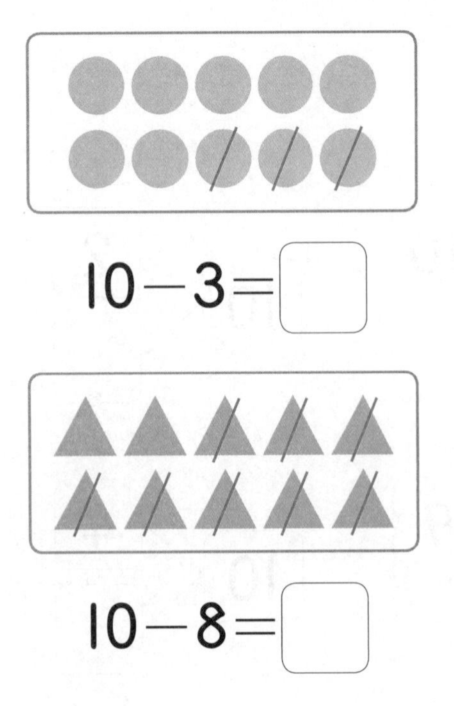

10−3=□

10−8=□

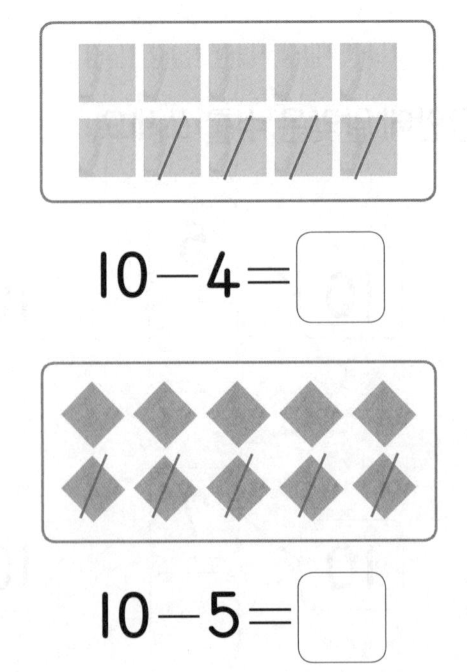

10−4=□

10−5=□

트리에 장식한 전구 10개에서 몇 개에 불이 꺼졌어요. 불이 켜져 있는 전구의 수는 몇 개인지 그림을 보고, □ 안에 알맞은 수를 쓰세요.

□개

그림을 보고, □ 안에 알맞은 수를 쓰세요.

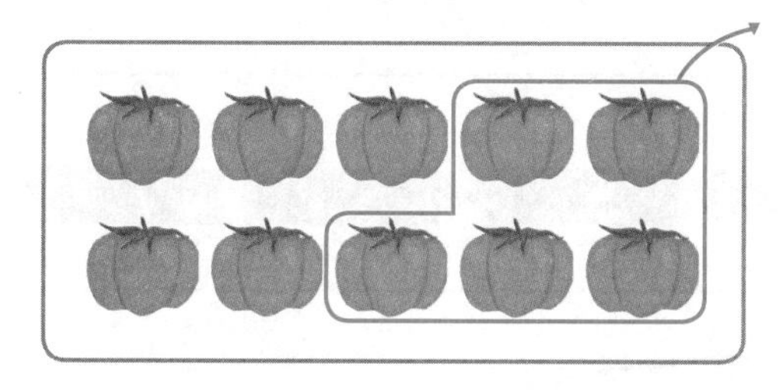

$10-5=$ □

$10-3=$ □

$10-6=$ □

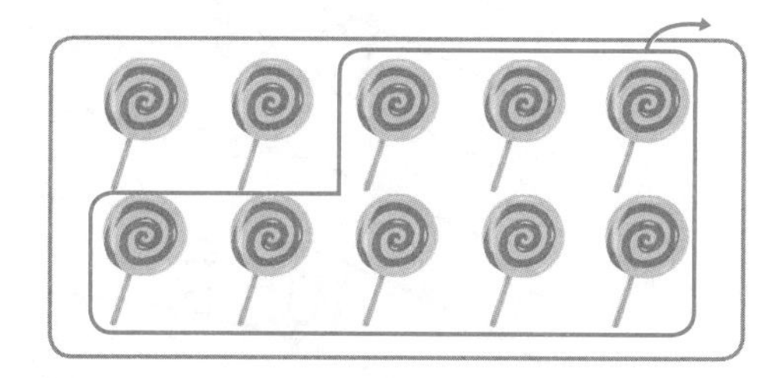

$10-8=$ □

DAY 03

10개씩 들고 있는 풍선에서 몇 개가 날아갔어요. 남아 있는 풍선의 개수는 몇 개인지 그림을 보고, □ 안에 알맞은 수를 쓰세요.

10에서 뺀 수와 같은 수를 <보기>에서 찾아 주어진 색으로 그림에 색칠하세요.

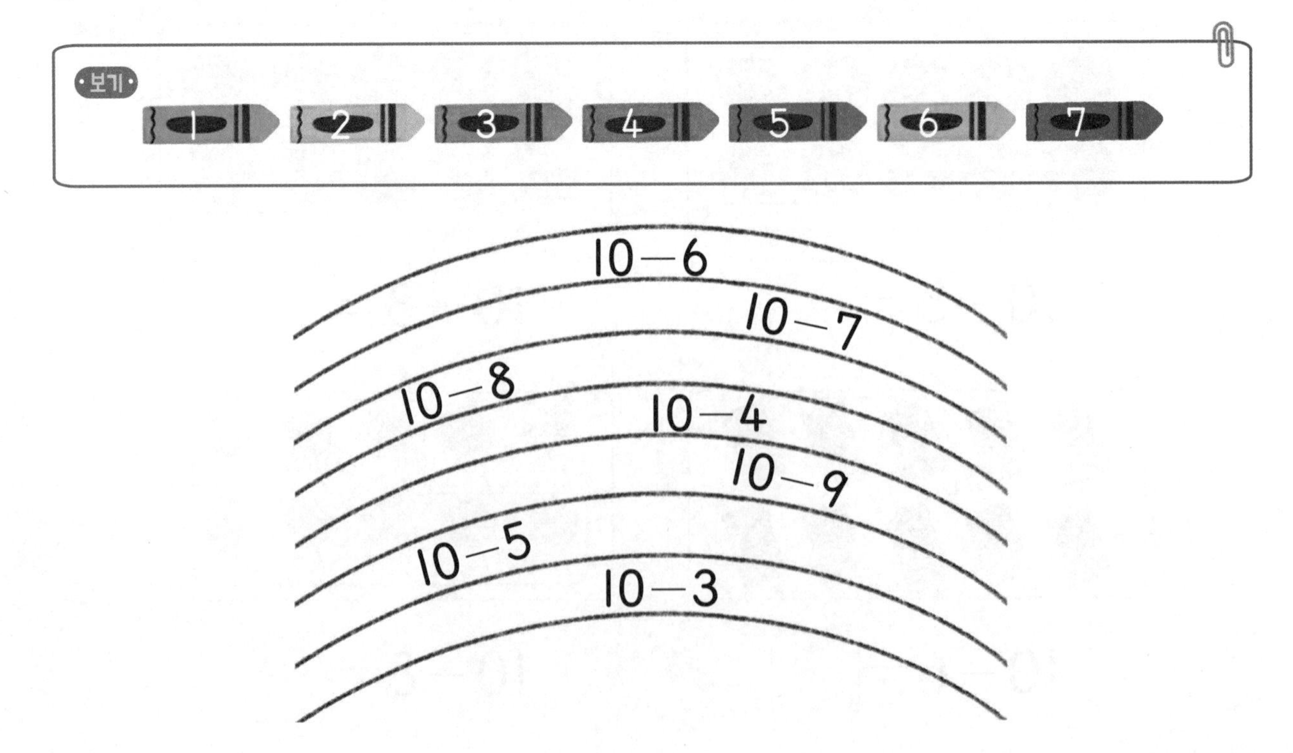

10에서 뺀 수와 같은 수를 찾아 줄(—)로 이으세요.

10−4 •

• 1

10−2 •

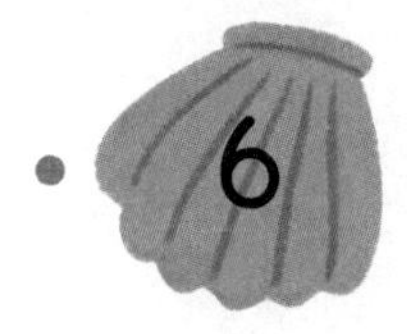

• 6

10−9 •

• 8

그림을 보고, □ 안에 알맞은 수를 쓰세요.

$10-1=\square$

$10-6=\square$

$10-5=\square$

$10-7=\square$

DAY 04

사탕이 10개씩 있었어요. 그림을 보고 몇 개씩 먹었는지 □ 안에 알맞은 수를 쓰세요.

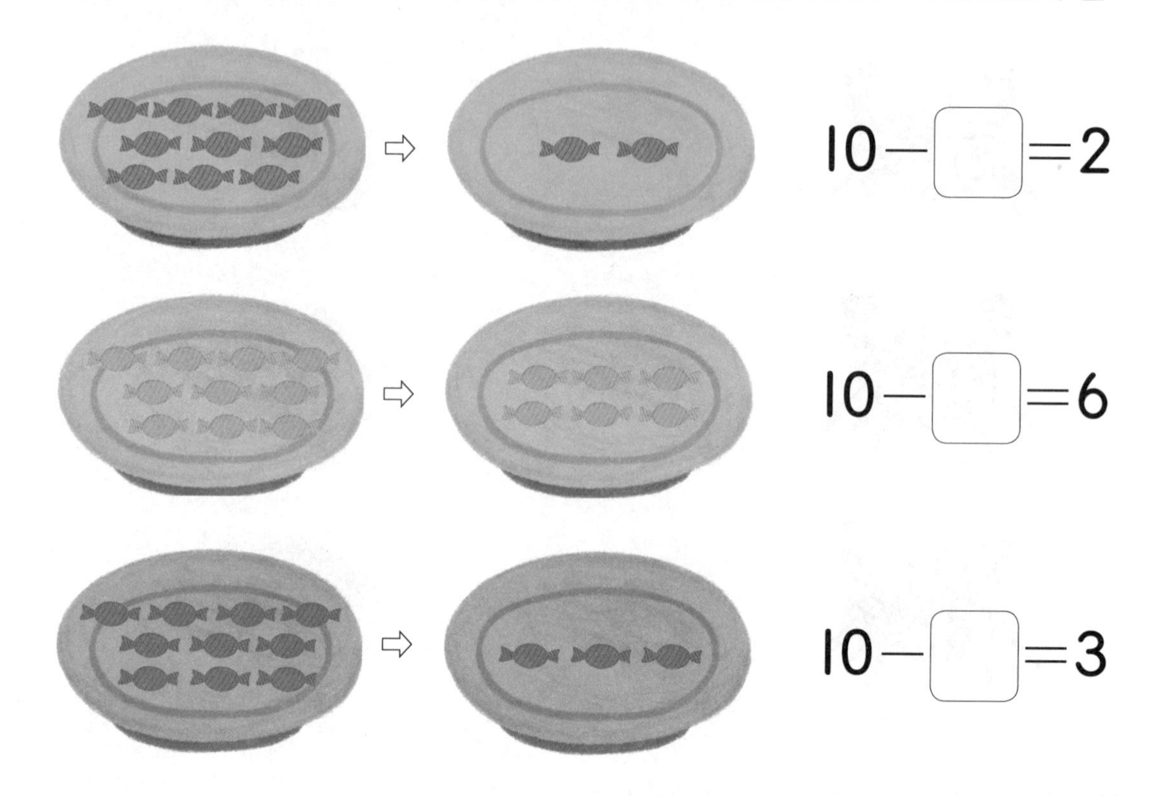

10개의 구슬에서 ○ 안의 수만큼 남으려면 몇 개를 지워야 하는지 알맞은 수만큼 ×표 하고, □ 안에 그 수를 쓰세요.

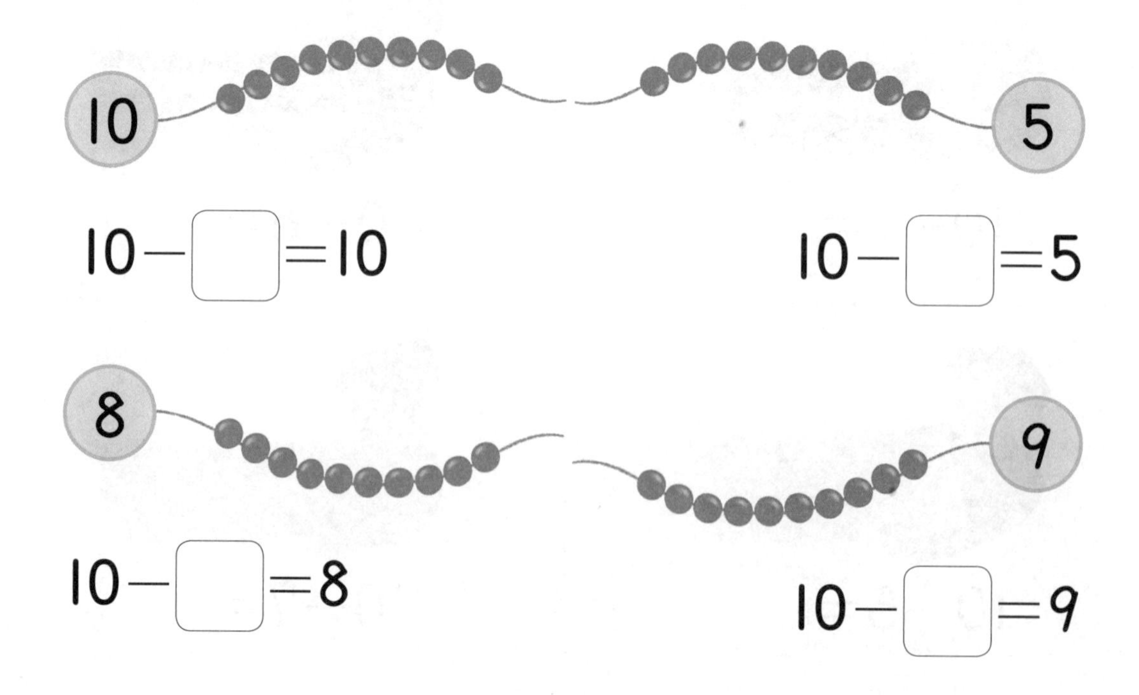

그림을 보고, □ 안에 알맞은 수를 쓰세요.

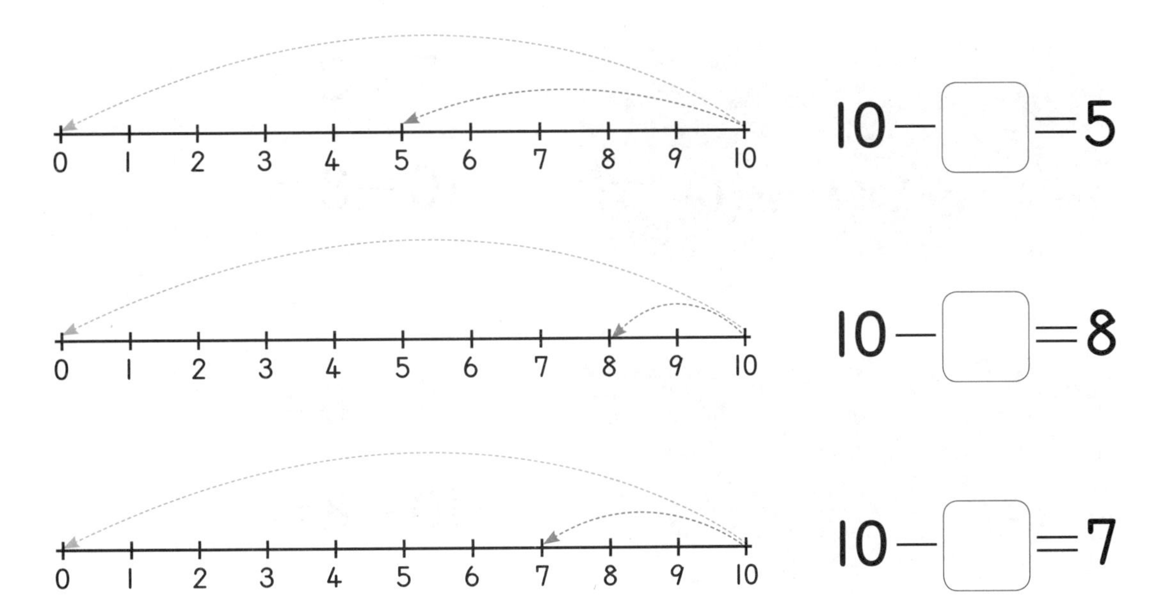

10 − □ = 5

10 − □ = 8

10 − □ = 7

음식이 각각 10개씩 있었어요. 음식을 먹고 나니 그림과 같이 남았네요. 음식을 각각 몇 개씩 먹었는지 □ 안에 알맞은 수를 쓰세요.

10 − □ = 3 10 − □ = 1 10 − □ = 4

DAY 05

그림을 보고, □ 안에 알맞은 수를 쓰세요.

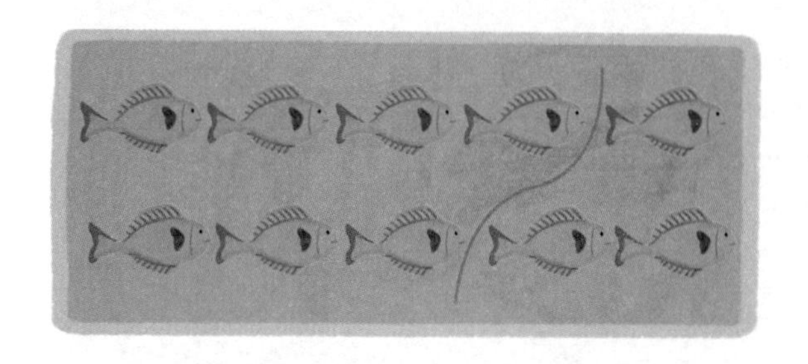

$7+3=\square$

$10-3=\square$

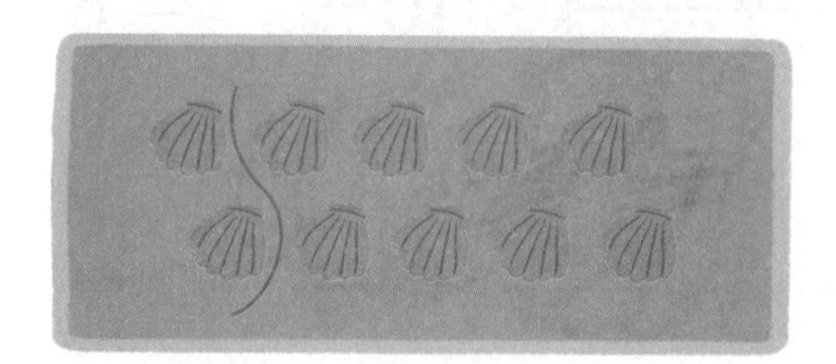

$2+8=\square$

$10-8=\square$

$6+4=\square$

$10-4=\square$

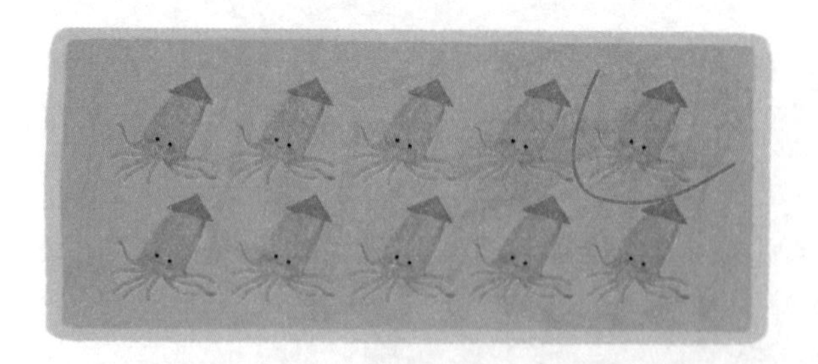

$9+1=\square$

$10-1=\square$

$5+5=\square$

$10-5=\square$

그림을 보고, <보기>와 같이 □ 안에 알맞은 식을 쓰세요.

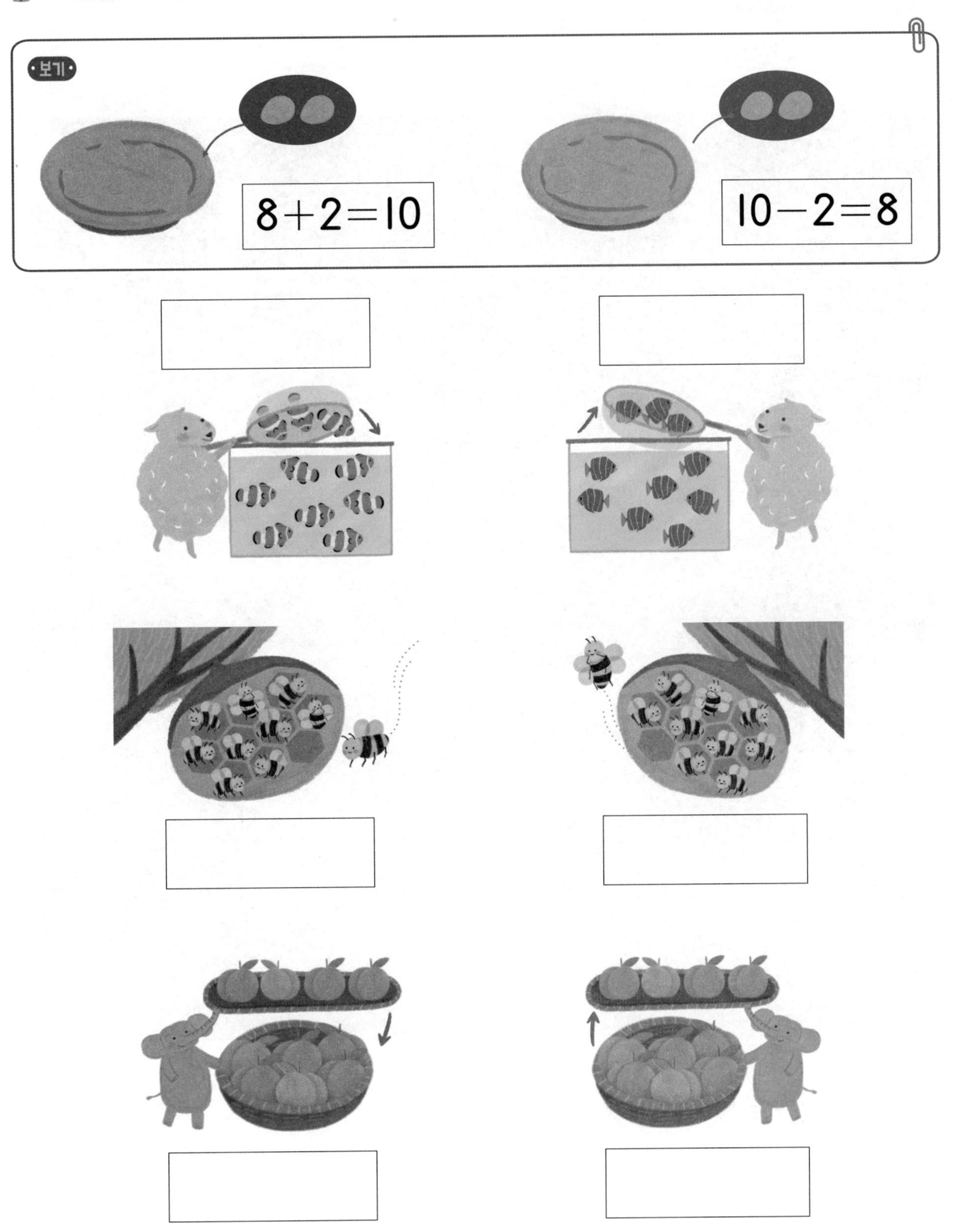

13 받아올림이 없는 10보다 큰 덧셈

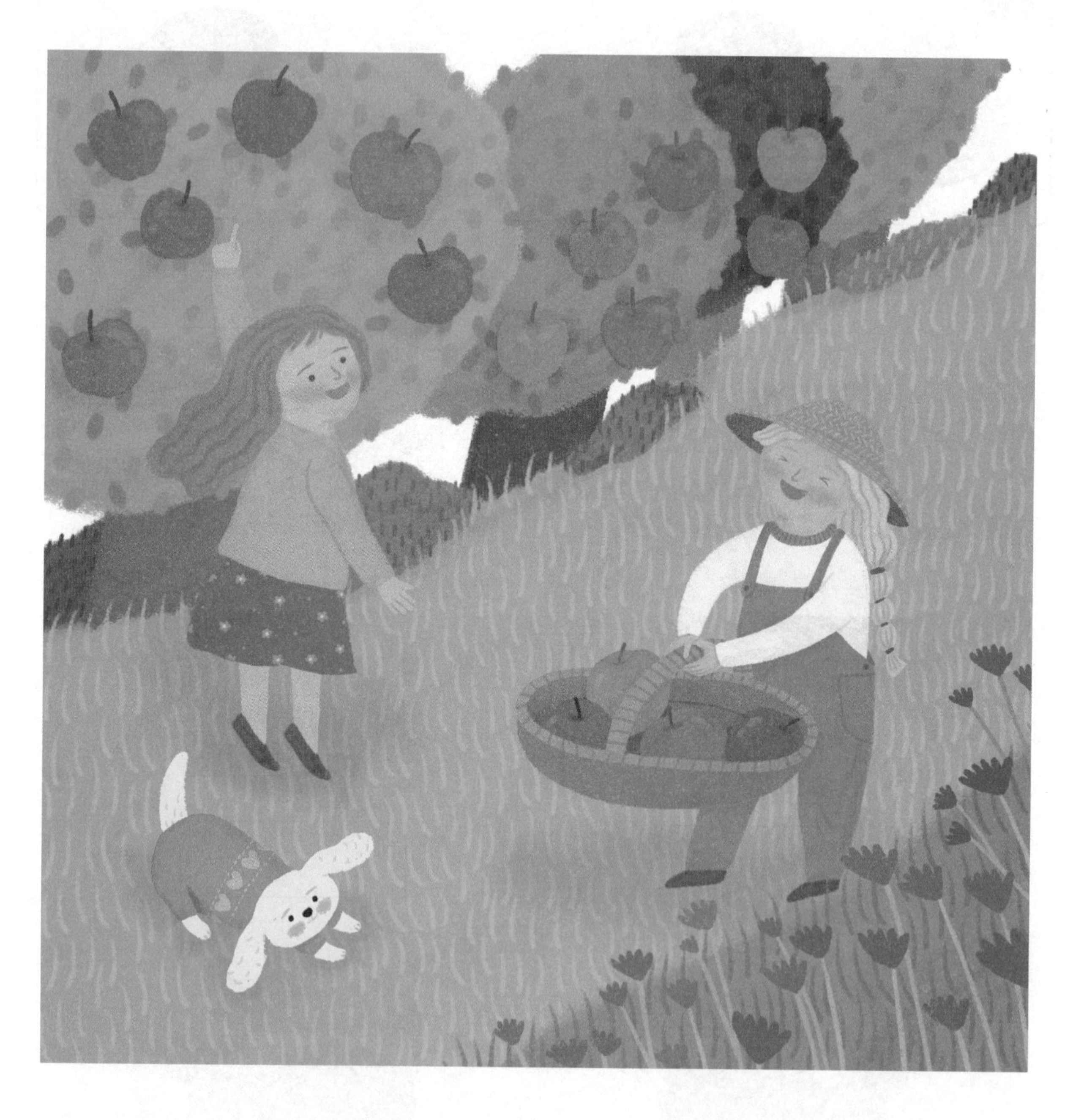

사과는 모두 몇 개인가요?

개념과 원리 이해하기

▶ 이어세기

나무에 열린 사과 12개

바구니에 담긴 사과 4개

사과의 개수를 모두 이어서 세어 보면

▶ 묶음과 낱개로 구분하기

10개 묶음 1개와 낱개 6개로

사과는 모두 16개예요.

▶ 가로셈과 세로셈

$12 + 4 = 16$

낱개를 먼저 더하고

묶음의 수를 세기

$$\begin{array}{r} 12 \\ +\ \ 4 \\ \hline 16 \end{array}$$

같은 줄끼리 아래로 더하기

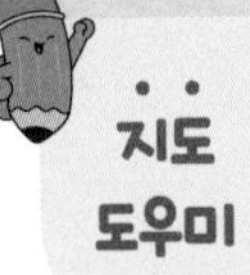

지도 도우미

모두 몇 개인지 세어 보는 활동이 덧셈입니다. 이어 세는 것을 통해 10보다 큰 수의 덧셈을 이해할 수 있도록 지도해 주세요. 10개씩 묶음을 이용하면 10보다 큰 수의 덧셈을 더 쉽게 이해할 수 있어요.

덧셈에서 가로셈은 이어 세기와 낱개를 먼저 세기로, 세로셈은 같은 줄끼리 계산할 수 있도록 지도해 주세요.

DAY 01

다음과 같이 덧셈을 하여 □ 안에 알맞은 수를 쓰세요.

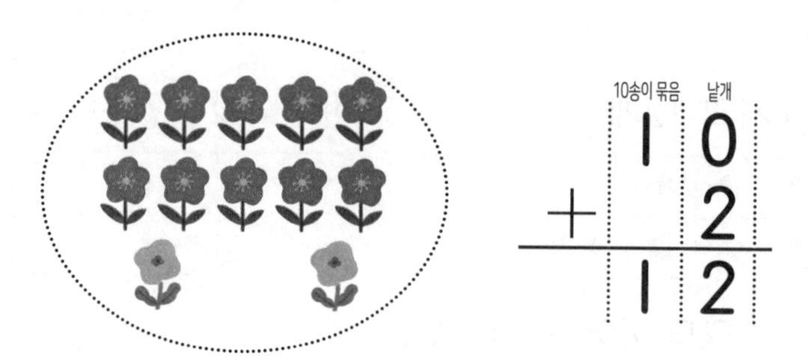

$$\begin{array}{r} 10 \\ +\ \ 1 \\ \hline \square \end{array} \qquad \begin{array}{r} 10 \\ +\ \ 7 \\ \hline \square \end{array} \qquad \begin{array}{r} 10 \\ +\ \ 6 \\ \hline \square \end{array}$$

$$\begin{array}{r} 20 \\ +\ \ 3 \\ \hline \square \end{array} \qquad \begin{array}{r} 20 \\ +\ \ 8 \\ \hline \square \end{array} \qquad \begin{array}{r} 20 \\ +\ \ 5 \\ \hline \square \end{array}$$

<보기>의 덧셈을 보고, □ 안에 알맞은 수를 쓰세요.

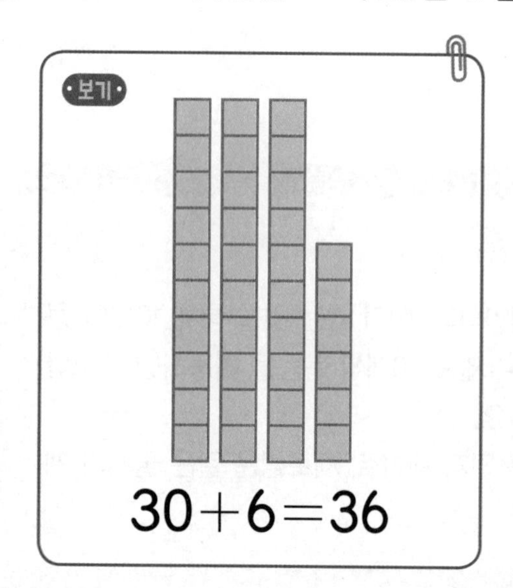

$30+2=\square$

$30+4=\square$

$40+7=\square$

$40+5=\square$

덧셈을 하여 나온 수와 같은 수를 찾아 줄(—)로 이으세요.

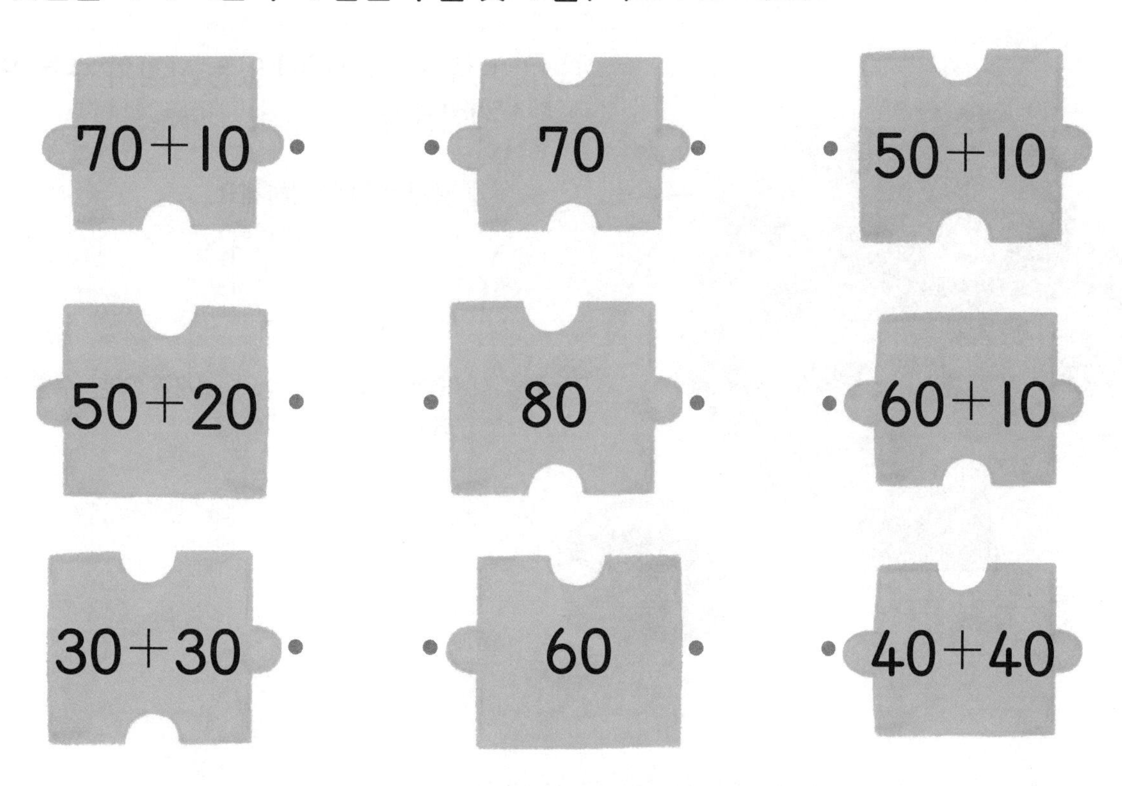

덧셈을 하여 □ 안에 알맞은 수를 쓰세요.

$40+20=\square$

$70+20=\square$

$20+20=\square$

$10+40=\square$

$$\begin{array}{r} 50 \\ +\ 30 \\ \hline \square \end{array}$$

$$\begin{array}{r} 20 \\ +\ 50 \\ \hline \square \end{array}$$

$$\begin{array}{r} 30 \\ +\ 60 \\ \hline \square \end{array}$$

DAY 02

어떻게 더했는지 그림을 보고, □ 안에 알맞은 수를 쓰세요.

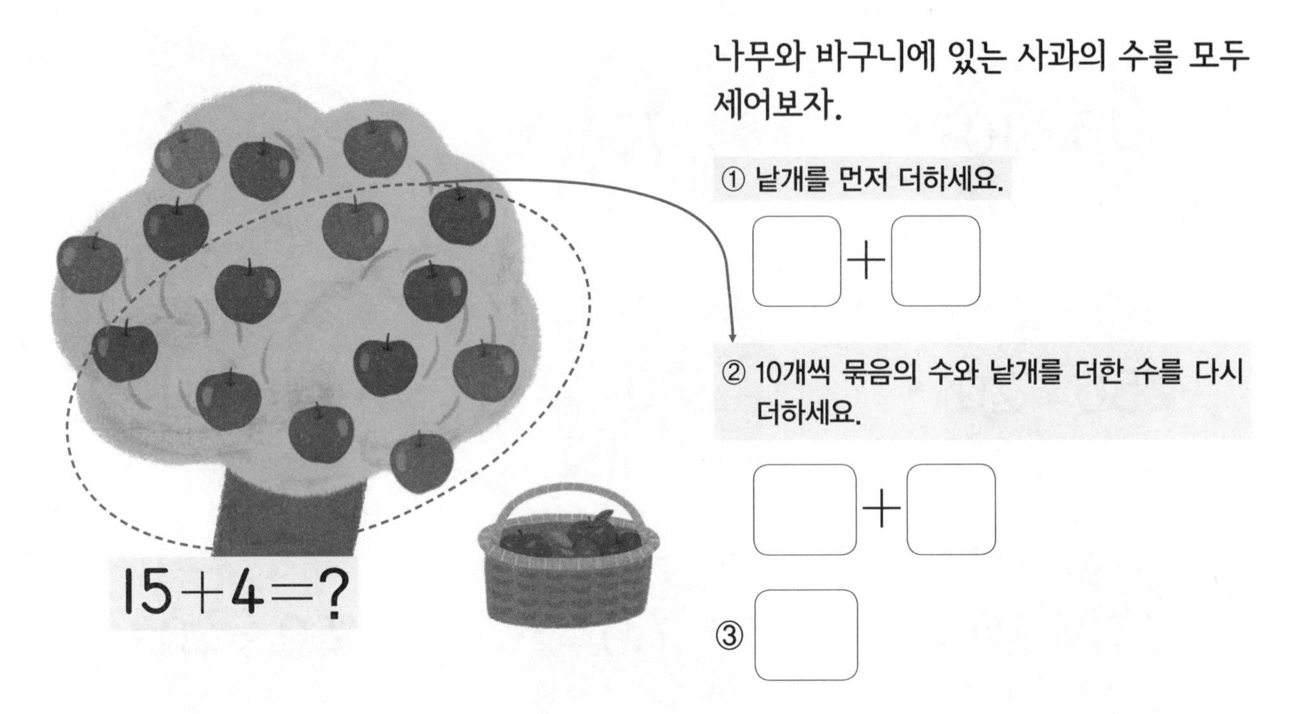

15+4=?
나무와 바구니에 있는 사과의 수를 모두 세어보자.
① 낱개를 먼저 더하세요.
□+□
② 10개씩 묶음의 수와 낱개를 더한 수를 다시 더하세요.
□+□
③ □

그림과 글을 읽고, □ 안에 알맞은 수를 쓰세요.

파란 구슬과 빨간 구슬을 더하면 모두 몇 개일까요?

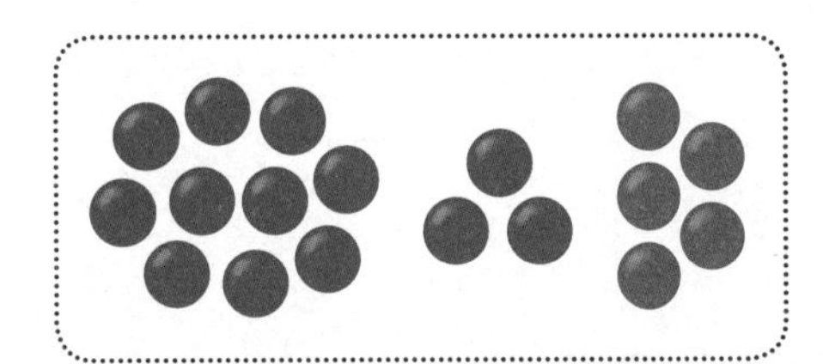

13 + □ = □

딸기와 참외를 더하면 모두 몇 개일까요?

22 + □ = □

쿠키와 사탕을 더하면 모두 몇 개일까요?

15 + □ = □

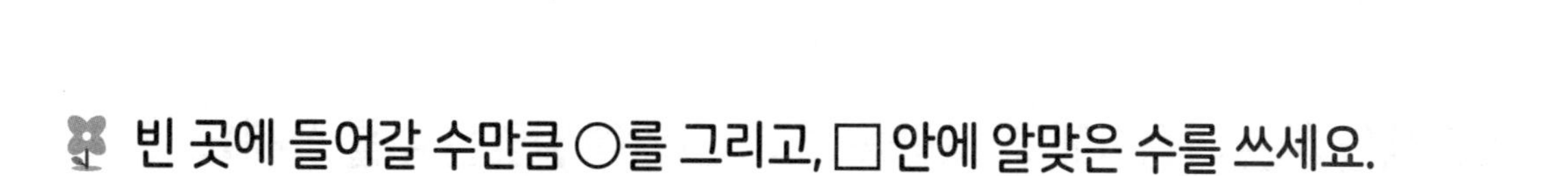

빈 곳에 들어갈 수만큼 ○를 그리고, □ 안에 알맞은 수를 쓰세요.

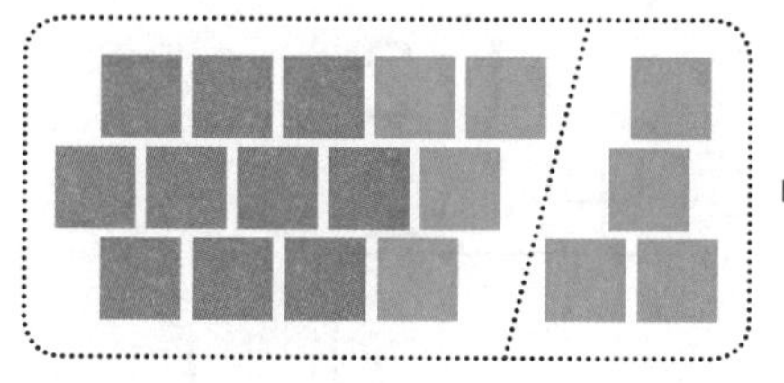 ⇨  $14+4=\square$

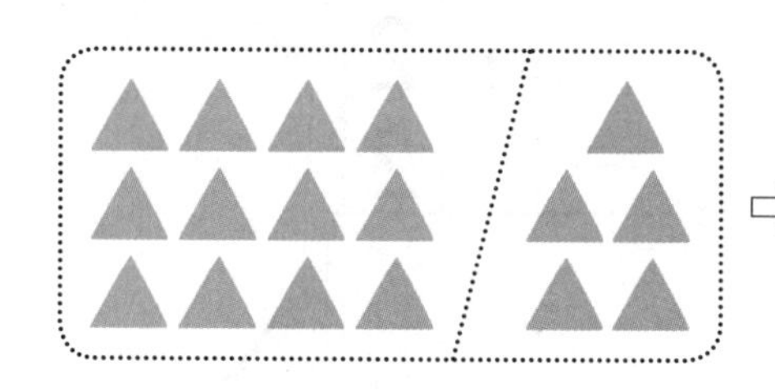 ⇨ 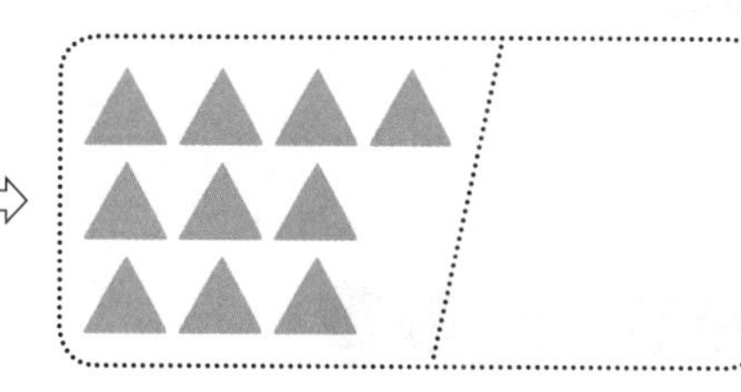 $12+5=\square$

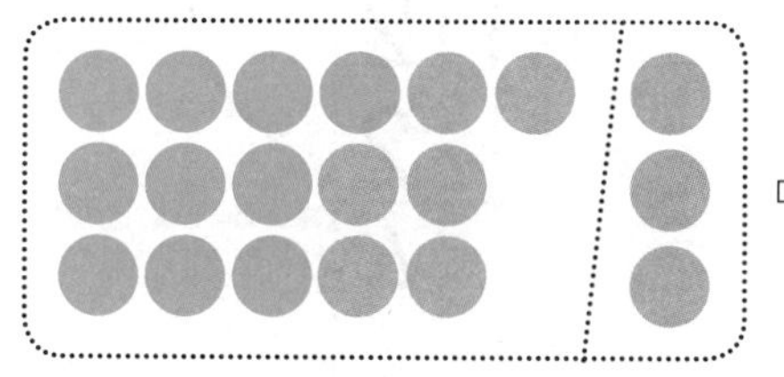 ⇨ 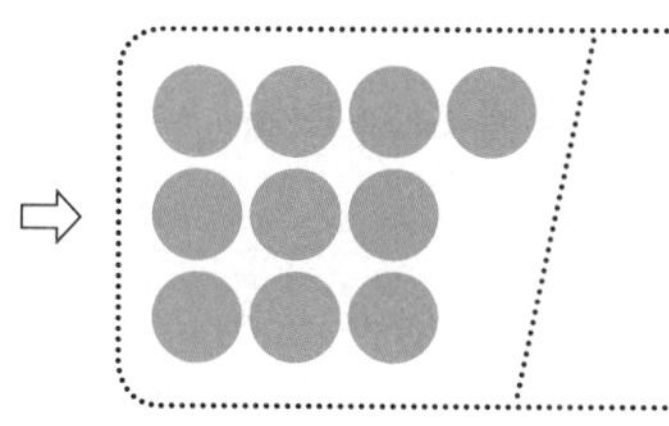 $16+3=\square$

덧셈을 하여 □ 안에 알맞은 수를 쓰세요.

$13+2=\square$　　　$15+4=\square$

$17+1=\square$　　　$12+4=\square$

$14+2=\square$　　　$11+3=\square$

$11+8=\square$　　　$15+1=\square$

DAY 03

덧셈의 세로셈을 하는 과정이에요. 그림을 보고, □ 안에 알맞은 수를 쓰세요.

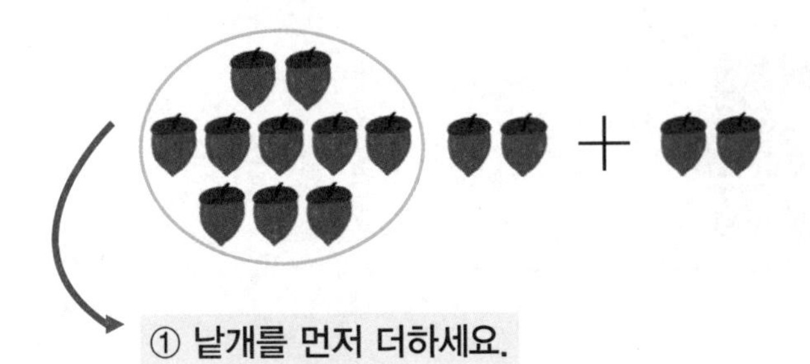

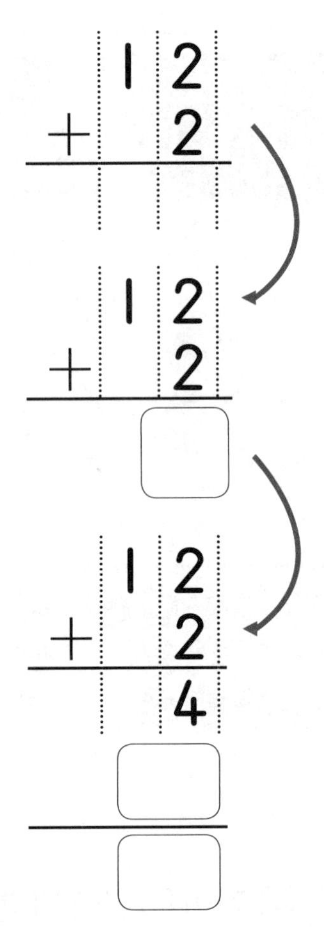

① 낱개를 먼저 더하세요.

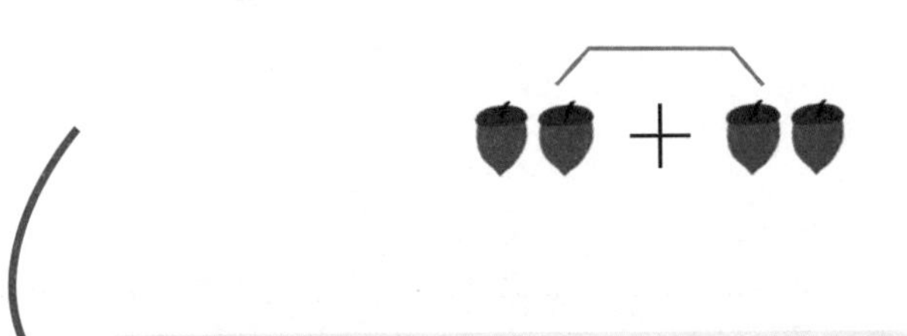

② 10개씩 묶음의 수와 낱개를 더한 수를 다시 더하세요.

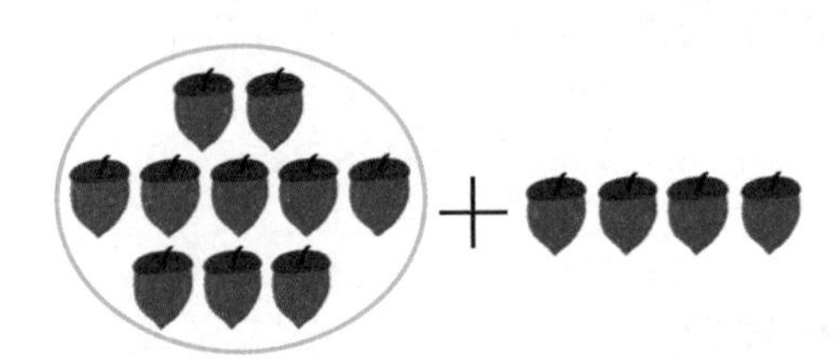

$$\begin{array}{r} 15 \\ +\ \ 3 \\ \hline \end{array}$$

덧셈을 하여 □ 안에 알맞은 수를 쓰세요.

$$\begin{array}{r} 12 \\ +\ \ 5 \\ \hline \square \end{array} \quad \begin{array}{r} 11 \\ +\ \ 7 \\ \hline \square \end{array} \quad \begin{array}{r} 13 \\ +\ \ 4 \\ \hline \square \end{array}$$

$$\begin{array}{r} 15 \\ +\ \ 1 \\ \hline \square \end{array} \quad \begin{array}{r} 14 \\ +\ \ 5 \\ \hline \square \end{array} \quad \begin{array}{r} 16 \\ +\ \ 2 \\ \hline \square \end{array}$$

$$\begin{array}{r} 13 \\ +\ \ 2 \\ \hline \square \end{array} \quad \begin{array}{r} 12 \\ +\ \ 7 \\ \hline \square \end{array} \quad \begin{array}{r} 11 \\ +\ \ 3 \\ \hline \square \end{array}$$

덧셈을 하여 □ 안에 알맞은 수를 쓰세요.

$2+14=\square$

$$\begin{array}{r} 3 \\ +\ 12 \\ \hline \square \end{array}$$

$1+11=\square$

$3+13=\square$

$$\begin{array}{r} 6 \\ +\ 11 \\ \hline \square \end{array}$$

$4+14=\square$

DAY 04

○ 안의 수가 나오는 식을 찾아 같은 색으로 색칠하세요.

47

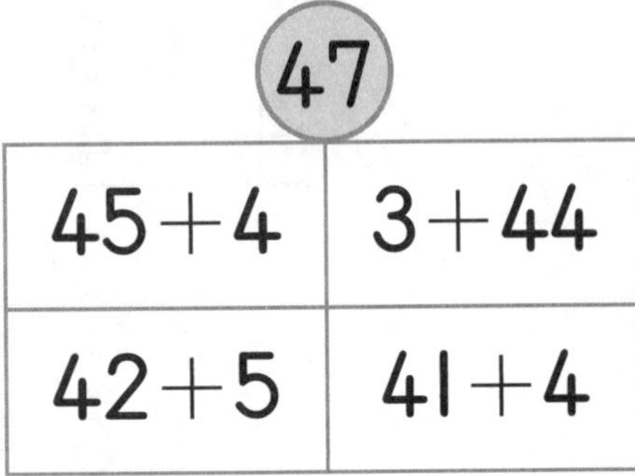

45+4	3+44
42+5	41+4

45

44+2	1+43
3+46	41+4

44

42+2	41+4
4+44	3+41

43

44+2	4+41
42+1	43+0

덧셈을 바르게 한 것을 찾아 ○표 하세요.

$$\begin{array}{r} 71 \\ +\ \ 4 \\ \hline 57 \end{array}$$

$$\begin{array}{r} 3 \\ +84 \\ \hline 87 \end{array}$$

$$\begin{array}{r} 81 \\ +\ \ 6 \\ \hline 87 \end{array}$$

$$\begin{array}{r} 77 \\ +\ \ 0 \\ \hline 78 \end{array}$$

두 수를 더해서 위에 쓰인 수와 같아지는 것끼리 줄(—)로 이으세요.

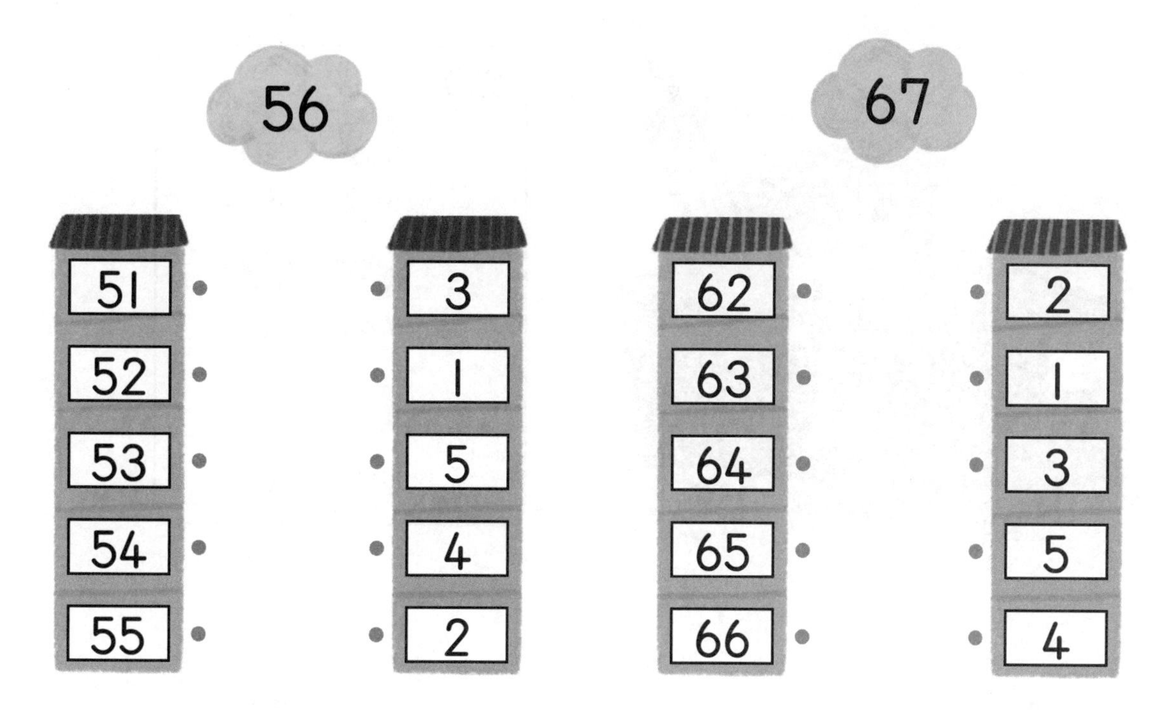

덧셈을 하여 □ 안에 알맞은 수를 쓰세요.

$36+3=\square$

$43+4=\square$

$35+4=\square$

$42+2=\square$

$$\begin{array}{r} 3\ 1 \\ +\quad 4 \\ \hline \square \end{array}$$

$$\begin{array}{r} 2 \\ +\ 4\ 4 \\ \hline \square \end{array}$$

DAY 05

보물 상자가 있어요. <보기>에서 보물의 수를 보고, 덧셈을 하세요.

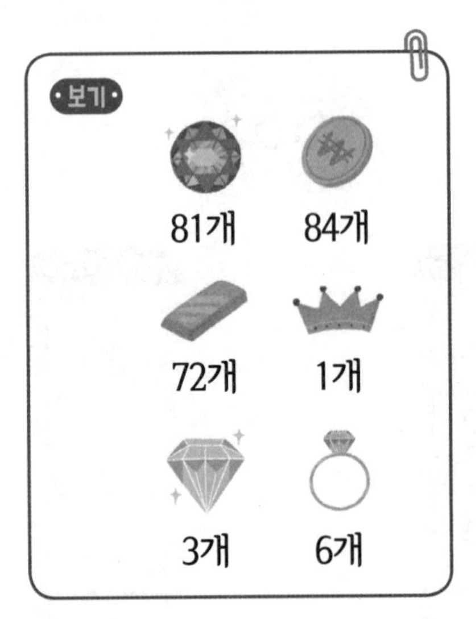

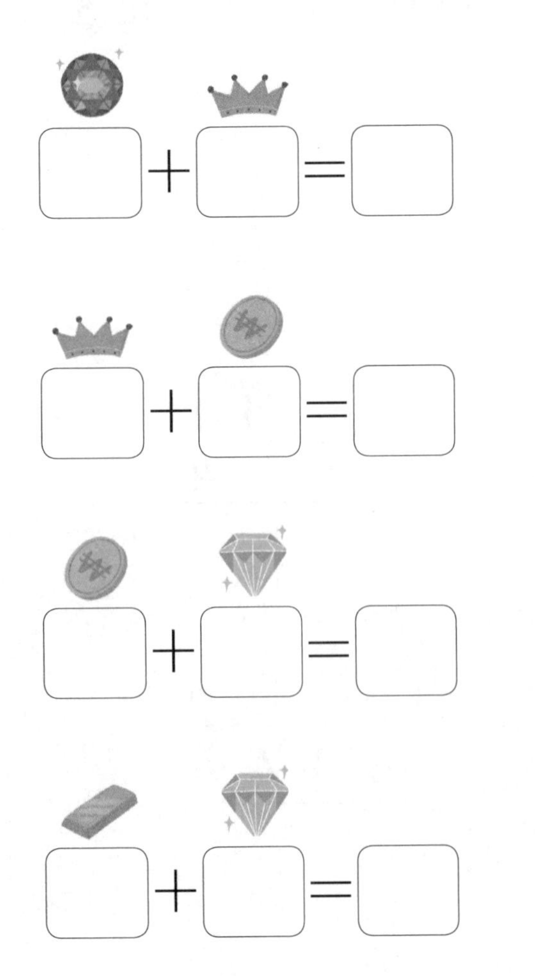

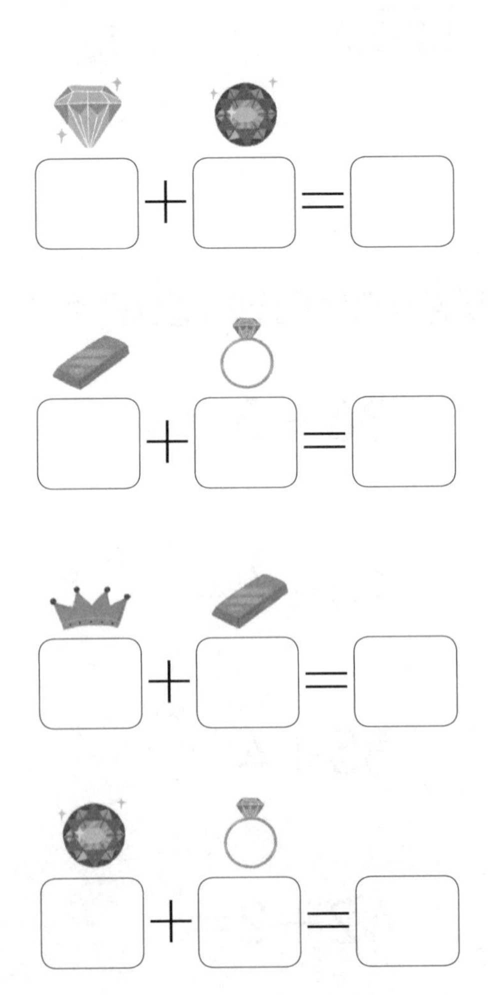

덧셈을 하여 나온 수를 빈 곳에 쓰고, 같은 수를 <보기>에서 찾아 □ 안에 그 번호를 쓰세요.

보기

①	②	③	④
58	68	65	55

$\begin{array}{r} 61 \\ +\ \ 7 \\ \hline \end{array}$	$\begin{array}{r} 58 \\ +\ \ 0 \\ \hline \end{array}$	$\begin{array}{r} 3 \\ +52 \\ \hline \end{array}$	$\begin{array}{r} 4 \\ +61 \\ \hline \end{array}$

□ 안에 알맞은 수를 써서 식을 완성하세요.

□ + □ = □
(10이 5, 1이 6) (10이 2, 1이 0)

□ + □ = □
(10이 4, 1이 0) (10이 4, 1이 7)

□ + □ = □
(10이 4, 1이 9) (10이 5, 1이 0)

□ + □ = □
(10이 3, 1이 0) (10이 6, 1이 3)

□ + □ = □
(10이 2, 1이 0) (10이 7, 1이 5)

□ + □ = □
(10이 6, 1이 4) (10이 1, 1이 0)

14 받아올림이 있는 10보다 큰 덧셈

두 주사위의 눈의 수를 더하면 얼마인가요?

개념과 원리 이해하기

▶ **이어세기**

한 주사위의 눈의 수는 6

●	●	●	●	●
●				

나머지 주사위의 눈의 수는 5

●	●	●	●	●

두 주사위의 눈의 수를 이어서 세어 보면

●	●	●	●	●	●				
●	●	●	●	●					

▶ **10 만들어 더하기**

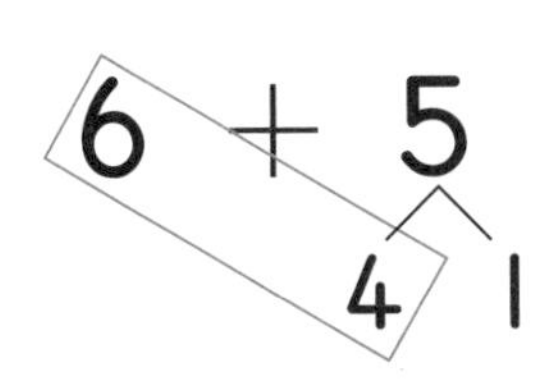

$6 + 5$

5를 4와 1로 나누어

$6 + 4 + 1$

$6+4=10$을 먼저 만들면

$10 + 1 = 11$

지도 도우미

10을 이용하여 앞에서 이어 세는 것을 통해 10보다 큰 수의 덧셈을 할 수 있어요. 먼저 10을 만들고 나머지 수를 세어 10보다 큰 수의 덧셈을 계산할 수 있도록 지도해 주세요.

DAY 01

그림과 같이 파란색 구슬 7개와 빨간색 구슬 6개가 있어요. ○에 알맞은 색을 칠하고, 구슬이 모두 몇 개인지 □ 안에 쓰세요.

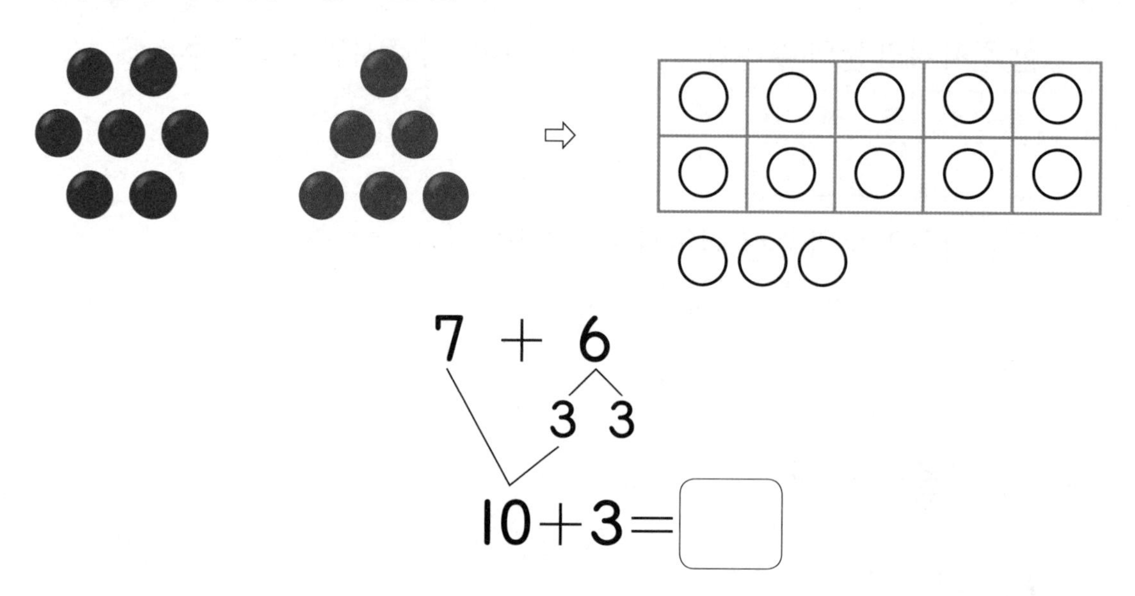

<보기>의 식을 보고, 빈 곳에 알맞은 모양을 그리세요.

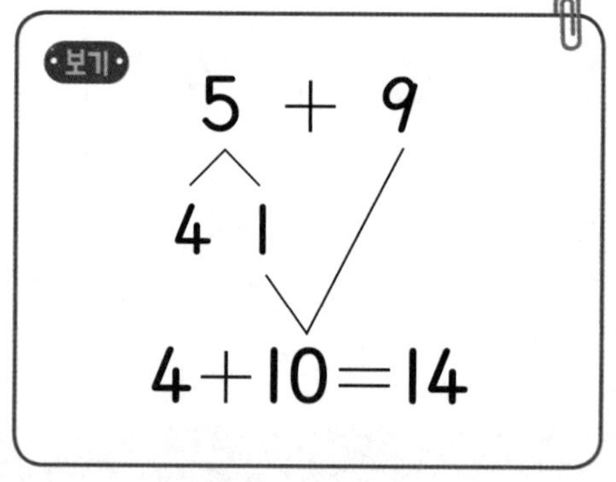

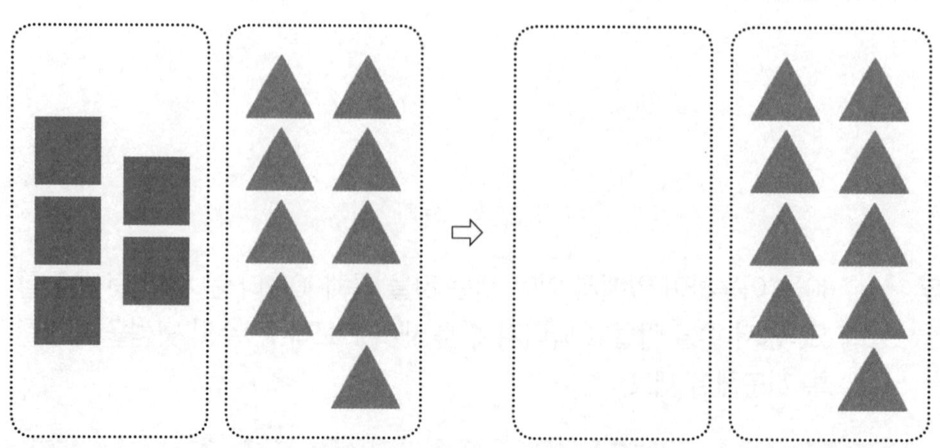

그림과 같이 초록색공 5개를 3개, 2개로 나누어 3개를 상자 안에 넣었어요. 그림을 보고, 식을 완성하세요.

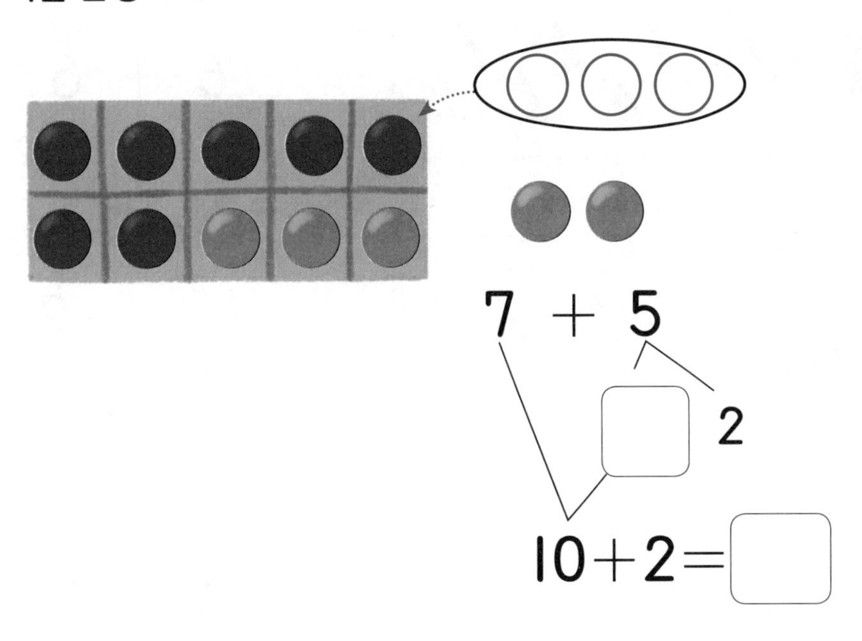

그림을 보고, □ 안에 알맞은 수를 쓰세요.

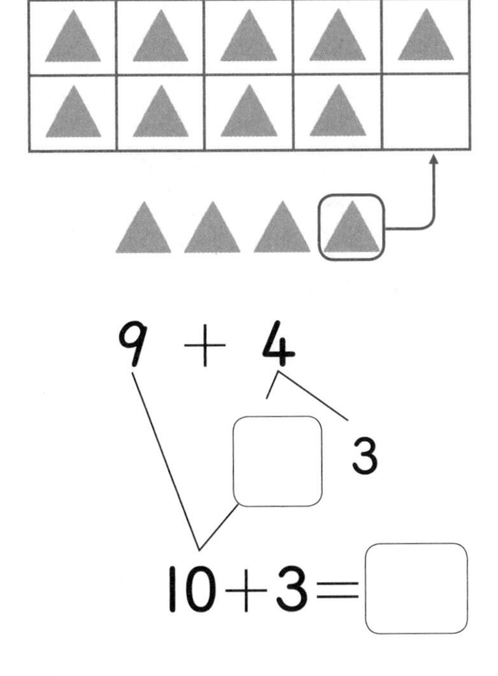

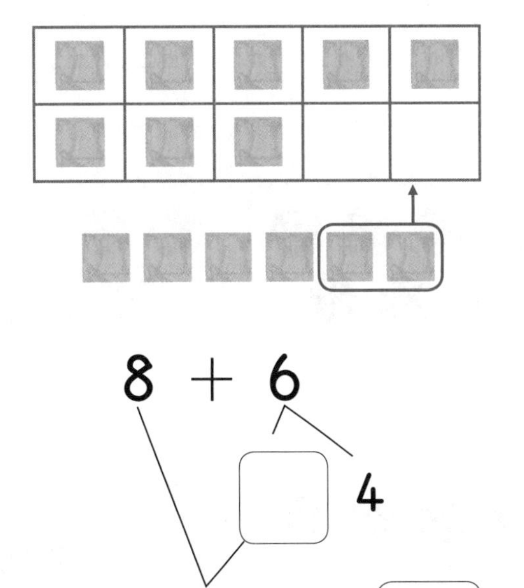

그림을 보고, □ 안에 알맞은 수를 쓰세요.

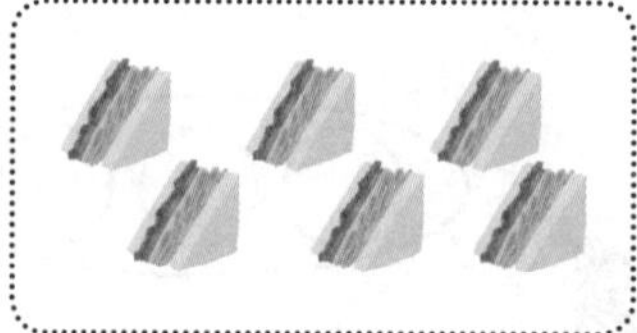

⇩

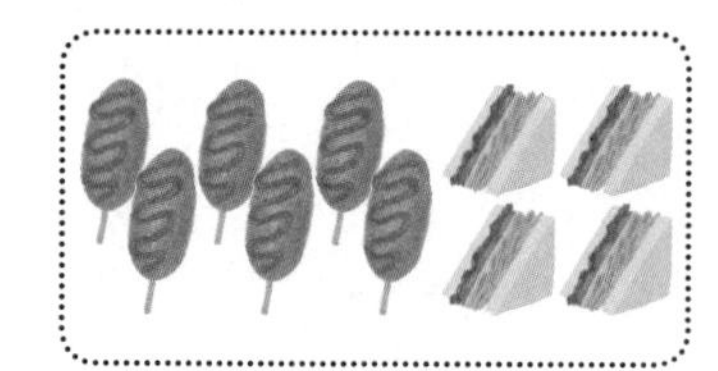
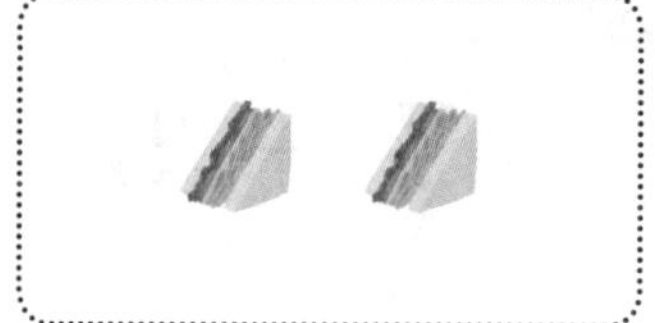

6 + 6

4 □

□ + 2 = □

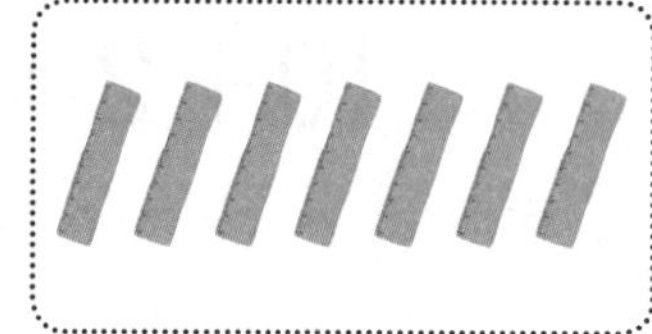

⇩

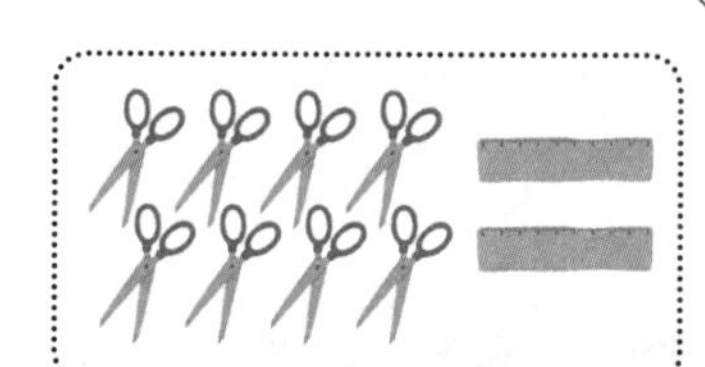
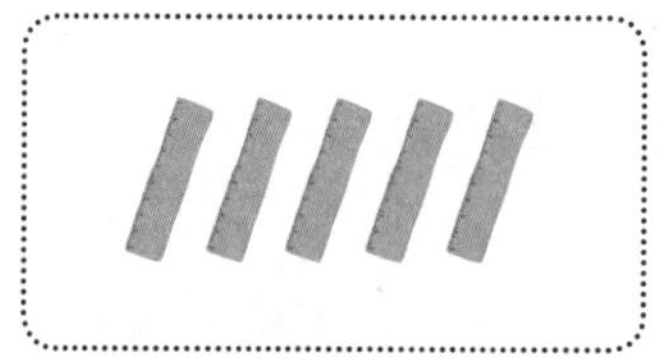

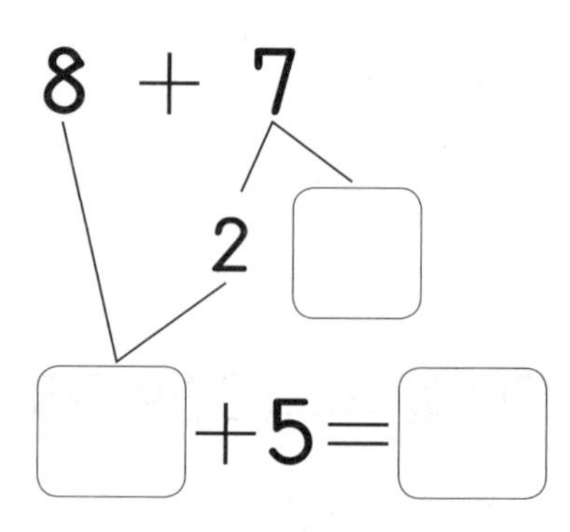

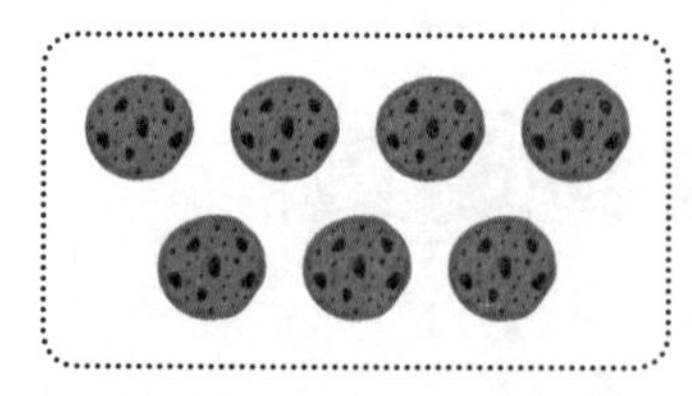
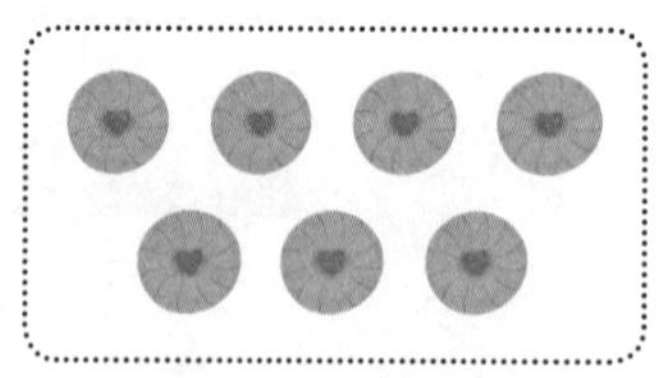

⇩

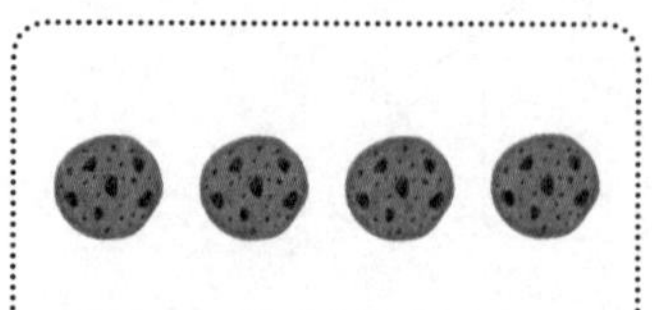
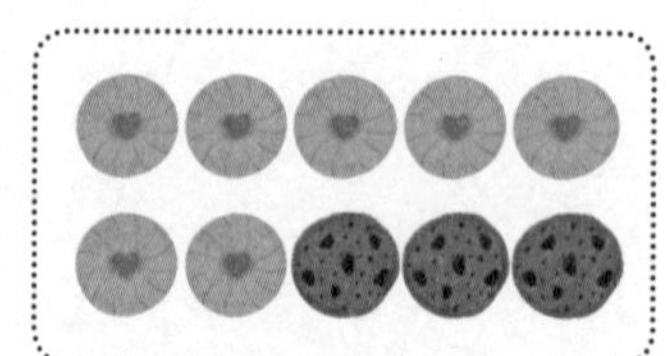

7 + 7

□ 3

4 + □ = □

그림을 보고, □ 안에 알맞은 수를 쓰세요.

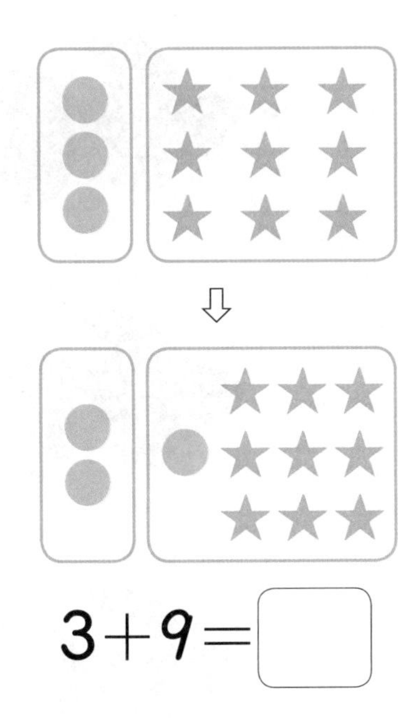

$3+9=\square$

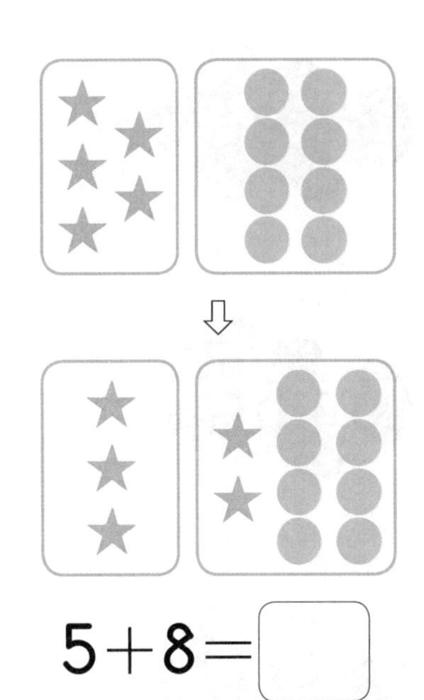

$5+8=\square$

<보기>의 식을 보고, □ 안에 알맞은 수를 쓰세요.

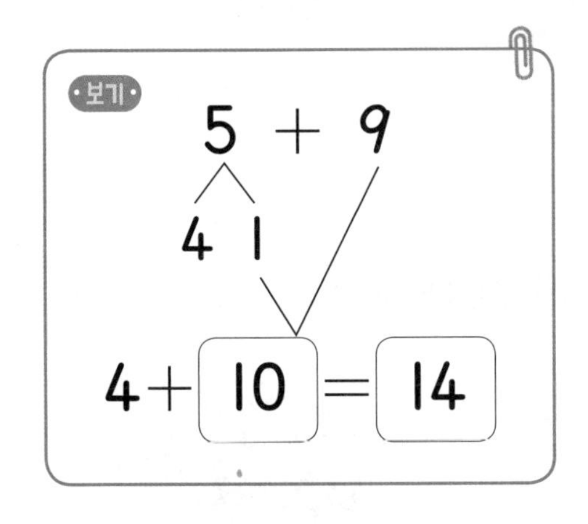

6 + 8

4 2

$4+\square=\square$

4 + 9

3 1

$3+\square=\square$

5 + 6

1 4

$1+\square=\square$

DAY 03

덧셈을 하여 나온 수와 같은 수를 찾아 줄(—)로 이으세요.

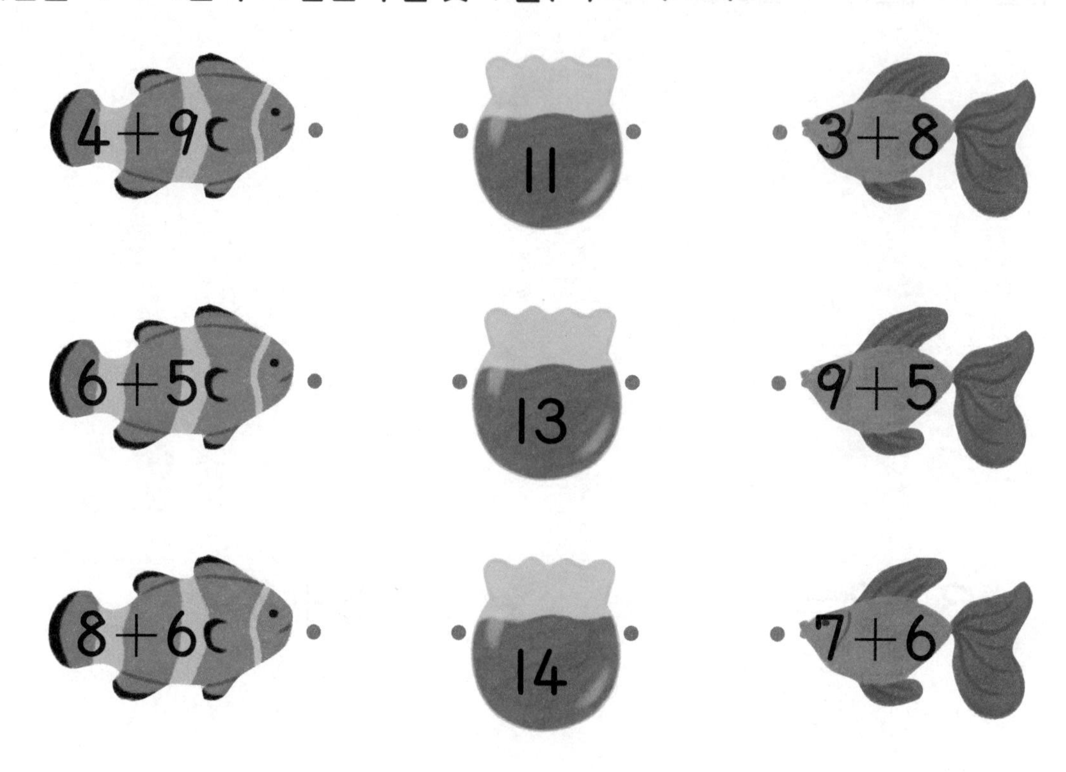

각 상자에 쓰인 덧셈을 하여 가장 작은 수의 상자에 ○표 하세요.

그림에서 빵의 수를 세어 보고, □ 안에 알맞은 수를 쓰세요.

$$\begin{array}{r} 7 \\ +\ 6 \\ \hline \square \end{array} \qquad \begin{array}{r} 5 \\ +\ 8 \\ \hline \square \end{array}$$

$$\begin{array}{r} 9 \\ +\ 6 \\ \hline \square \end{array} \qquad \begin{array}{r} 8 \\ +\ 7 \\ \hline \square \end{array}$$

덧셈을 하여 □ 안에 알맞은 수를 쓰고, 11이 되는 수에는 ○표, 14가 되는 수에는 △표 하세요.

$$\begin{array}{r} 5 \\ +\ 6 \\ \hline \square \end{array} \qquad \begin{array}{r} 9 \\ +\ 5 \\ \hline \square \end{array}$$

$$\begin{array}{r} 6 \\ +\ 8 \\ \hline \square \end{array} \qquad \begin{array}{r} 4 \\ +\ 7 \\ \hline \square \end{array}$$

DAY 04

덧셈을 하여 빈칸에 알맞은 수를 쓰세요.

+7	
4	
5	
6	
7	
8	
9	

+9	
3	
4	
5	
6	
7	
8	

두 수를 더하여 14가 되는 수끼리 줄(—)로 이으세요.

덧셈을 하여 □ 안에 알맞은 수를 쓰세요.

$3+8=\square$

$7+9=\square$

$6+6=\square$

$9+9=\square$

$5+8=\square$

$5+6=\square$

$$\begin{array}{r} 8 \\ +\ \ 6 \\ \hline \square \end{array}$$

$$\begin{array}{r} 7 \\ +\ \ 5 \\ \hline \square \end{array}$$

덧셈을 하여 가장 작은 수에 ○표 하세요.

$4+9$

$9+8$

$7+4$

$7+6$

$9+2$

$8+8$

DAY 05

비눗방울에 적힌 덧셈을 하여 13보다 작은 수에는 빨간색, 13이면 노란색, 13보다 큰 수에는 파란색을 색칠하세요.

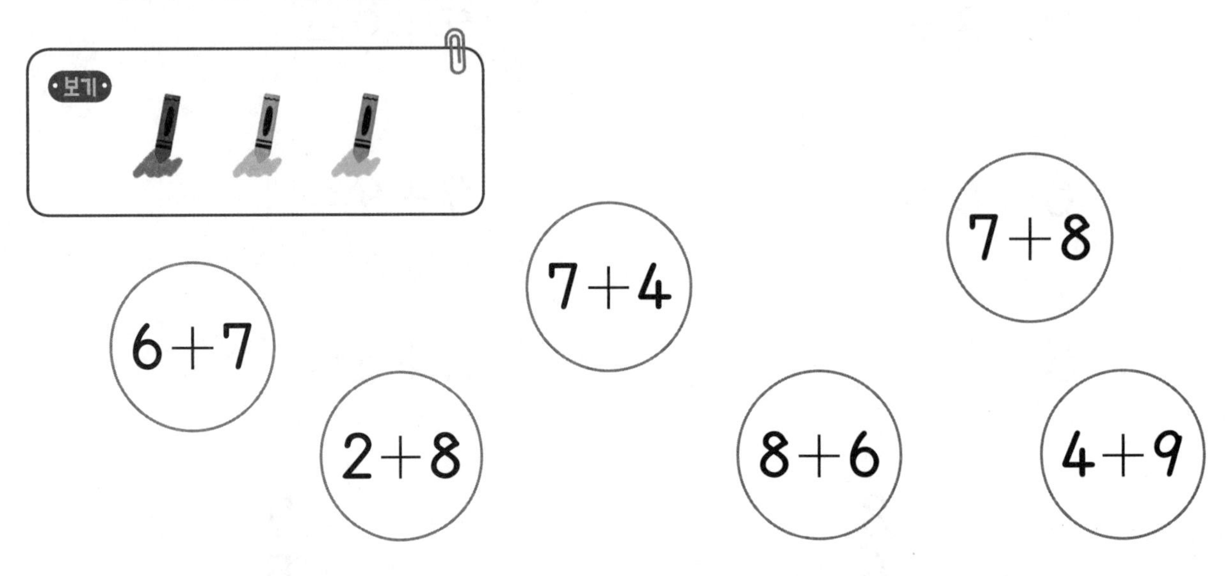

세 수의 덧셈을 하여 □ 안에 알맞은 수를 쓰세요.

$4 + 4 = \square$, $\square + 7 = \square$

$5 + 8 = \square$, $\square + 6 = \square$

$9 + 3 = \square$, $\square + 5 = \square$

$7 + 4 = \square$, $\square + 2 = \square$

✿ 그림을 보고, 세 수의 덧셈을 하여 □ 안에 알맞은 수를 쓰세요.

3 + 8 + 1

□ + 1 = □

3 + 8 + 1

3 + □ = □

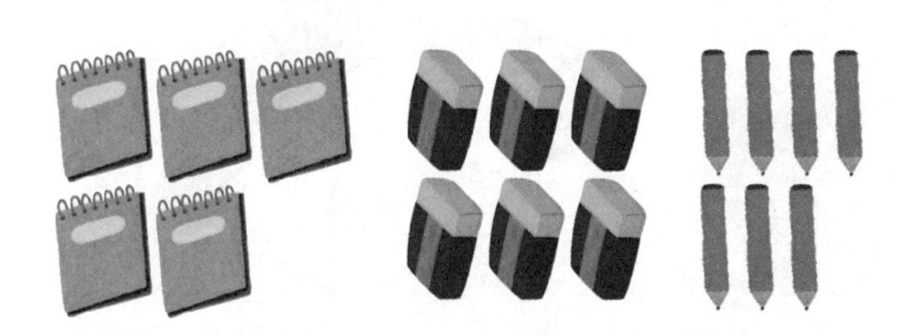

5 + 6 + 7

□ + 7 = □

5 + 6 + 7

5 + □ = □

✿ 세 수의 덧셈을 하여 □ 안에 알맞은 수를 쓰세요.

2 + 7 + 5 = □

8 + 3 + 6 = □

2 + 4 + 9 = □

6 + 5 + 1 = □

7 + 8 + 1 = □

8 + 6 + 4 = □

15 받아내림이 없는 10보다 큰 뺄셈

먹고 남은 과자는 모두 몇 개인가요?

개념과 원리 이해하기

▶ **지워서 남은 수 세기**

처음 과자의 수 15에서 먹은 과자의 수 3을 지우면

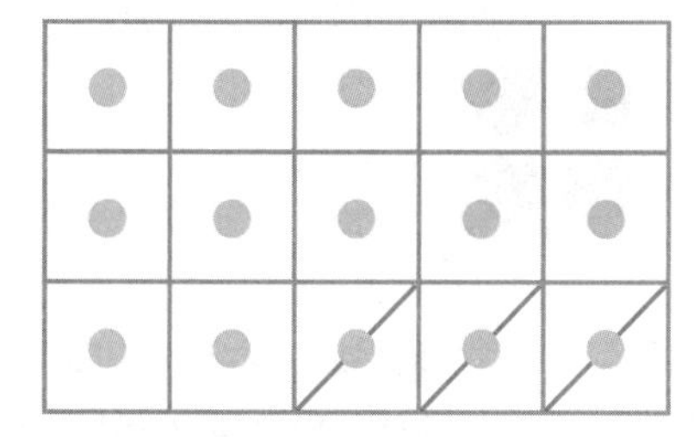

▶ **빼기로 나타내기**

$$15 - 3 = 12$$

$$\begin{array}{r} 15 \\ - \ \ 3 \\ \hline 12 \end{array}$$

낱개의 수를 먼저 계산하고, 묶음의 수 쓰기

빼는 수만큼 하나씩 지워가며 남은 수가 뺄셈의 결과, 차가 된다는 것을 알려주세요. 뺄셈을 할 때에는 낱개끼리 먼저 계산하도록 지도해 주세요. 또, 가로셈으로 계산하기 어려워 한다면 세로셈으로 바꾸어 계산할 수 있도록 도와주세요.

DAY 01

뺄셈을 하는 순서를 나타내는 그림과 설명을 읽어 보고, □ 안에 알맞은 수를 쓰세요.

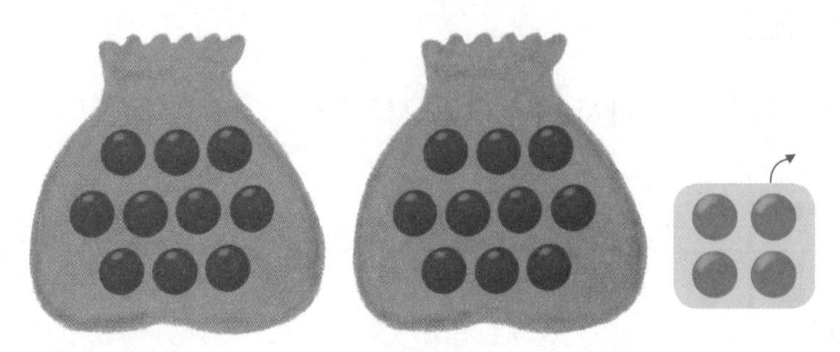

① 24와 4를 낱개의 자리와 묶음의 자리에 맞추어 쓰세요.

② 낱개의 자리의 수끼리 빼서 아래 낱개의 자리에 쓰세요.

③ 묶음의 수 2는 그대로 묶음의 자리에 쓰세요.

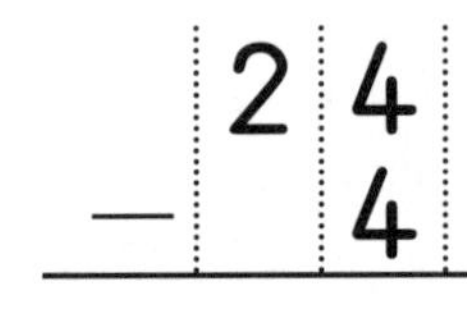

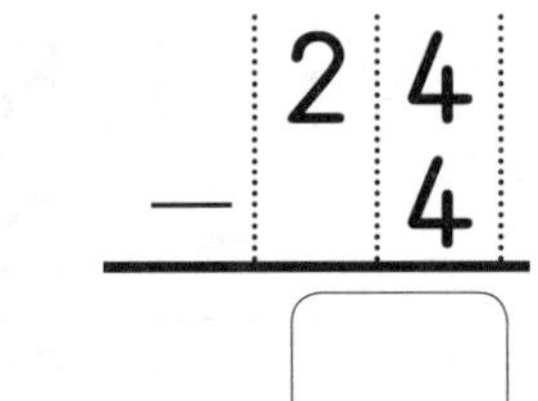

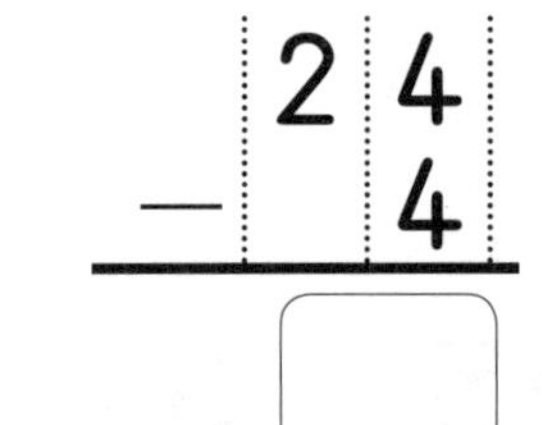

그림을 보고, □ 안에 알맞은 수를 쓰세요.

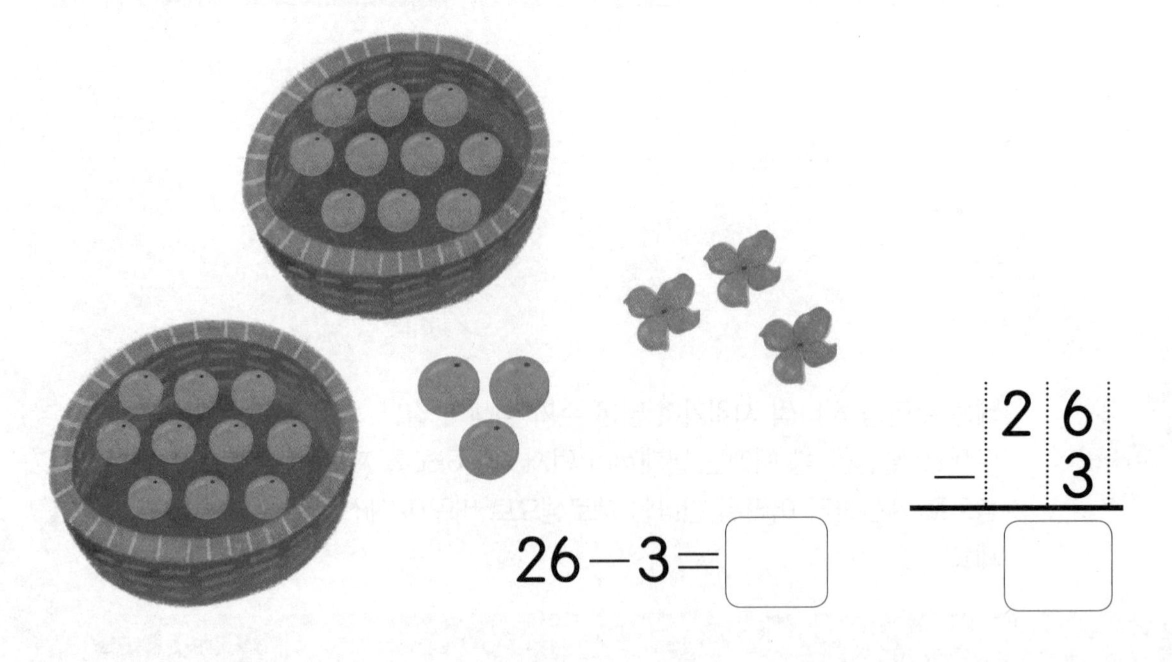

그림을 보고, □ 안에 알맞은 수를 쓰세요.

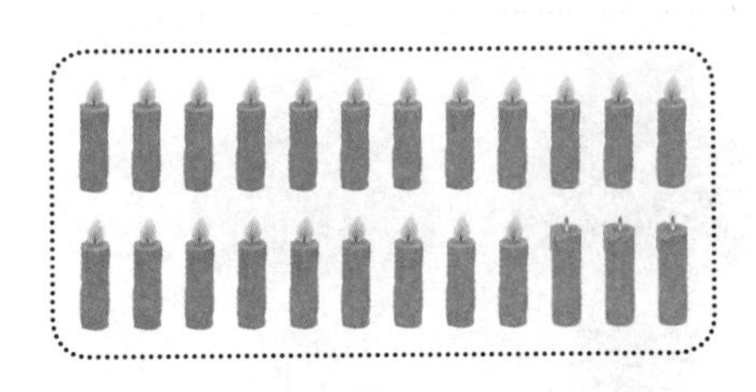

⇨

$$\begin{array}{r} 24 \\ -\ \ 3 \\ \hline \square \end{array}$$

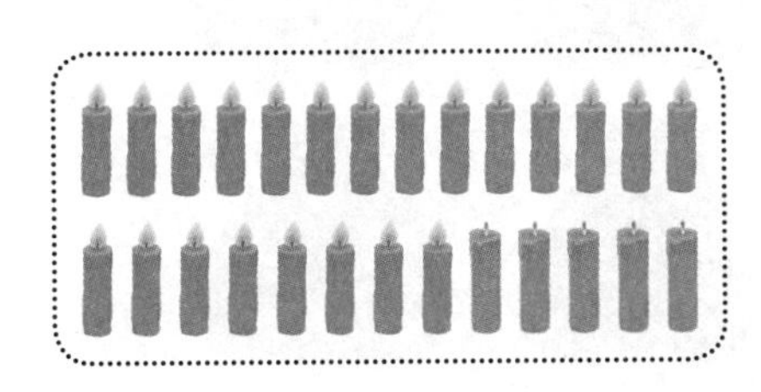

⇨

$$\begin{array}{r} 27 \\ -\ \ 5 \\ \hline \square \end{array}$$

소풍을 간 아이들이 김밥을 말한 수만큼 먹었어요. 남은 수만큼 빈 곳에 ○를 그리고 □ 안에 알맞은 수를 쓰세요.

19 − □ = □

19 − □ = □

DAY 02

그림을 보고 □ 안에 알맞은 수를 쓰세요.

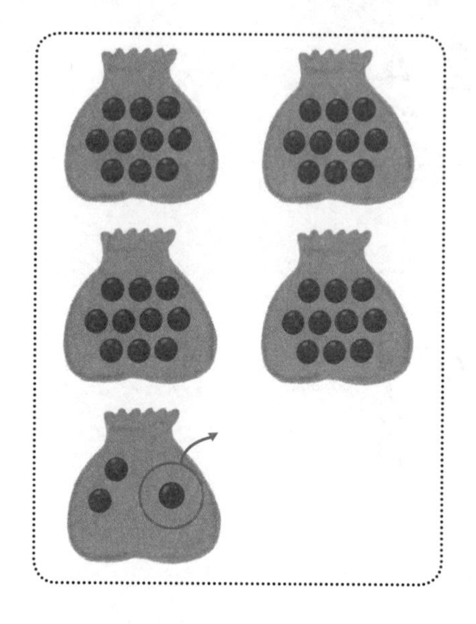

$43-1=\square$

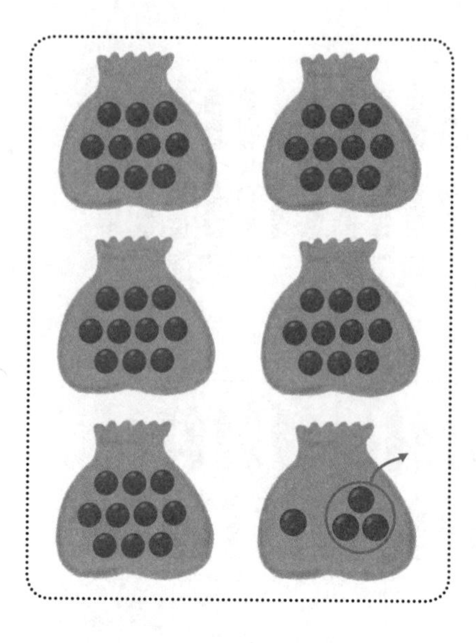

$54-3=\square$

빨셈을 하여 나온 수에 색칠하세요.

49−1	76−4	87−3	68−2	55−4
48 46	71 72	84 85	64 66	51 53

빨셈을 하여 나온 수가 같은 것을 찾아 줄(—)로 이으세요.

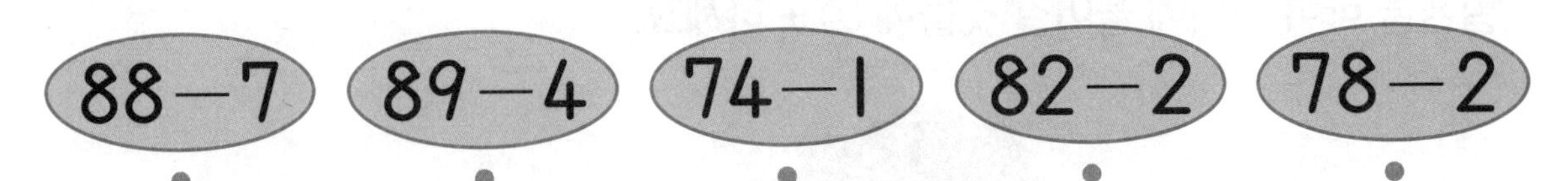

뺄셈을 하여 □ 안에 쓰고, 왼쪽과 같은 수를 오른쪽에서 찾아 같은 색으로 색칠하세요.

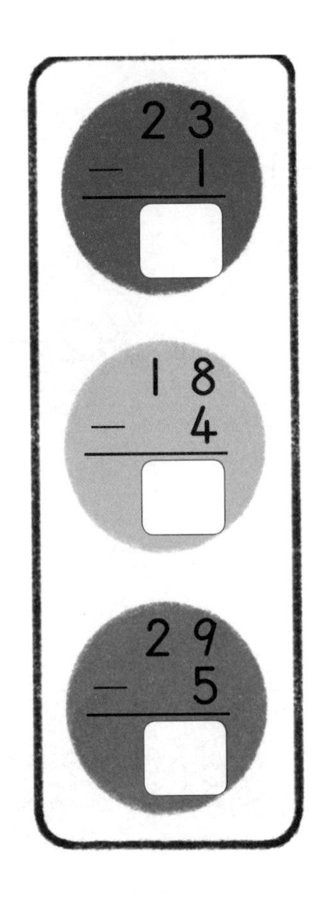

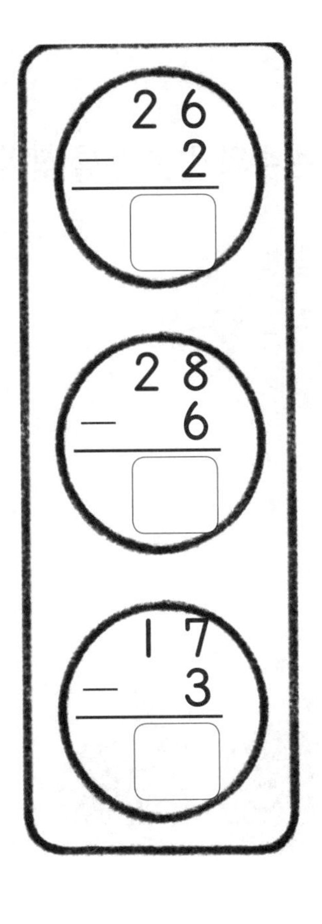

빼셈을 하여 나온 수가 냄비에 적힌 수와 같은 것을 찾아 재료로 넣으려고 해요. 뺄셈을 하여 냄비에 들어갈 것들에 ○표 하세요.

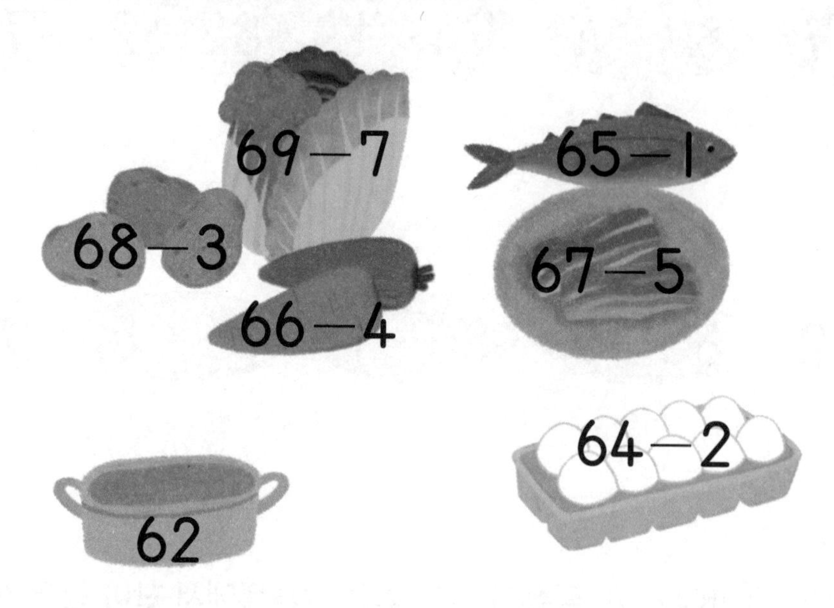

뺄셈을 하여 나온 수와 같은 수를 찾아 줄(—)로 이으세요.

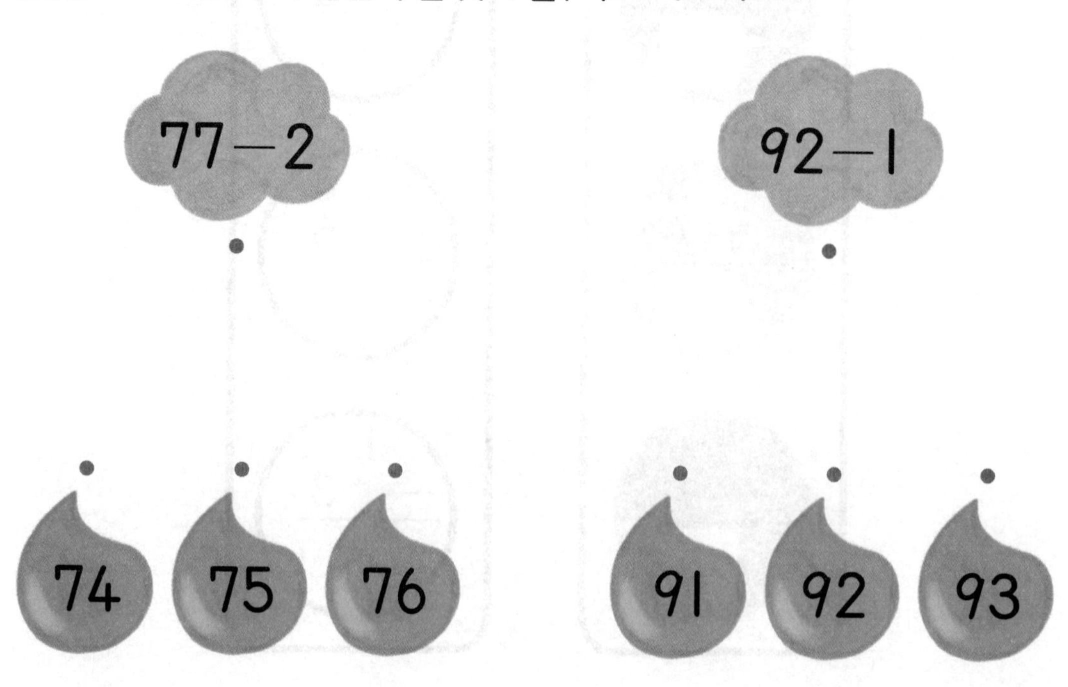

✿ 뺄셈을 하여 가장 큰 수에 ○표 하세요.

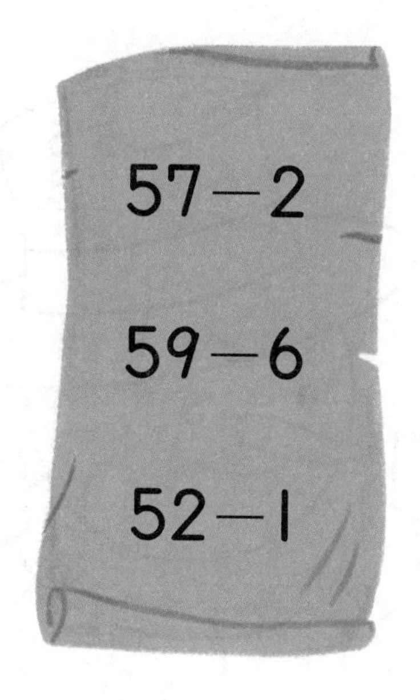

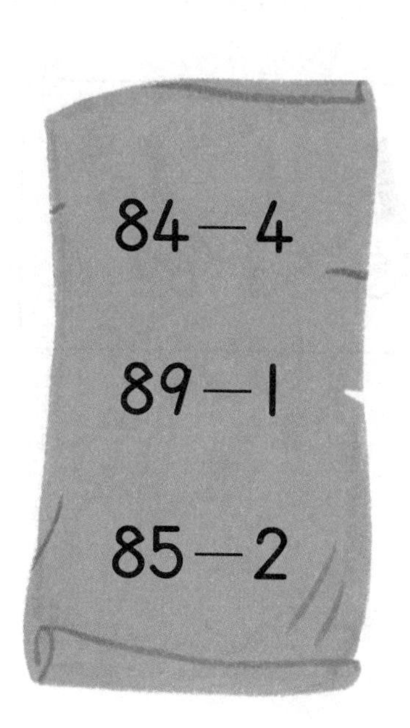

✿ 뺄셈을 하여 □ 안에 알맞은 수를 쓰세요.

$43-3=\square$

$97-5=\square$

$49-7=\square$

$94-3=\square$

$$\begin{array}{r} 48 \\ -\ \ 5 \\ \hline \square \end{array}$$

$$\begin{array}{r} 98 \\ -\ \ 4 \\ \hline \square \end{array}$$

DAY 04

뺄셈을 하여 나온 수를 <보기>에서 찾아 주어진 색으로 색칠하세요.

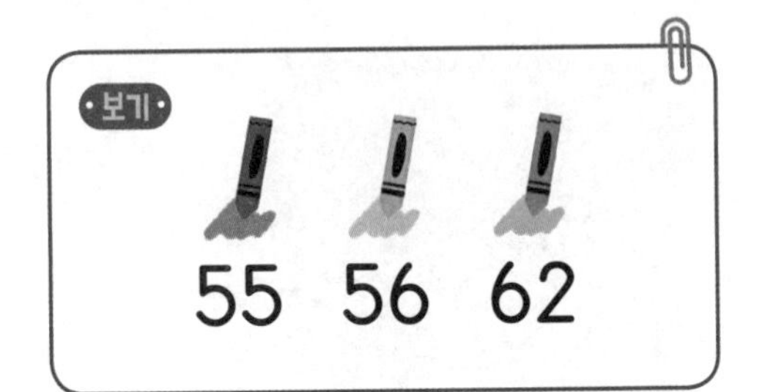

뺄셈을 하여 □ 안에 알맞은 수를 쓰세요.

$46-3=\square$

$55-2=\square$

$67-4=\square$

$$\begin{array}{r} 77 \\ -\quad 7 \\ \hline \square \end{array}$$

$$\begin{array}{r} 88 \\ -\quad 6 \\ \hline \square \end{array}$$

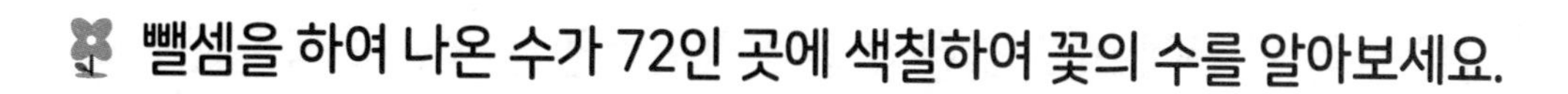
빼셈을 하여 나온 수가 72인 곳에 색칠하여 꽃의 수를 알아보세요.

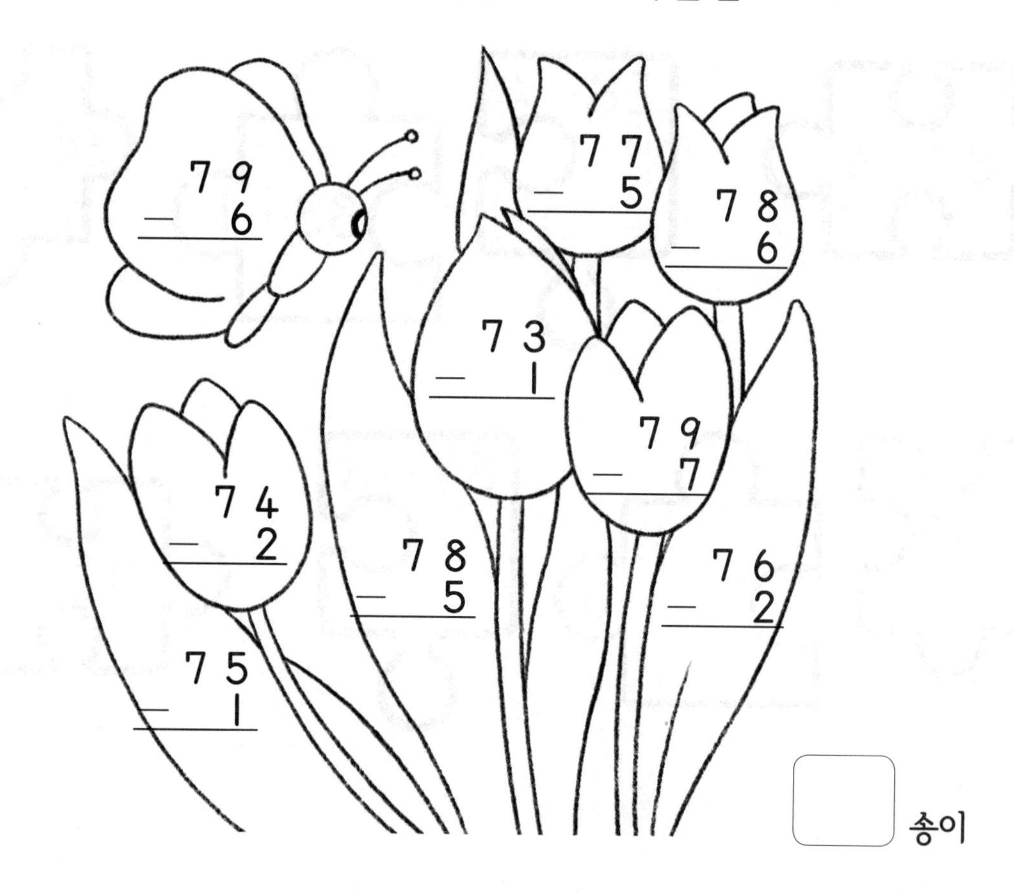

빼셈을 하여 □ 안에 쓰고, 작은 수부터 차례대로 ○ 안에 1~4까지 번호를 쓰세요.

$69 - 0 = \square$	$52 - 1 = \square$	$87 - 2 = \square$	$44 - 3 = \square$
○	○	○	○

DAY 05

빨셈을 하여 나온 수를 빈 곳에 쓰고, 같은 수의 조각끼리 같은 색으로 색칠하세요.

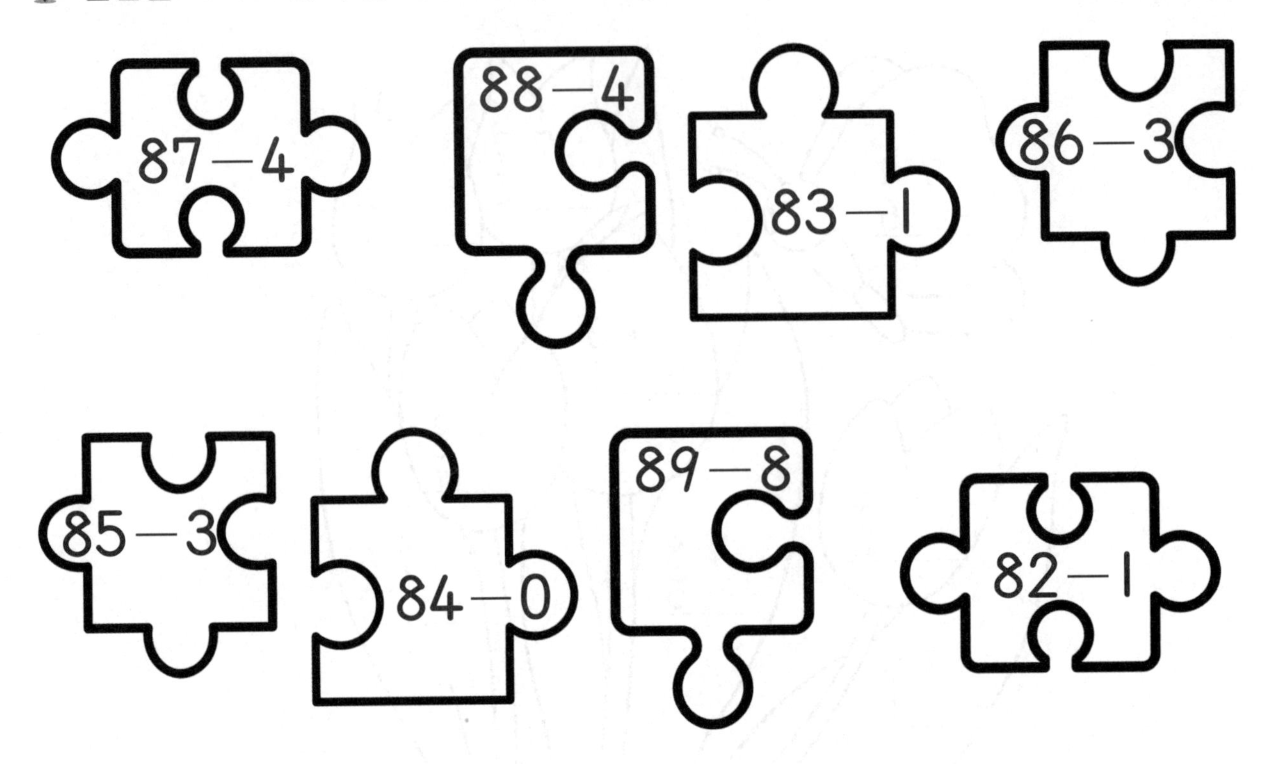

빨셈을 하여 □ 안에 쓰고, 가장 큰 수에 ○표 하세요.

$$\begin{array}{r} 64 \\ -\ \ 3 \\ \hline \square \end{array} \qquad \begin{array}{r} 79 \\ -\ \ 5 \\ \hline \square \end{array} \qquad \begin{array}{r} 86 \\ -\ \ 1 \\ \hline \square \end{array}$$

$$\begin{array}{r} 95 \\ -\ \ 1 \\ \hline \square \end{array} \qquad \begin{array}{r} 44 \\ -\ \ 2 \\ \hline \square \end{array} \qquad \begin{array}{r} 26 \\ -\ \ 3 \\ \hline \square \end{array}$$

빼셈을 하여 □ 안에 쓰고, 큰 수부터 차례대로 ○ 안에 1~4까지 번호를 쓰세요.

$48 - 2 = \square$	$49 - 1 = \square$	$46 - 3 = \square$	$49 - 9 = \square$
○	○	○	○

$64 - 3 = \square$	$62 - 2 = \square$	$67 - 1 = \square$	$68 - 5 = \square$
○	○	○	○

가장 큰 수와 가장 작은 수를 찾아 ○표 하고, 큰 수에서 작은 수의 뺄셈을 하세요.

7 69
1 72

가장 큰 수 □ − 가장 작은 수 □ = □

84 95
4 5

가장 큰 수 □ − 가장 작은 수 □ = □

16 받아내림이 있는 10보다 큰 뺄셈

희정이와 윤희가 가위바위보를 하고 있어요.

위에 있는 희정이가 아래에 있는 윤희보다 몇 계단 더 많이 올라갔나요?

개념과 원리 이해하기

▶ 짝지어 세어보기

희정: ● ● ● ● ● ● ● ● ● ● ●

윤희: ● ● ● ● ● ●

하나씩 짝지어 보면 희정이가 올라간 계단의 수가 더 많아요.

▶ 지워가며 세어보기

같은 수만큼 지워가며 두 수의 차를 알아보면

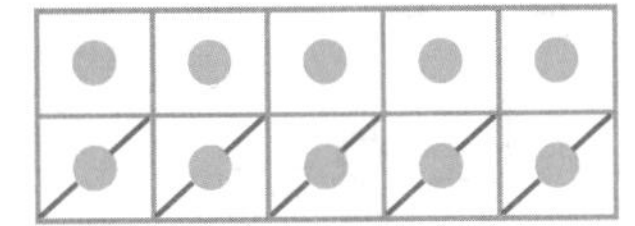
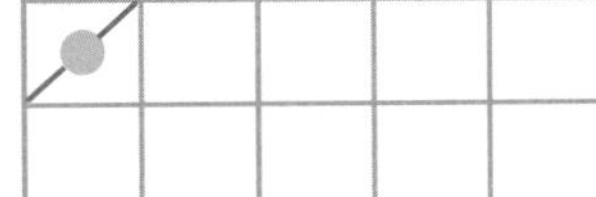

▶ 10 만들어 빼기

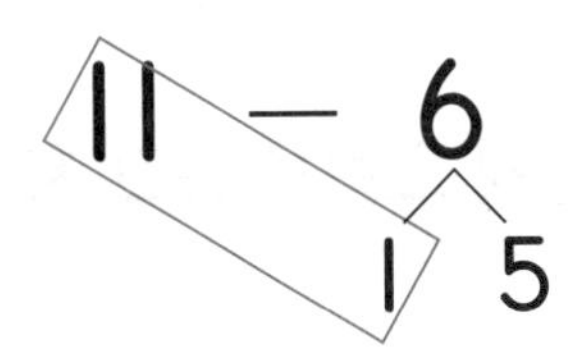

6을 1과 5로 가르고

11−1=10을 먼저 만들면

11 − 1 − 5

10 − 5 = 5

지도 도우미

어느 것이 더 많은지를 알아볼 때에는 하나씩 짝지어 보고 짝이 되지 않고 남는 수가 뺄셈의 결과인 차가 된다는 것을 알려 주세요.
덧셈과 마찬가지로 10을 먼저 만들고 남은 수를 빼는 방법으로 10보다 큰 뺄셈을 이해할 수 있도록 지도해 주세요.

DAY 01

✿ 그림을 보고, □ 안에 알맞은 수를 쓰세요.

4개의 계란을 쓰려고 해요.

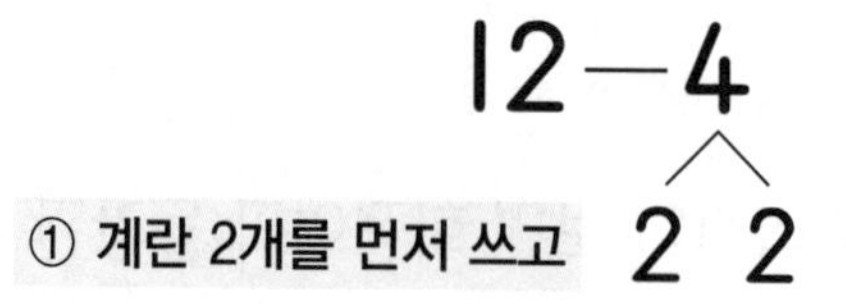

$12-4$

① 계란 2개를 먼저 쓰고 2 2

$12-2=\square$

② 나머지 계란 2개를 쓰면 $12-2-2$

$\square-2=\square$

✿ 뺄셈의 세로셈을 하는 과정이에요. 어떻게 뺄셈을 했는지 그림을 보고 차례대로 □ 안에 알맞은 수를 쓰세요.

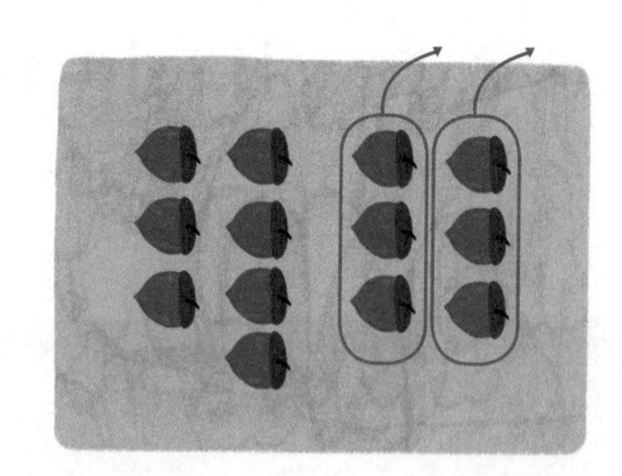

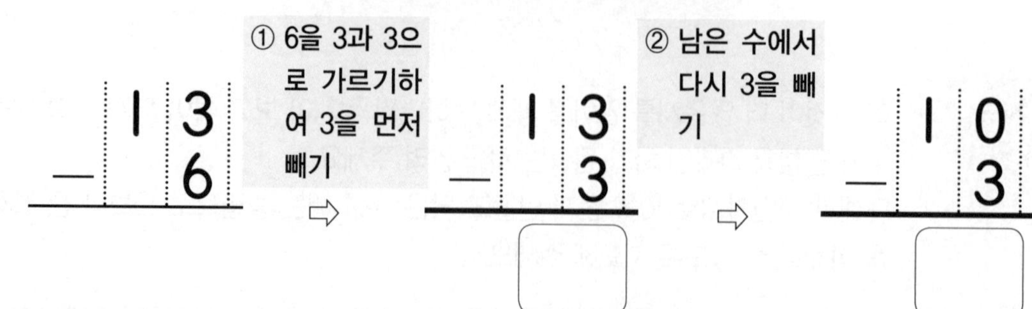

$13-6$
① 6을 3과 3으로 가르기하여 3을 먼저 빼기
$13-3=\square$
② 남은 수에서 다시 3을 빼기
$10-3=\square$

✿ 그림을 보고, □ 안에 알맞은 수를 쓰세요.

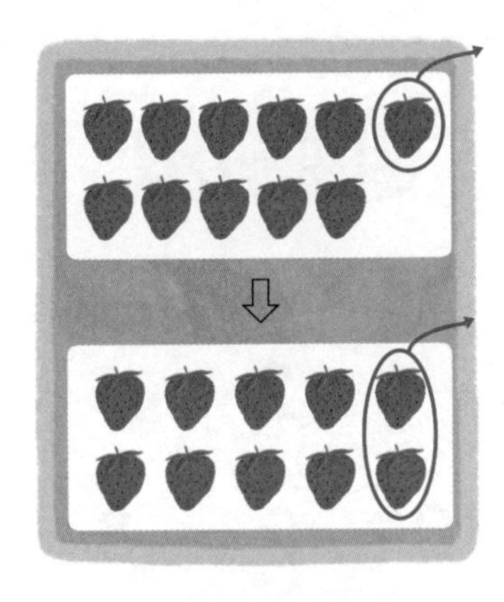

11−3

11−1−2

10−2=□

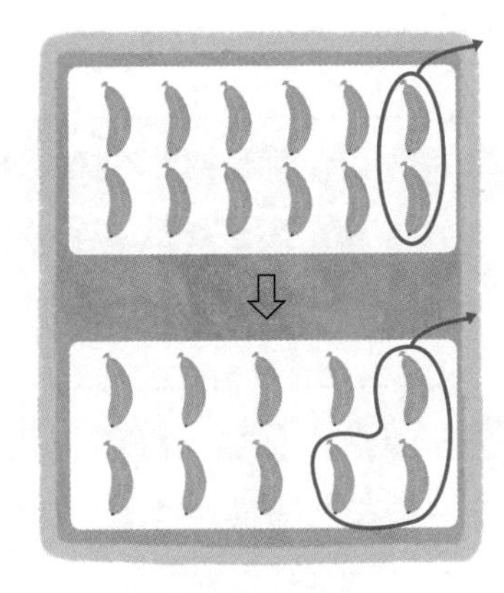

12−5

12−2−3

10−3=□

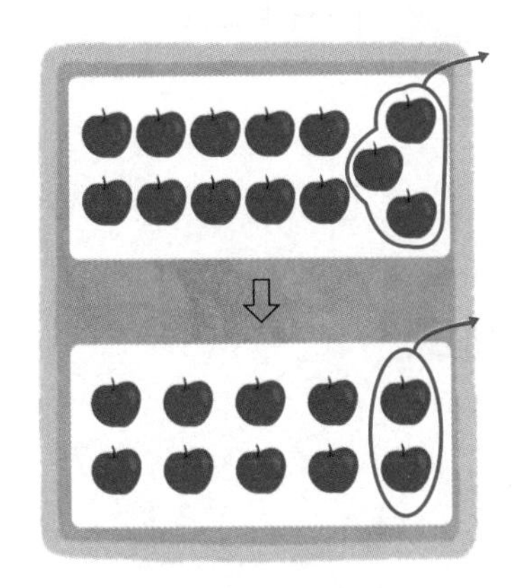

13−5

13−3−2

10−2=□

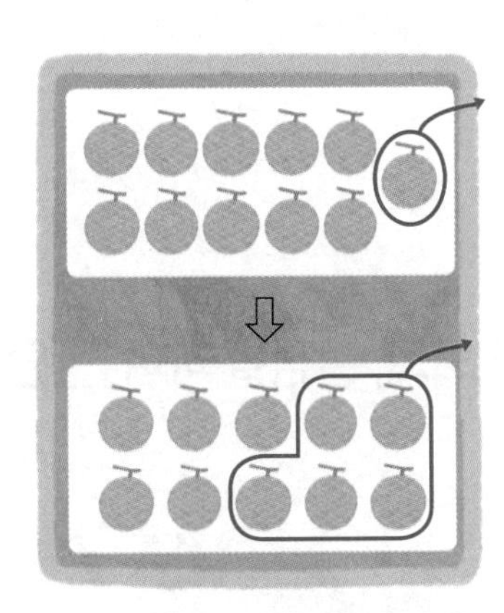

11−6

11−1−5

10−5=□

DAY 02

✿ <보기>의 뺄셈식을 보고, □ 안에 알맞은 수를 쓰세요.

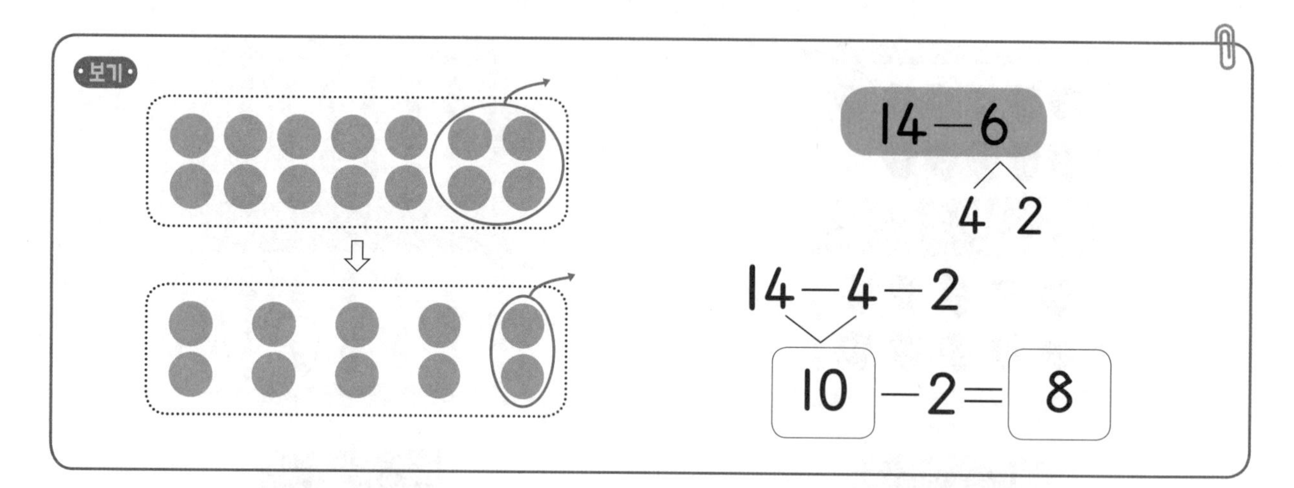

13−5

3 2

13−3−2

□ −2= □

16−7

6 1

16−6−1

□ −1= □

✿ 그림을 보고, 뺄셈을 하여 □ 안에 알맞은 수를 쓰세요.

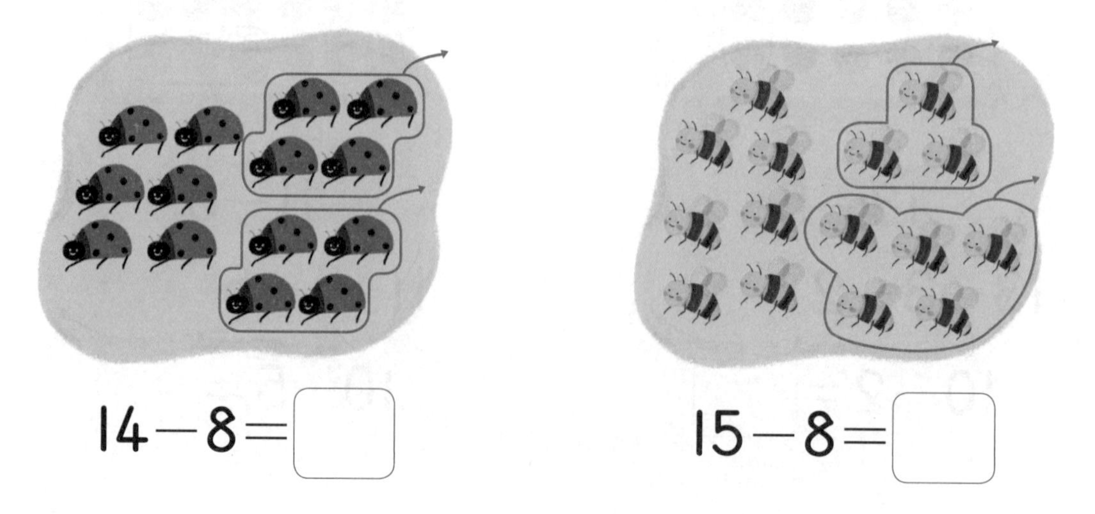

14−8= □

15−8= □

그림을 보고, 뺄셈을 하여 □ 안에 알맞은 수를 쓰세요.

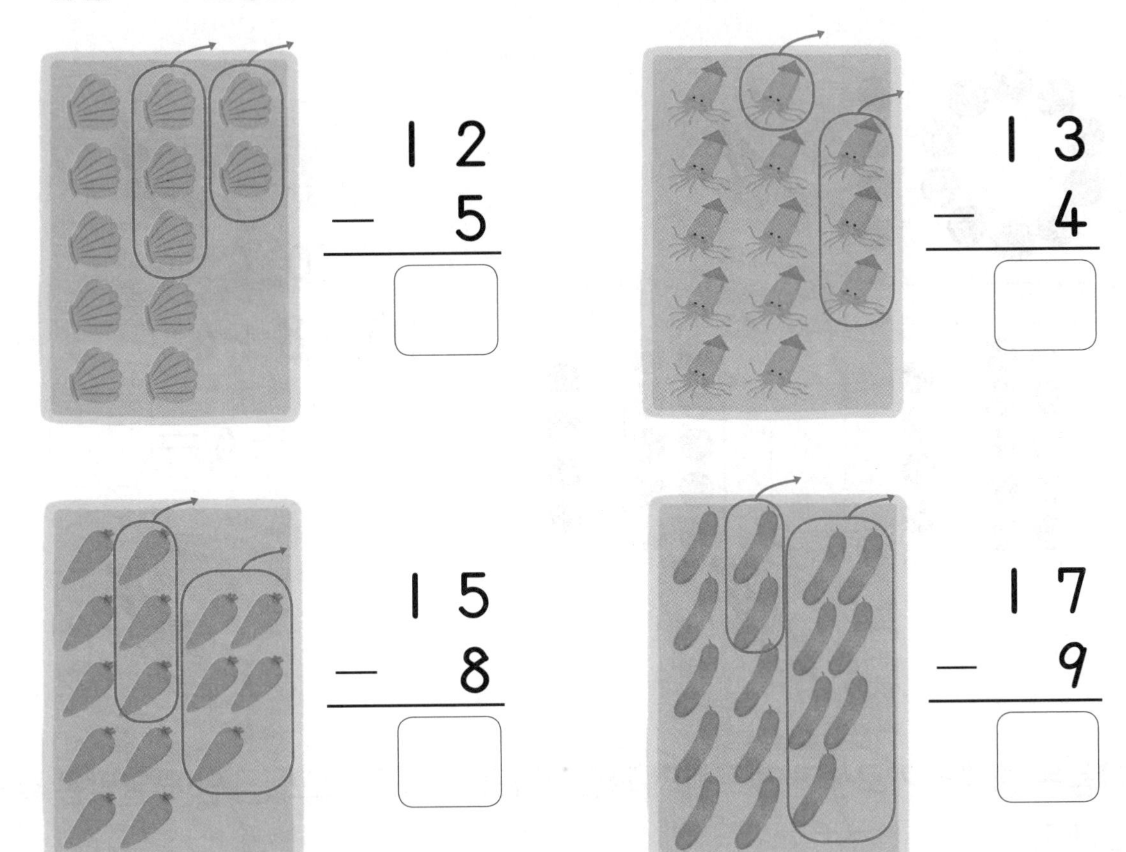

뺄셈을 하여 □ 안에 알맞은 수를 쓰세요.

$11-9$ (9 → 1, 8)

$11-1-\square$

$\square-8=\square$

$12-8$ (8 → 2, 6)

$12-2-\square$

$\square-6=\square$

어떻게 뺄셈을 했는지 그림을 보고, □ 안에 알맞은 수를 쓰세요.

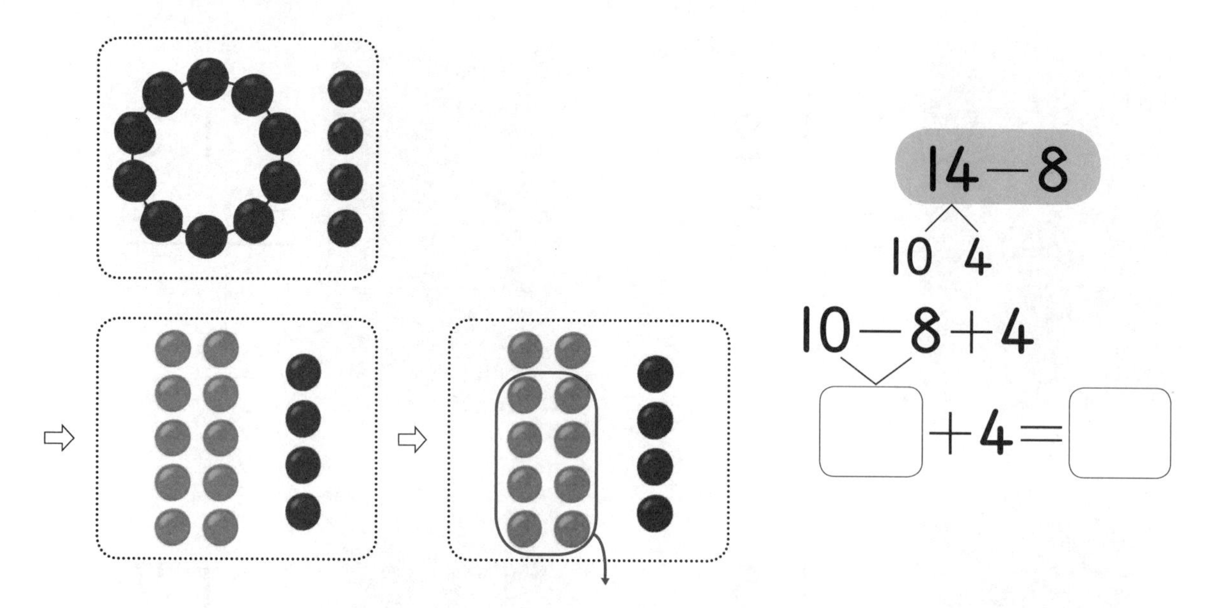

14−8

10 4

10−8+4

□+4=□

다음은 뺄셈의 가로셈과 세로셈의 과정이에요. 그림을 보고, □ 안에 알맞은 수를 쓰세요.

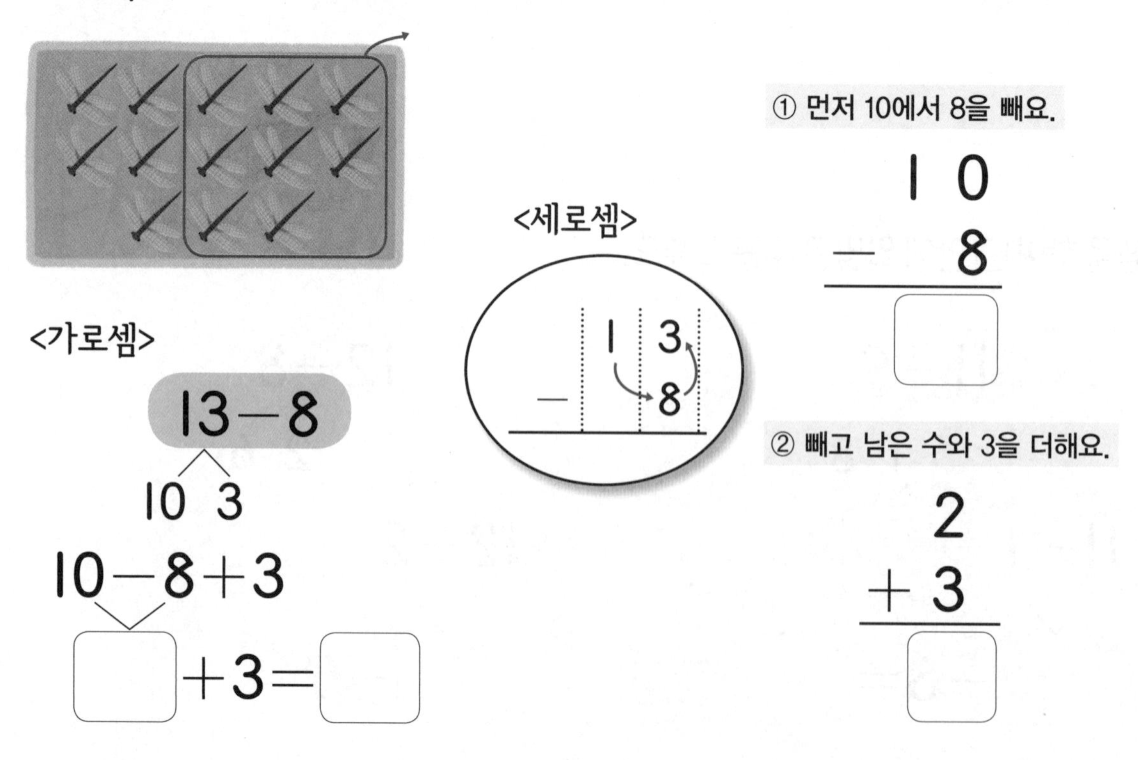

① 먼저 10에서 8을 빼요.

$$\begin{array}{r} 10 \\ -\ \ 8 \\ \hline \square \end{array}$$

② 빼고 남은 수와 3을 더해요.

$$\begin{array}{r} 2 \\ +\ 3 \\ \hline \square \end{array}$$

그림을 보고, □ 안에 알맞은 수를 쓰세요.

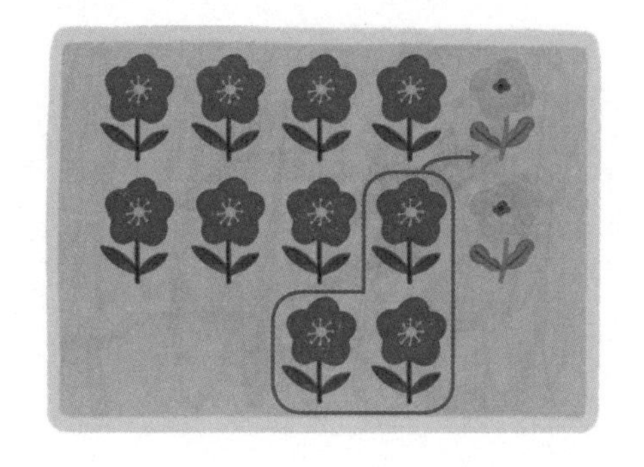

$12-3$

10 2

$10-3+2$

$\square+2=\square$

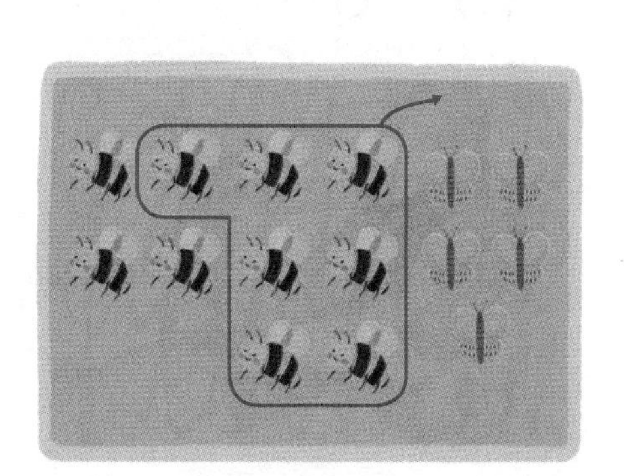

$15-7$

10 5

$10-7+5$

$\square+5=\square$

뺄셈식을 보고, □ 안에 알맞은 수를 쓰세요.

$11-3$

10 1

$10-\square+1$

$\square+1=\square$

$13-5$

10 3

$10-\square+3$

$\square+3=\square$

그림을 보고, □ 안에 알맞은 수를 쓰세요.

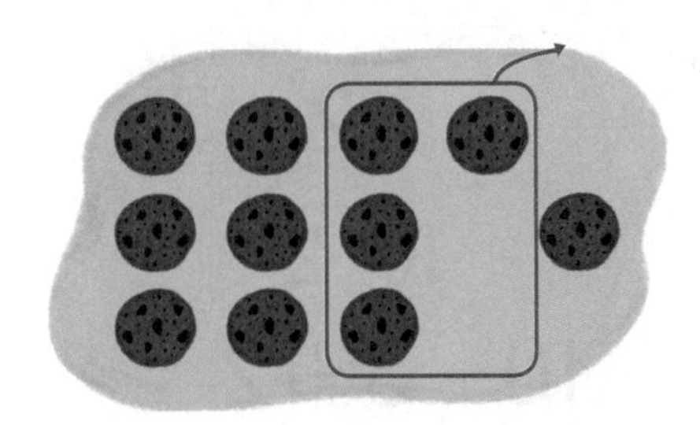

$11-4=\square$

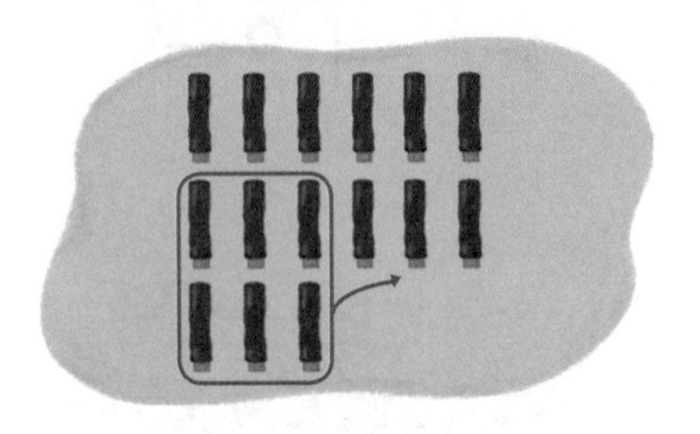

$15-6=\square$

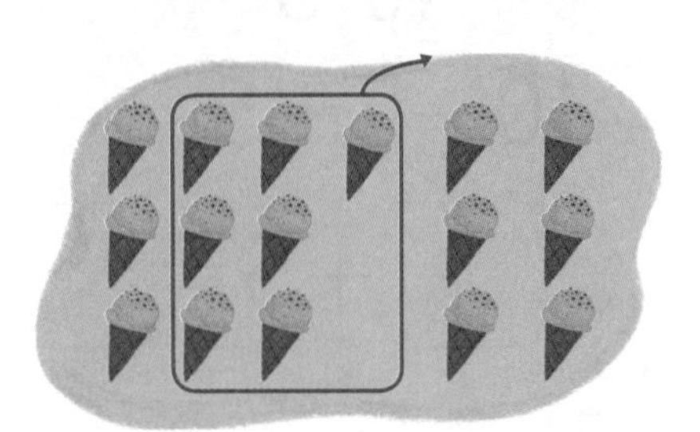

$16-7=\square$

뺄셈을 하여 □ 안에 알맞은 수를 쓰세요.

$14-5$ (10, 4)

$10-5+\square$

$\square+4=\square$

$15-9$ (10, 5)

$10-9+\square$

$\square+5=\square$

빼셈을 하여 나온 수와 같은 수를 찾아 줄(—)로 이으세요.

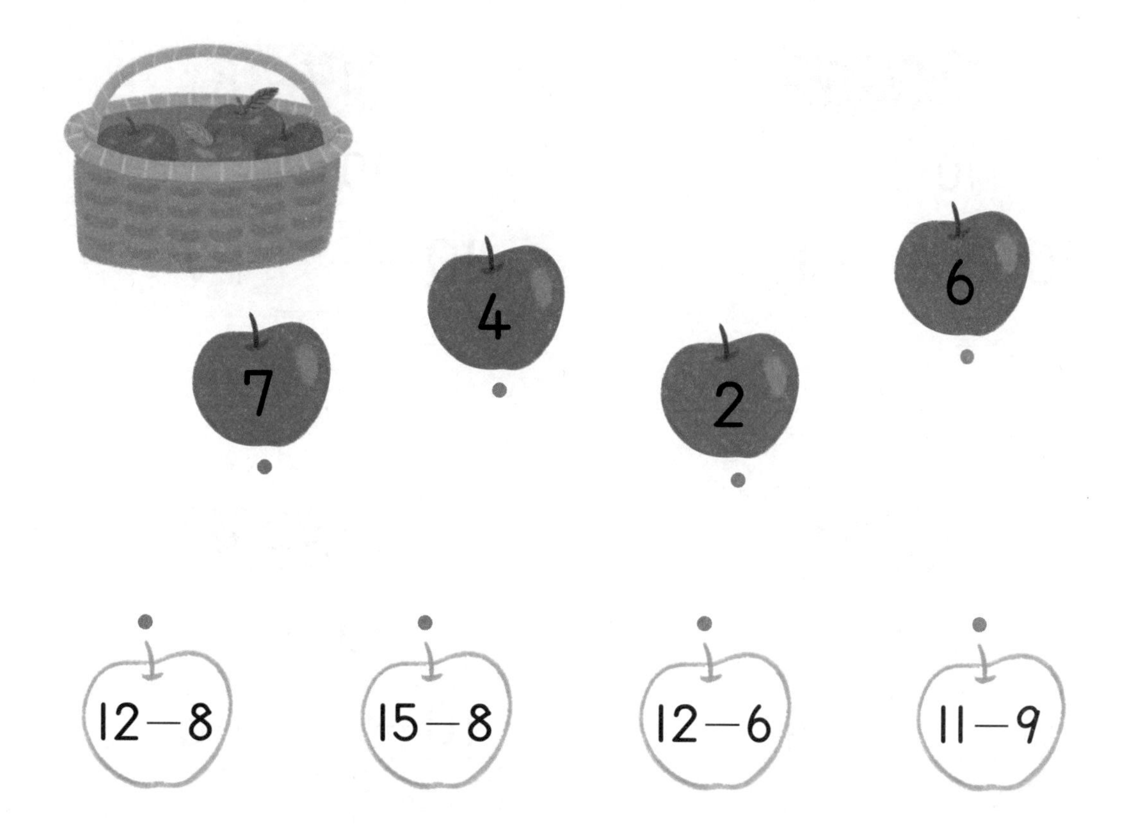

그림을 보고, □ 안에 알맞은 수를 쓰세요.

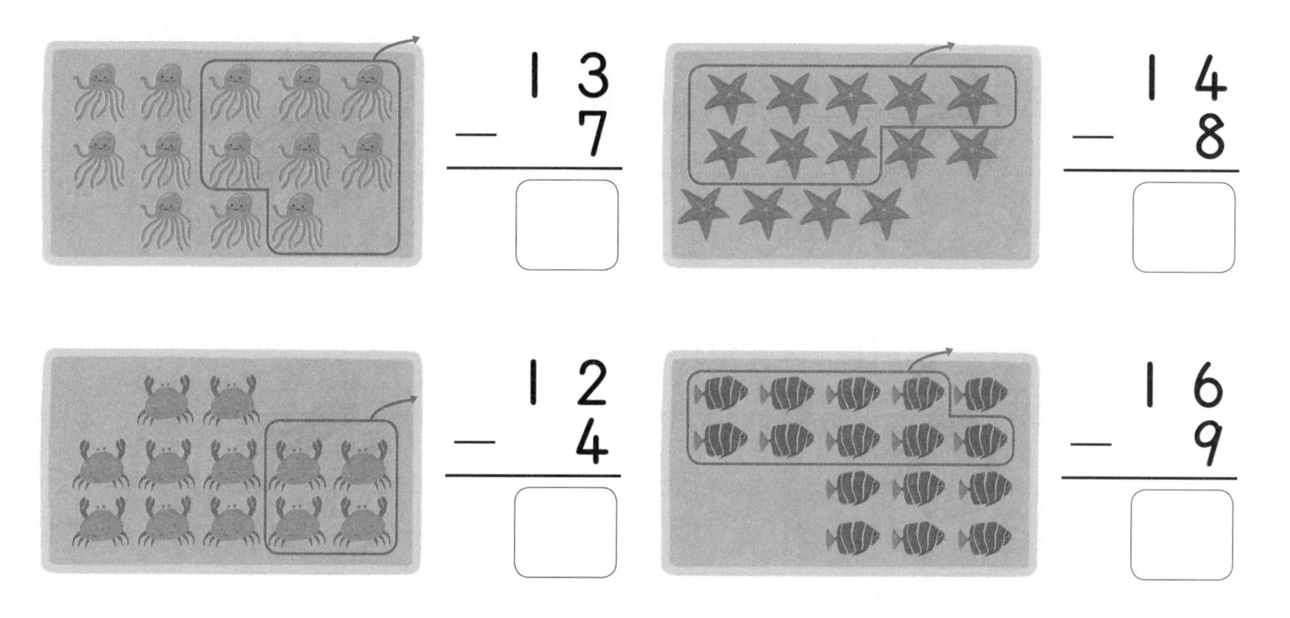

✿ 뺄셈을 하여 □ 안에 알맞은 수를 쓰세요.

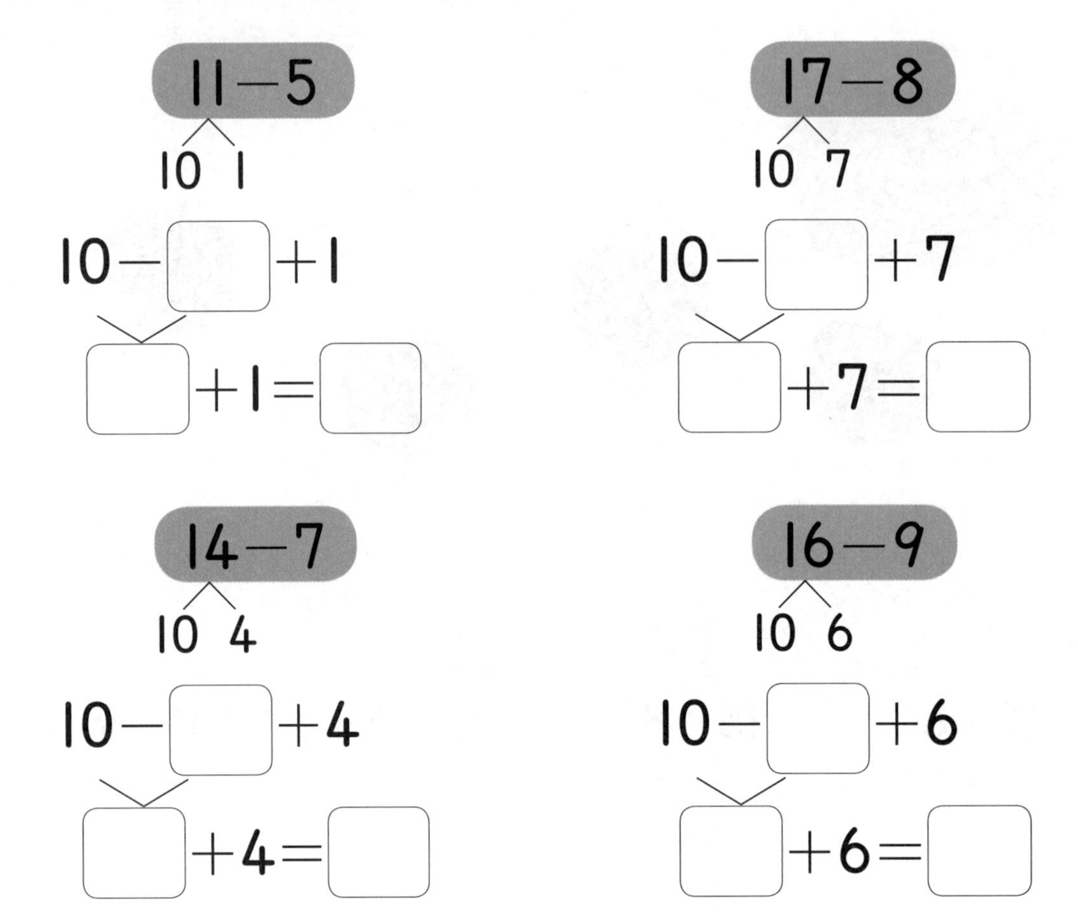

✿ 뺄셈을 하여 나온 수만큼 □ 안에 색칠하세요.

12−9									
15−8									
13−6									

빼셈을 하여 □ 안에 알맞은 수를 쓰세요.

빼셈을 하여 □ 안에 알맞은 수를 쓰세요.

$13-5=\square$

$17-9=\square$

$14-5=\square$

$15-8=\square$

$12-7=\square$

$11-7=\square$

$$\begin{array}{r} 11 \\ -\ \ 3 \\ \hline \square \end{array}$$

$$\begin{array}{r} 15 \\ -\ \ 6 \\ \hline \square \end{array}$$

예비초등이 배우는 수학 연산을 다 배웠어요!

초등학교에서는 연산이 매우 중요해요. 지금까지 배운 두 자리 수의 덧셈, 뺄셈을 잘 기억하고
본격적인 초등 수학 연산을 접한다면 어렵지 않게 시작할 수 있을 거예요~
이어서 초등 계산의 신 시리즈도 함께 공부해 볼까요?

개발 책임 이운영
편집 관리 이채원
디자인 이현지 임성자
온라인 강진식
마케팅 박진용
관리 장희정
용지 영지페이퍼
인쇄 제본 벽호 · GKC
유통 북앤북

MEMO

MEMO

독해력을 키우는 **단계별 · 수준별** 맞춤 훈련!!

초등 국어

일등급 독해력

▶ 전 6권 / 각 권 본문 176쪽 · 해설 48쪽 안팎

수업 집중도를 높이는 **교과서 연계 지문**

생각하는 힘을 기르는 **수능 유형 문제**

독해의 기초를 다지는 **어휘 반복 학습**

초등 국어 독해, 왜 필요할까요?

- **초등학생 때 형성된 독서 습관**이 모든 학습 능력의 기초가 됩니다.
- 글 속의 중심 생각과 정보를 자기 것으로 만들어 **문제를 해결하는 능력**은 한 번에 생기는 것이 아니므로, 좋은 글을 읽으며 차근차근 쌓아야 합니다.

《계산의 신》은

★ 최신 교육과정에 맞춘 단계별 계산 프로그램으로 계산법 완벽 습득
★ '단계별 묶어 풀기', '전체 묶어 풀기'로 체계적 복습까지 한 번에!
★ 좌뇌와 우뇌를 고르게 계발하는 수학 이야기와 수학 퀴즈로 창의성 쑥쑥!

아이들이 수학 문제를 풀 때 자꾸 실수하는 이유는 바로 계산력이 부족하기 때문입니다.
계산 문제에서 실수를 줄이면 점수가 오르고, 점수가 오르면 수학에 자신감이 생깁니다.
아이들에게 《계산의 신》으로 수학의 재미와 자신감을 심어 주세요.

	《계산의 신》 권별 핵심 내용		
초등 1학년	1권	자연수의 덧셈과 뺄셈 기본(1)	합과 차가 9까지인 덧셈과 뺄셈 받아올림/내림이 없는 (두 자리 수)±(한 자리 수)
	2권	자연수의 덧셈과 뺄셈 기본(2)	받아올림/내림이 없는 (두 자리 수)±(두 자리 수) 받아올림/내림이 있는 (한/두 자리 수)±(한 자리 수)
초등 2학년	3권	자연수의 덧셈과 뺄셈 발전	(두 자리 수)±(한 자리 수) (두 자리 수)±(두 자리 수)
	4권	네 자리 수/곱셈구구	네 자리 수 곱셈구구
초등 3학년	5권	자연수의 덧셈과 뺄셈/곱셈과 나눗셈	(세 자리 수)±(세 자리 수), (두 자리 수)×(한 자리 수) 곱셈구구 범위에서의 나눗셈
	6권	자연수의 곱셈과 나눗셈 발전	(세 자리 수)×(한 자리 수), (두 자리 수)×(두 자리 수) (두/세 자리 수)÷(한 자리 수)
초등 4학년	7권	자연수의 곱셈과 나눗셈 심화	(세 자리 수)×(두 자리 수) (두/세 자리 수)÷(두 자리 수)
	8권	분수와 소수의 덧셈과 뺄셈 기본	분모가 같은 분수의 덧셈과 뺄셈 소수의 덧셈과 뺄셈
초등 5학년	9권	자연수의 혼합 계산/분수의 덧셈과 뺄셈	자연수의 혼합 계산, 약수와 배수, 약분과 통분 분모가 다른 분수의 덧셈과 뺄셈
	10권	분수와 소수의 곱셈	(분수)×(자연수), (분수)×(분수) (소수)×(자연수), (소수)×(소수)
초등 6학년	11권	분수와 소수의 나눗셈 기본	(분수)÷(자연수), (소수)÷(자연수) (자연수)÷(자연수)
	12권	분수와 소수의 나눗셈 발전	(분수)÷(분수), (자연수)÷(분수), (소수)÷(소수), (자연수)÷(소수), 비례식과 비례배분

계산의 신 神

예비초 2

정답

DAY 01

다음 그림을 10개씩 묶어 보세요.

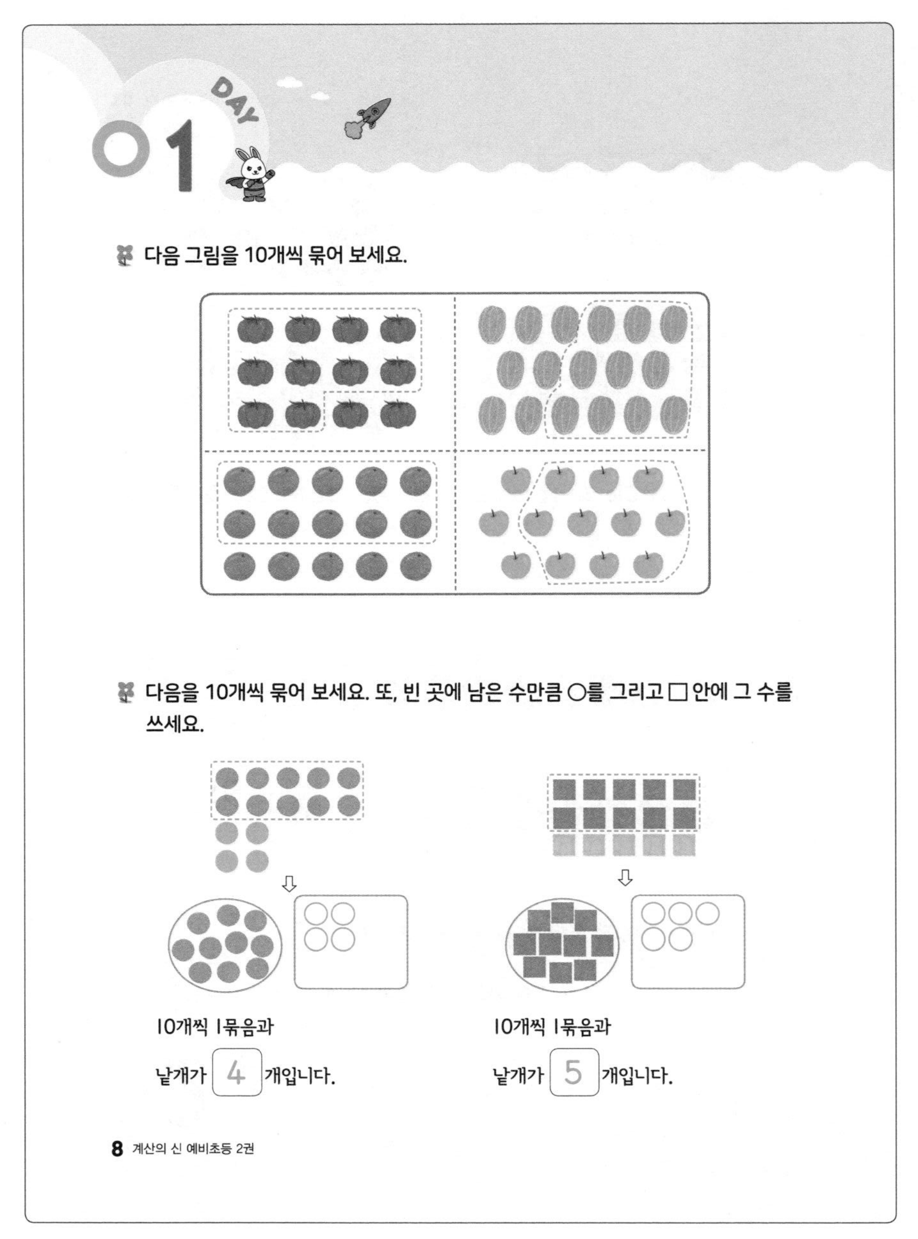

다음을 10개씩 묶어 보세요. 또, 빈 곳에 남은 수만큼 ○를 그리고 □ 안에 그 수를 쓰세요.

10개씩 1묶음과 낱개가 4 개입니다.

10개씩 1묶음과 낱개가 5 개입니다.

수를 쓰고, 읽어 보세요.

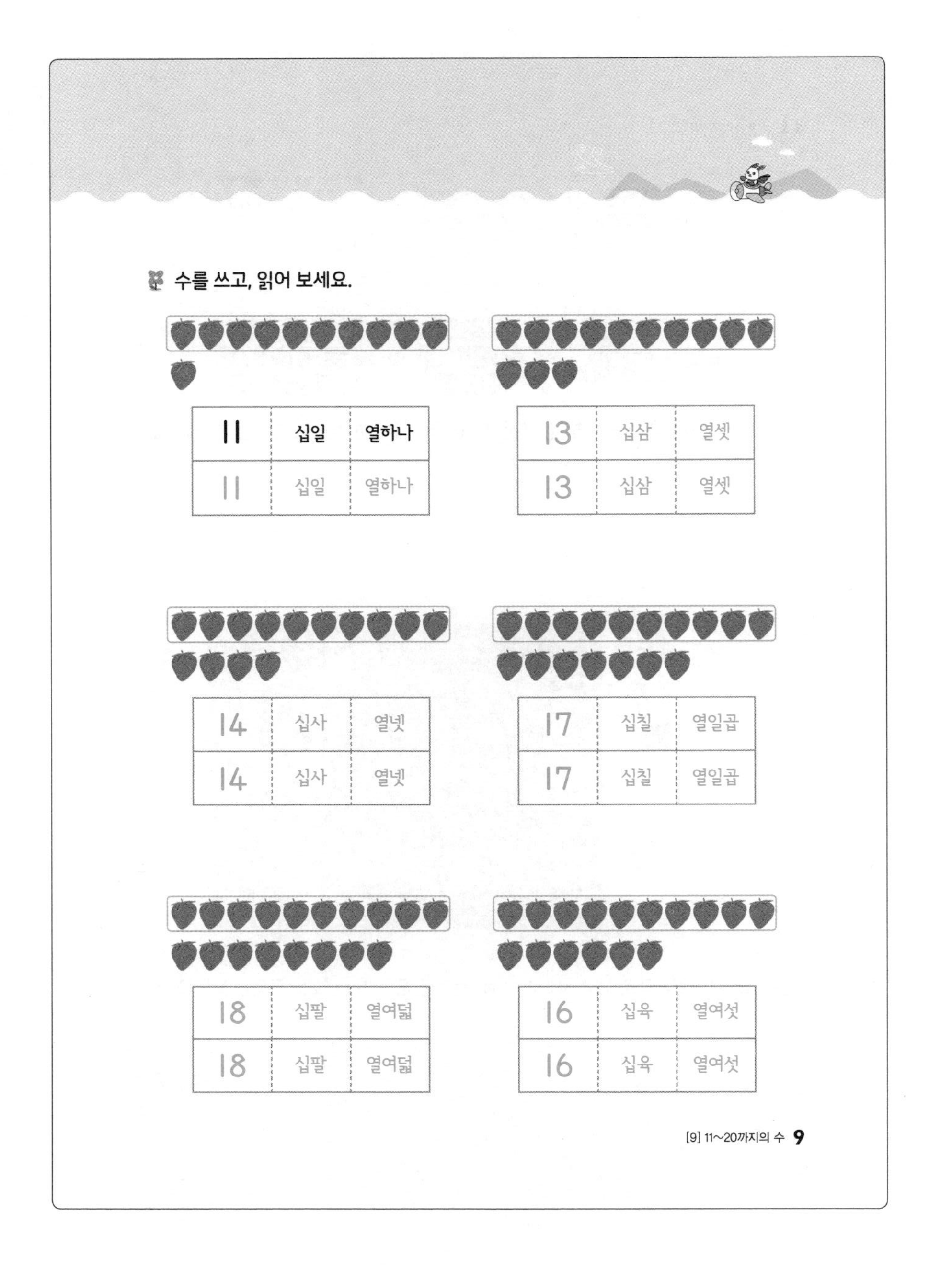

11	십일	열하나
11	십일	열하나

13	십삼	열셋
13	십삼	열셋

14	십사	열넷
14	십사	열넷

17	십칠	열일곱
17	십칠	열일곱

18	십팔	열여덟
18	십팔	열여덟

16	십육	열여섯
16	십육	열여섯

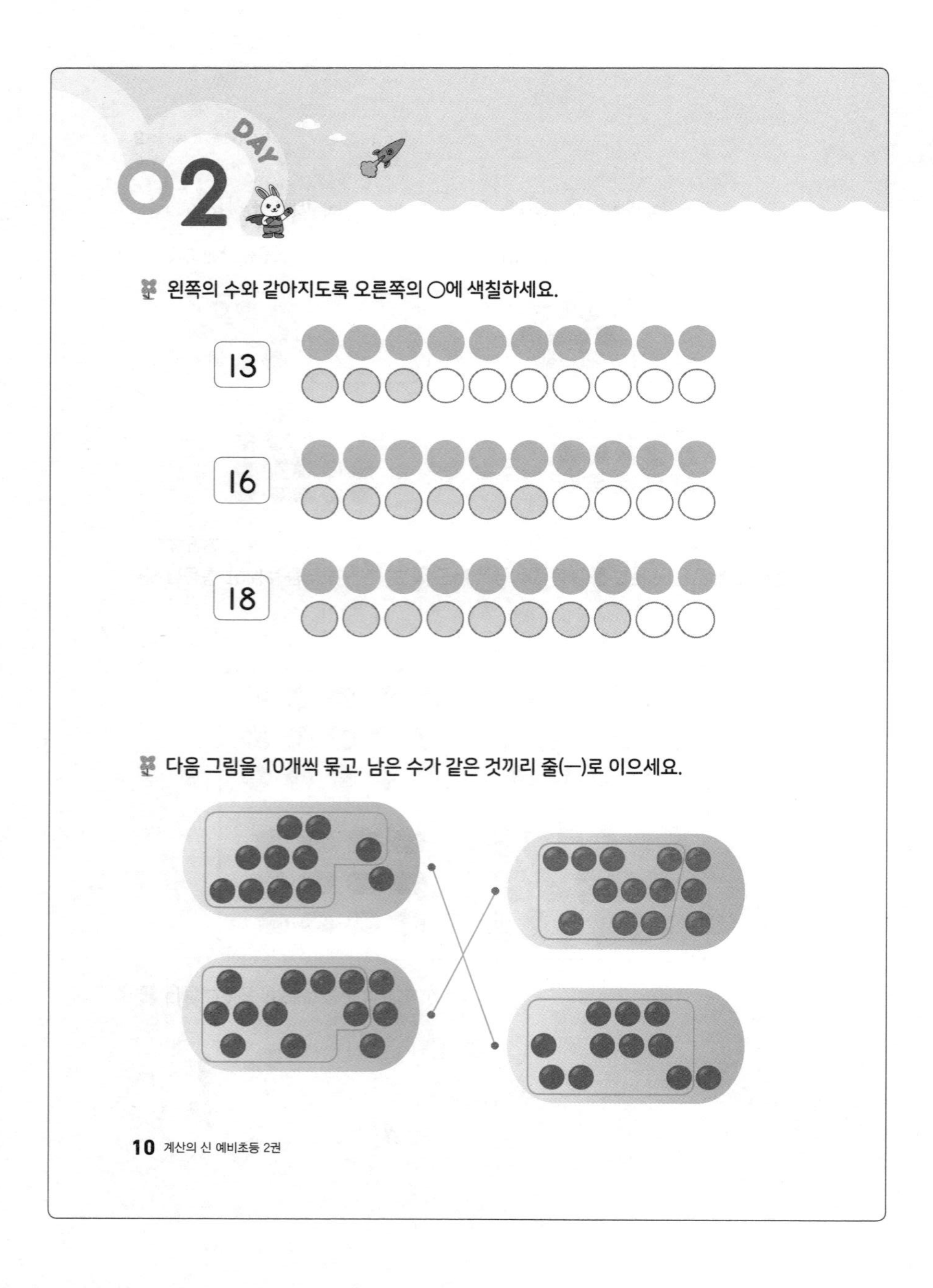

왼쪽의 수와 같아지도록 오른쪽의 ○에 색칠하세요.

다음 그림을 10개씩 묶고, 남은 수가 같은 것끼리 줄(—)로 이으세요.

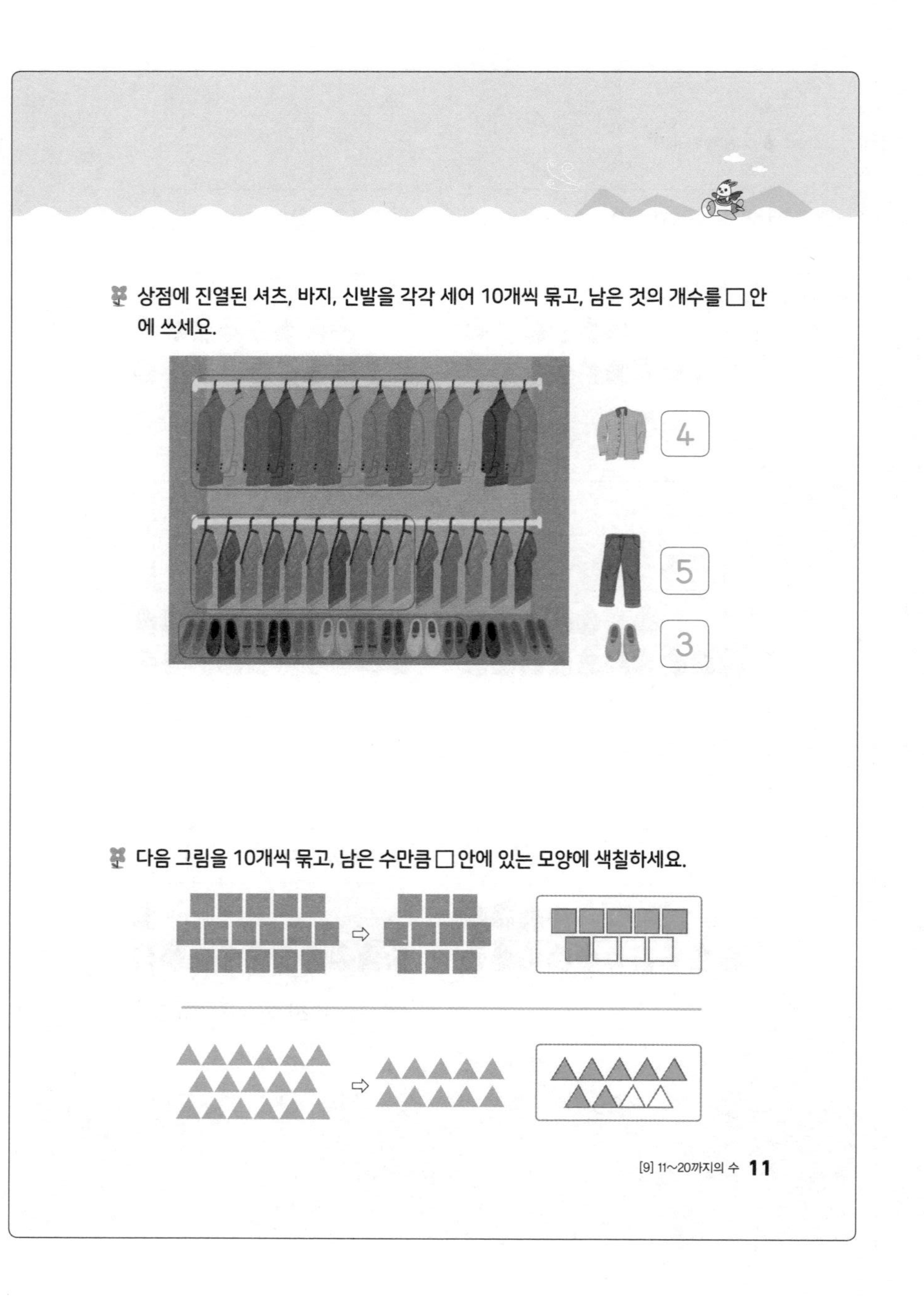

상점에 진열된 셔츠, 바지, 신발을 각각 세어 10개씩 묶고, 남은 것의 개수를 □ 안에 쓰세요.

다음 그림을 10개씩 묶고, 남은 수만큼 □ 안에 있는 모양에 색칠하세요.

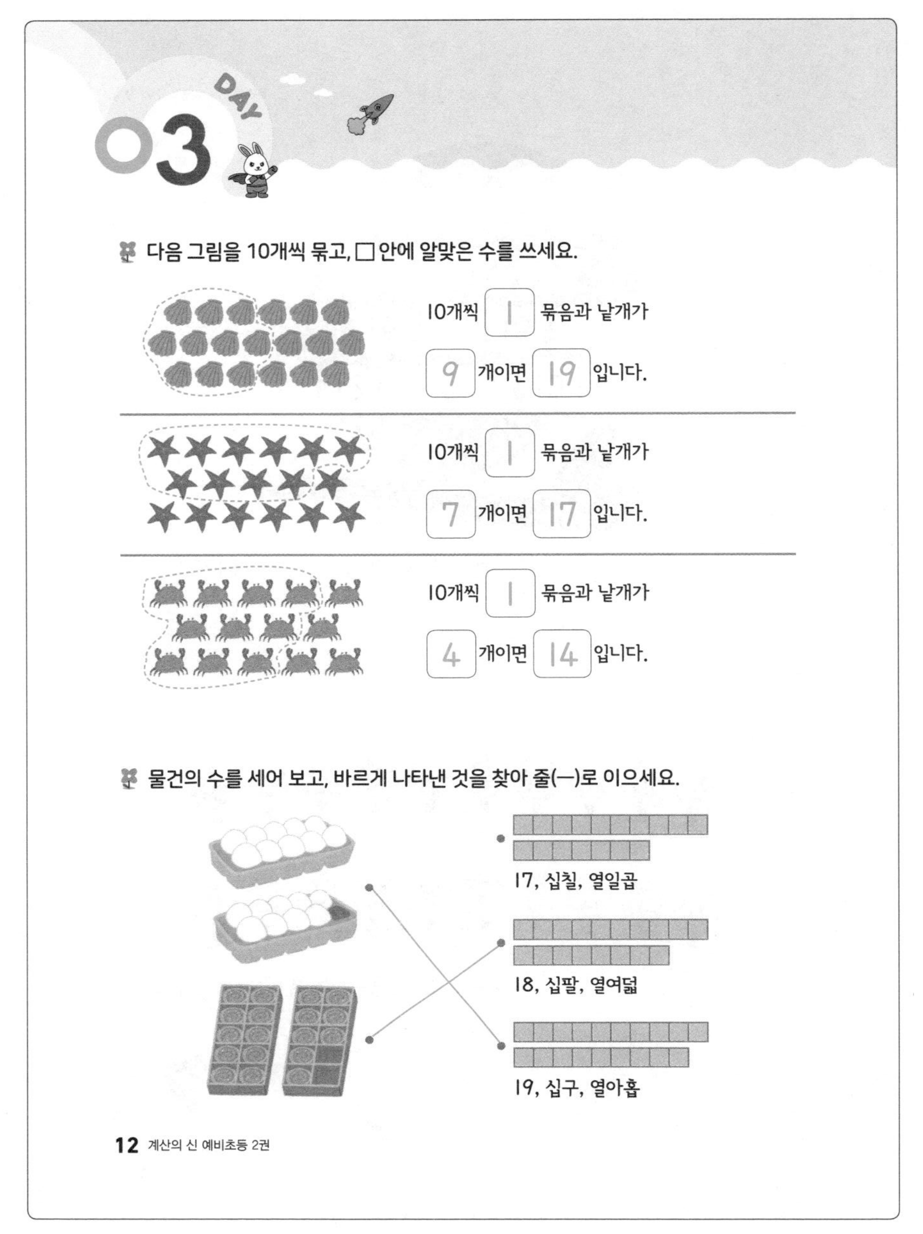

DAY 03
다음 그림을 10개씩 묶고, □ 안에 알맞은 수를 쓰세요.
10개씩 1 묶음과 낱개가 9 개이면 19 입니다.
10개씩 1 묶음과 낱개가 7 개이면 17 입니다.
10개씩 1 묶음과 낱개가 4 개이면 14 입니다.
물건의 수를 세어 보고, 바르게 나타낸 것을 찾아 줄(—)로 이으세요.
17, 십칠, 열일곱
18, 십팔, 열여덟
19, 십구, 열아홉
12 계산의 신 예비초등 2권

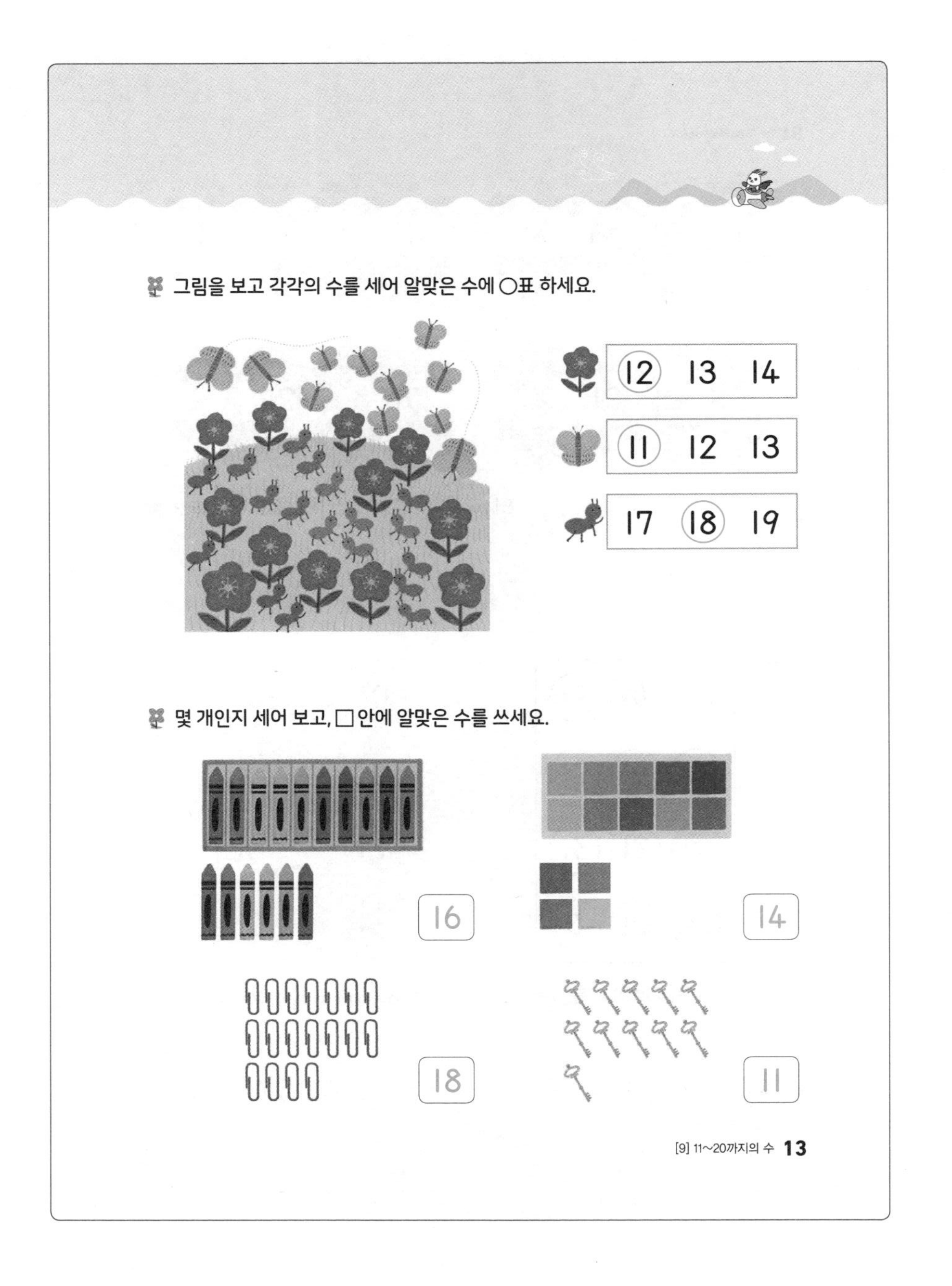

그림을 보고 각각의 수를 세어 알맞은 수에 ○표 하세요.
12 13 14
11 12 13
17 18 19
몇 개인지 세어 보고, □ 안에 알맞은 수를 쓰세요.
16
14
18
11
[9] 11~20까지의 수 13

DAY 04

수의 순서에 맞게 빈 곳에 알맞은 수를 쓰세요.

수의 순서에 맞게 빈칸에 알맞은 수를 쓰세요.

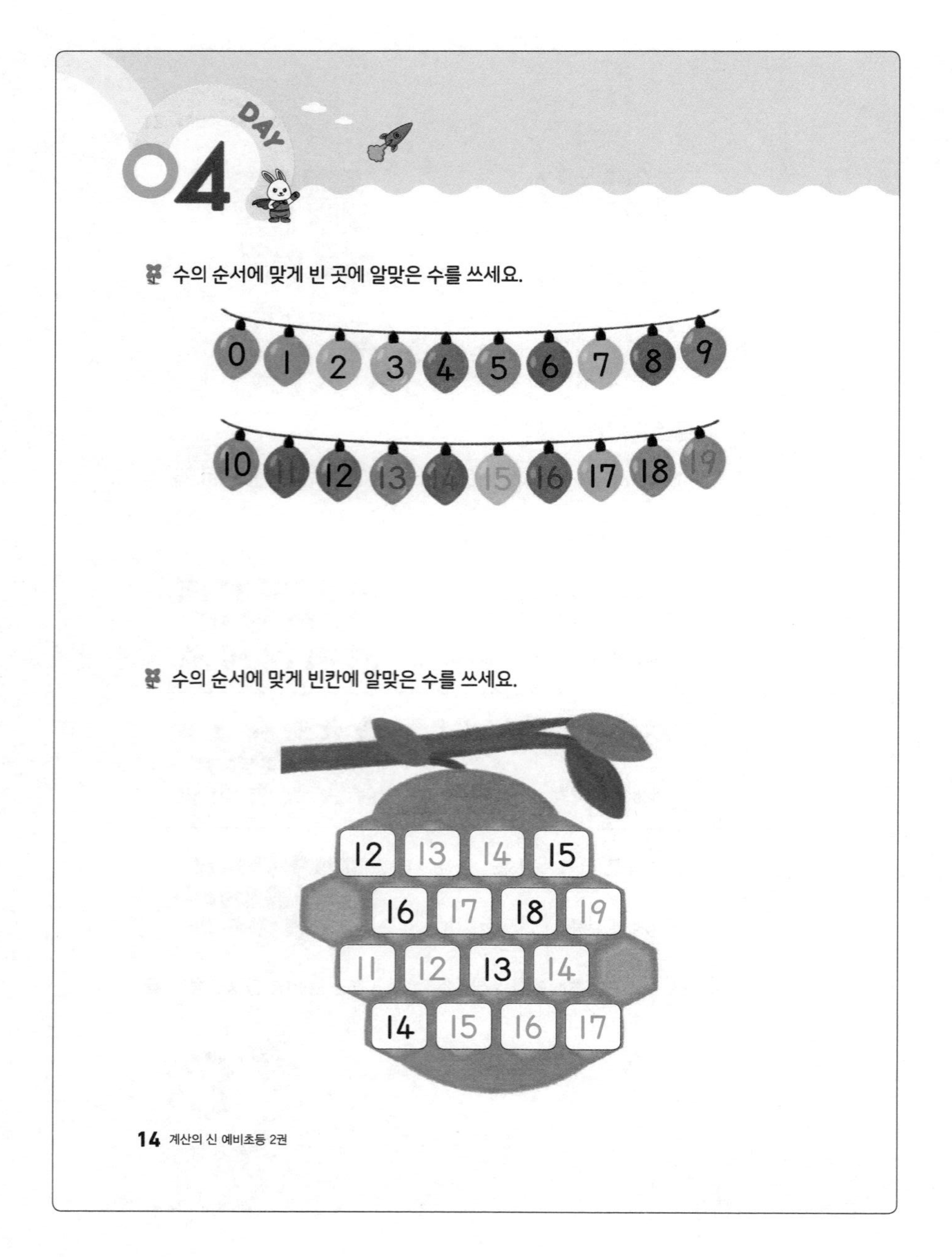

수의 순서에 맞게 빈 곳에 들어갈 알맞은 수를 찾아 같은 색으로 색칠하세요.

수의 순서에 맞게 빈 곳에 알맞은 수를 쓰세요.

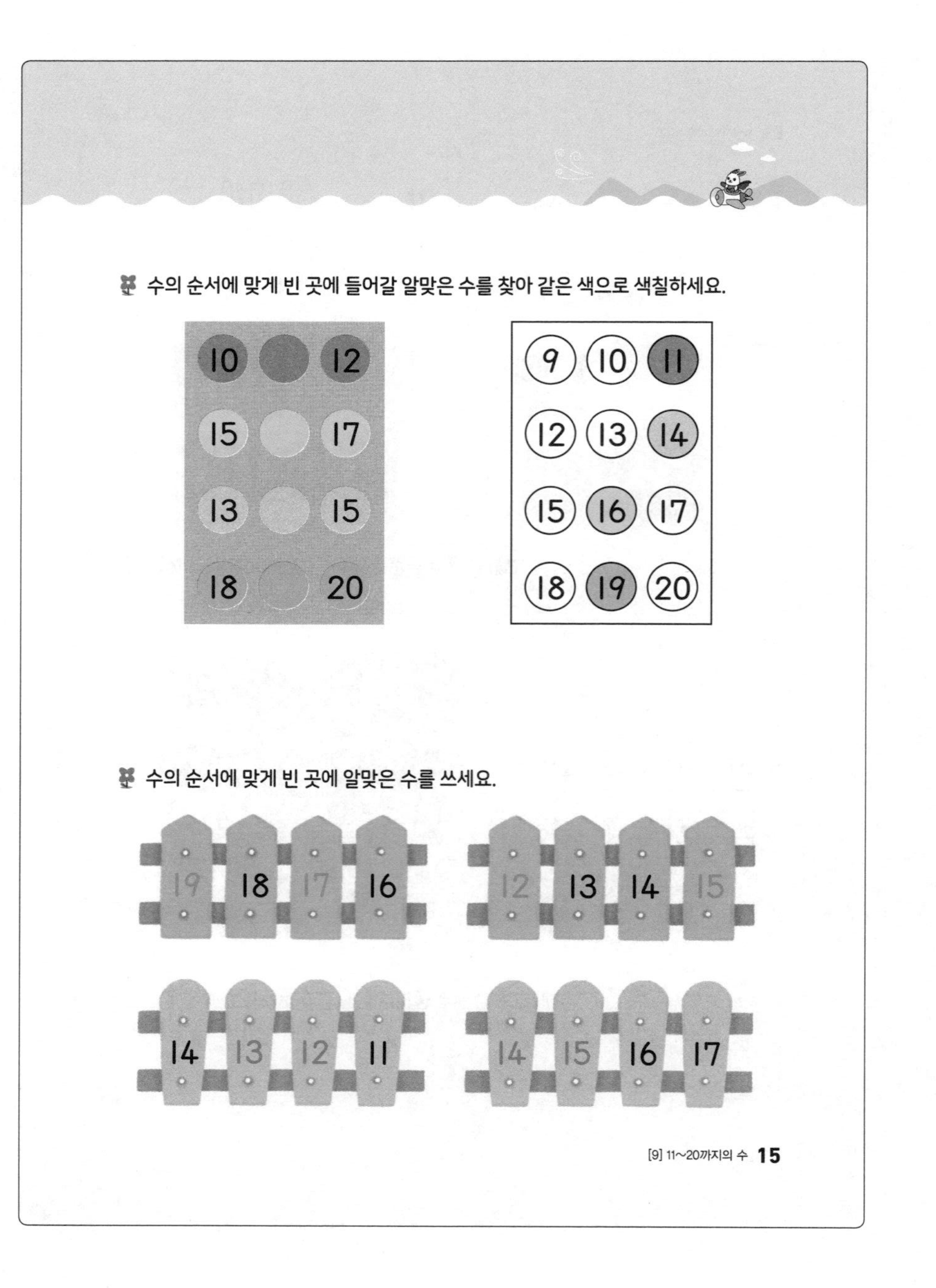

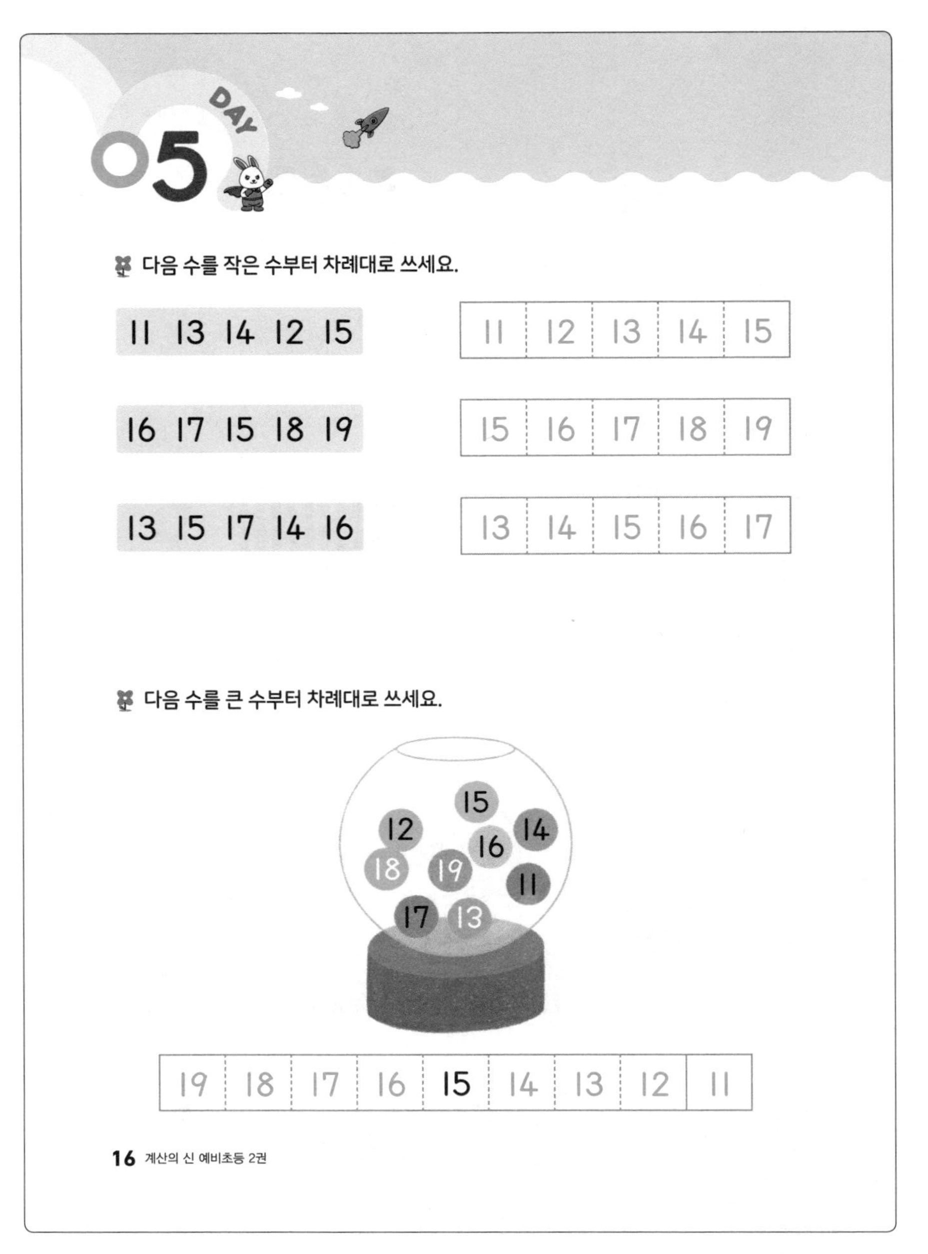

05 DAY

다음 수를 작은 수부터 차례대로 쓰세요.

11 13 14 12 15

11	12	13	14	15

16 17 15 18 19

15	16	17	18	19

13 15 17 14 16

13	14	15	16	17

다음 수를 큰 수부터 차례대로 쓰세요.

19	18	17	16	15	14	13	12	11

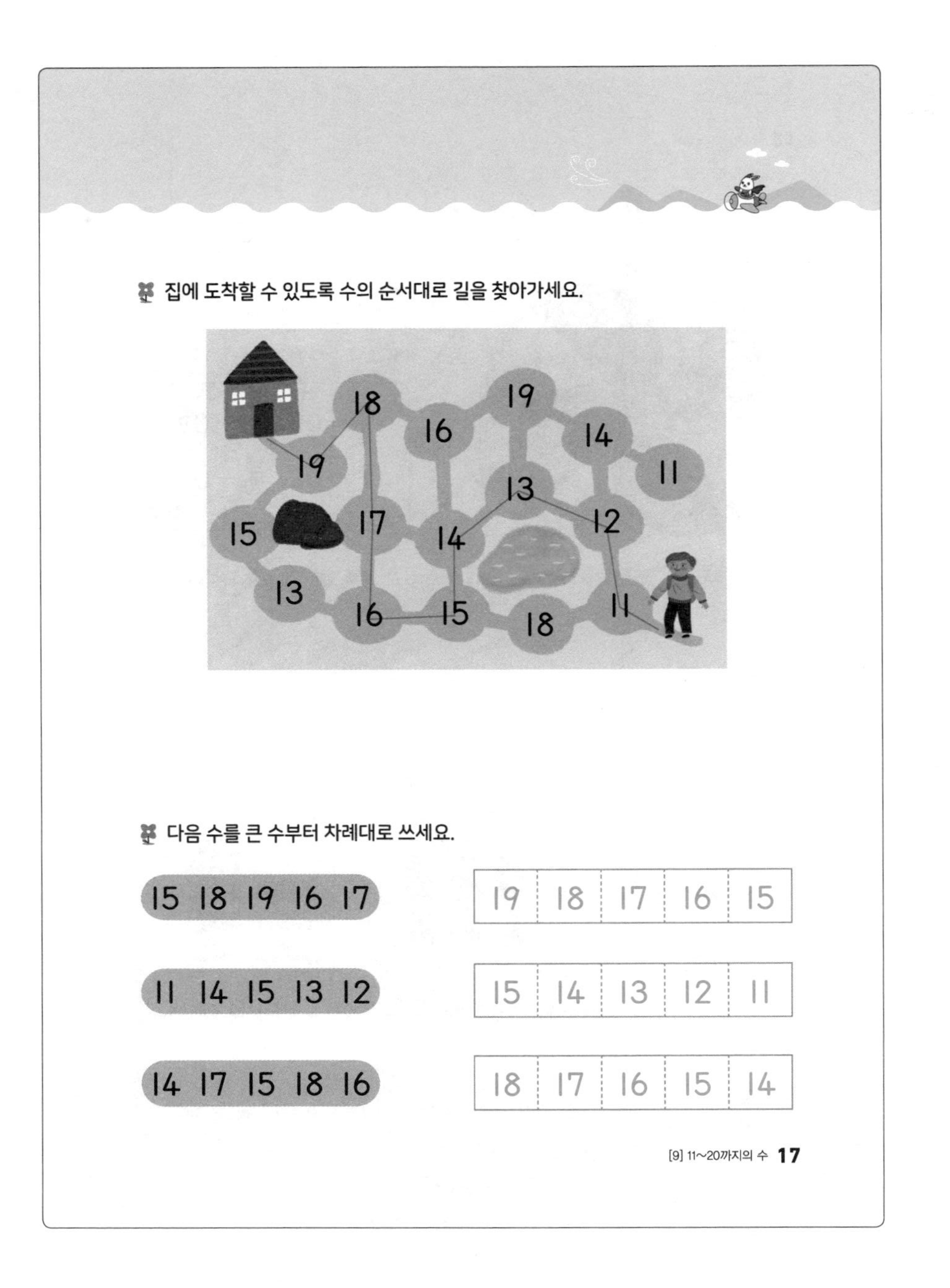

집에 도착할 수 있도록 수의 순서대로 길을 찾아가세요.

다음 수를 큰 수부터 차례대로 쓰세요.

15 18 19 16 17

19	18	17	16	15

11 14 15 13 12

15	14	13	12	11

14 17 15 18 16

18	17	16	15	14

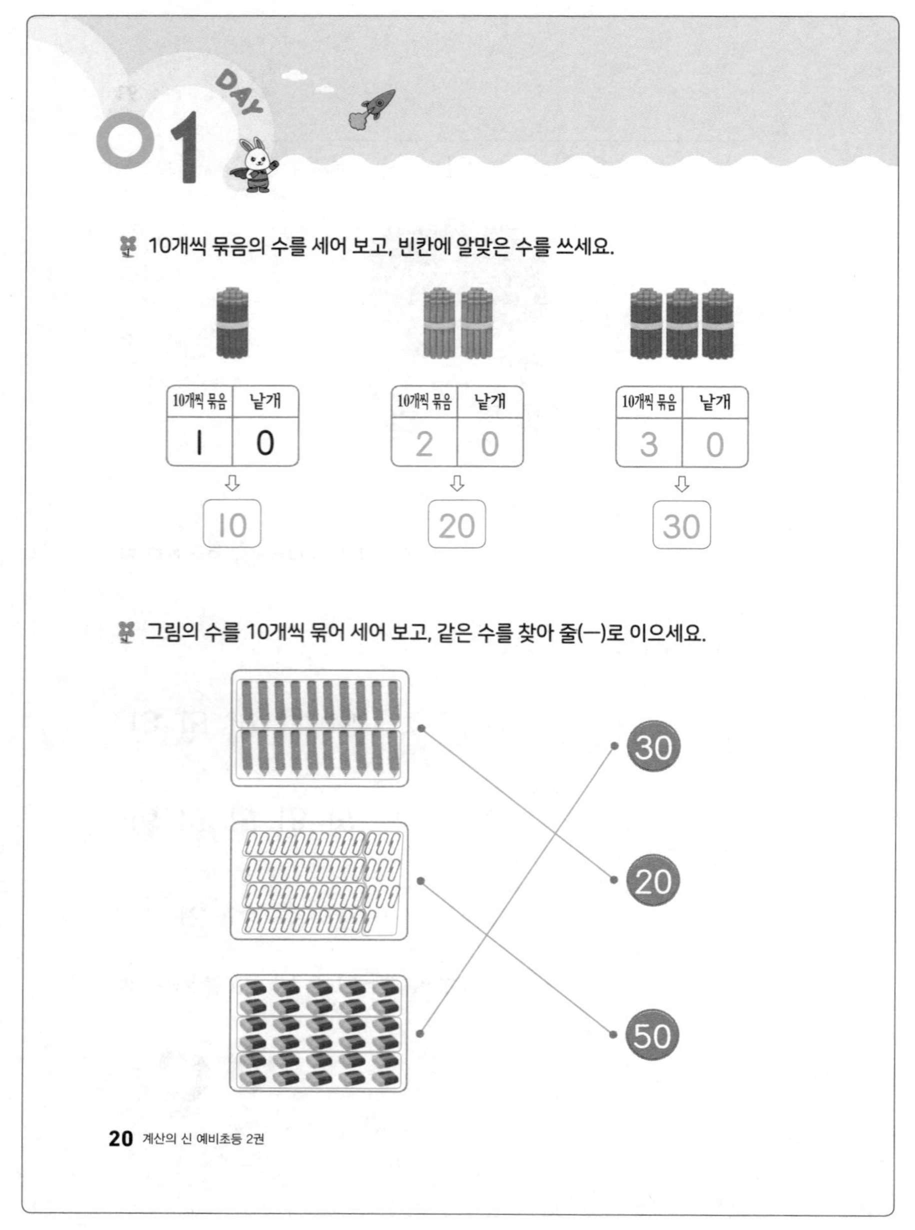

DAY 01

10개씩 묶음의 수를 세어 보고, 빈칸에 알맞은 수를 쓰세요.

10개씩 묶음	낱개
1	0

⇩ 10

10개씩 묶음	낱개
2	0

⇩ 20

10개씩 묶음	낱개
3	0

⇩ 30

그림의 수를 10개씩 묶어 세어 보고, 같은 수를 찾아 줄(—)로 이으세요.

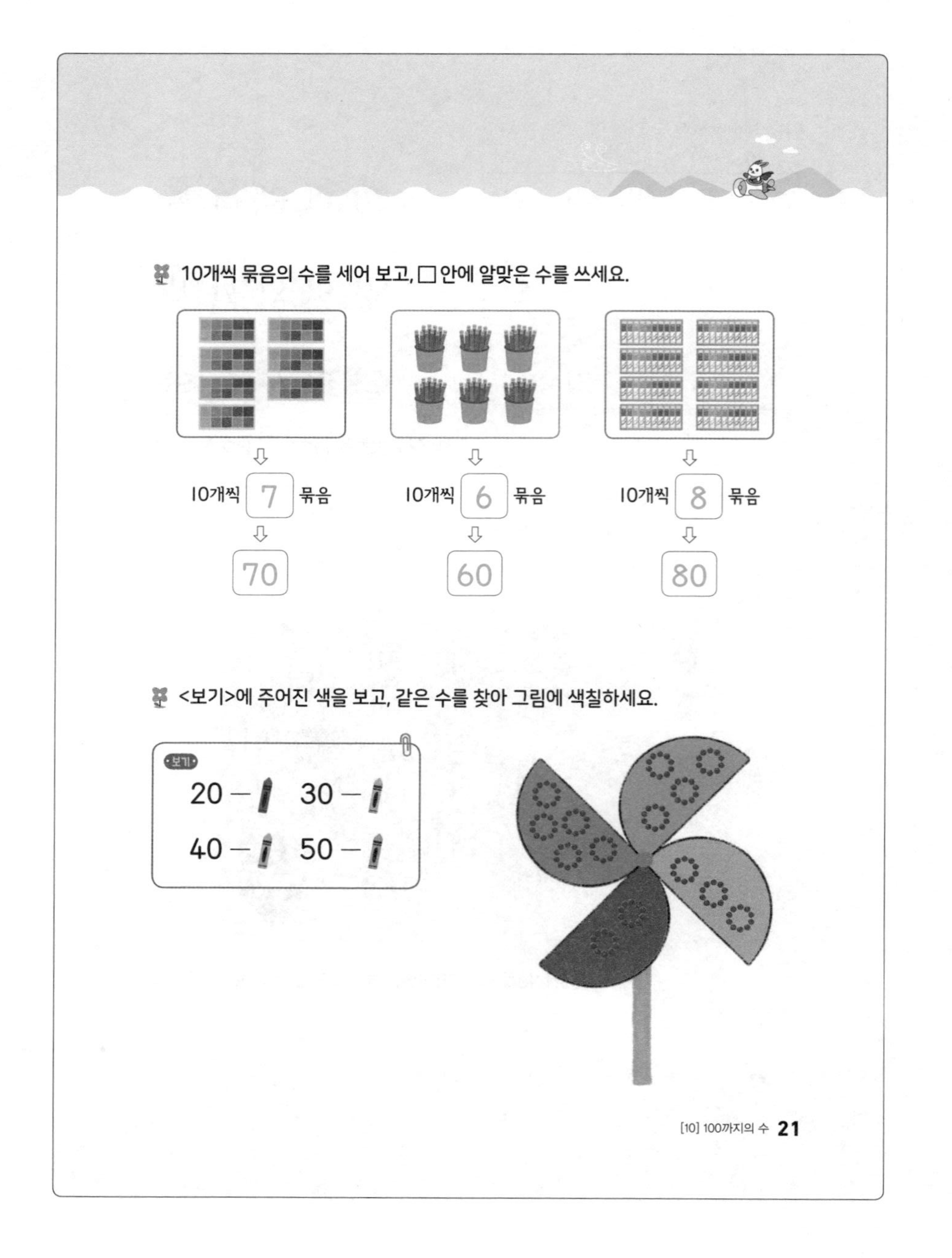

10개씩 묶음의 수를 세어 보고, □ 안에 알맞은 수를 쓰세요.

⇩ 10개씩 7 묶음 ⇩ 70

⇩ 10개씩 6 묶음 ⇩ 60

⇩ 10개씩 8 묶음 ⇩ 80

<보기>에 주어진 색을 보고, 같은 수를 찾아 그림에 색칠하세요.

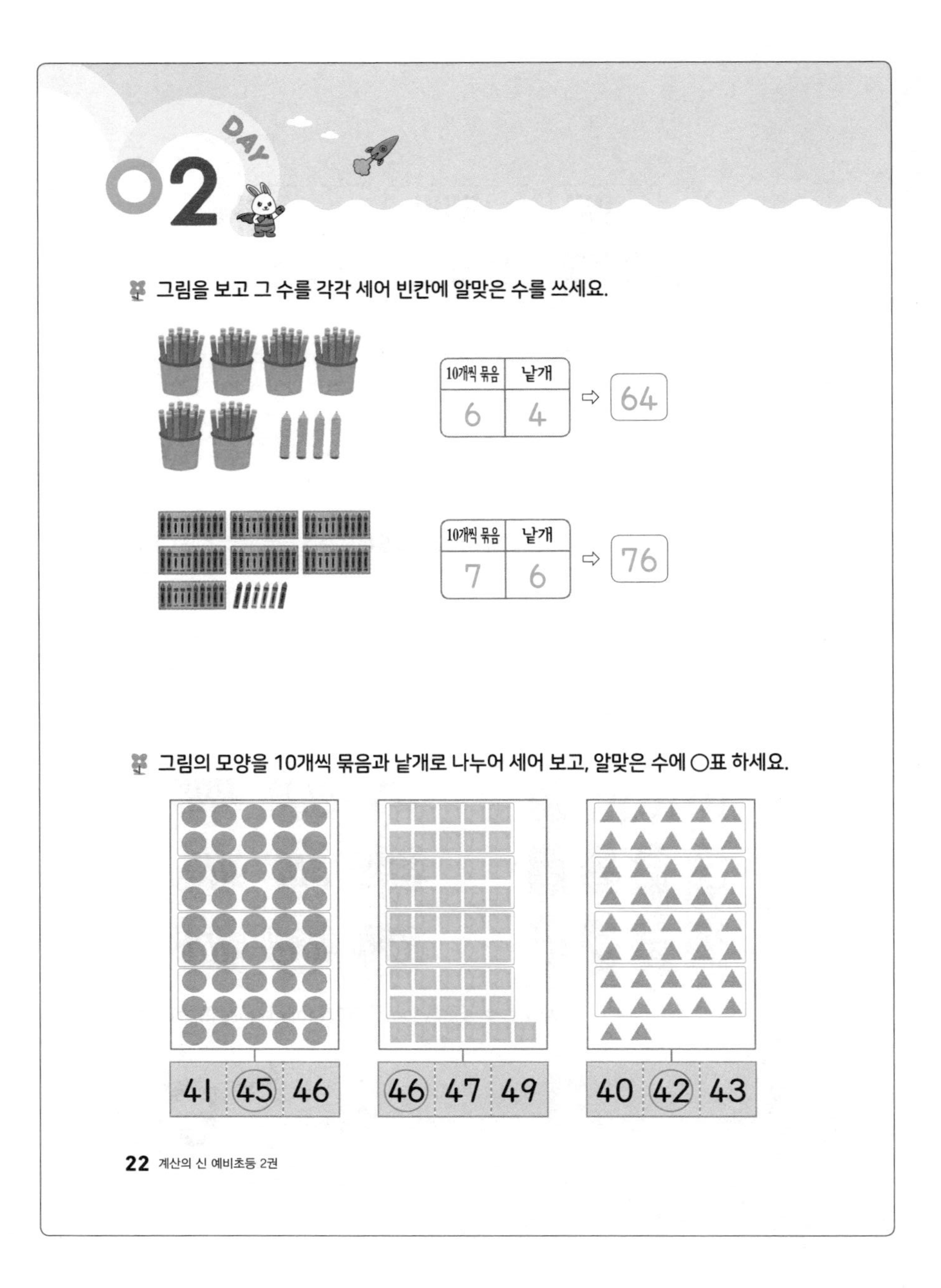

DAY 02
그림을 보고 그 수를 각각 세어 빈칸에 알맞은 수를 쓰세요.
10개씩 묶음 6 낱개 4 ⇨ 64
10개씩 묶음 7 낱개 6 ⇨ 76
그림의 모양을 10개씩 묶음과 낱개로 나누어 세어 보고, 알맞은 수에 ○표 하세요.
41 45 46
46 47 49
40 42 43
22 계산의 신 예비초등 2권

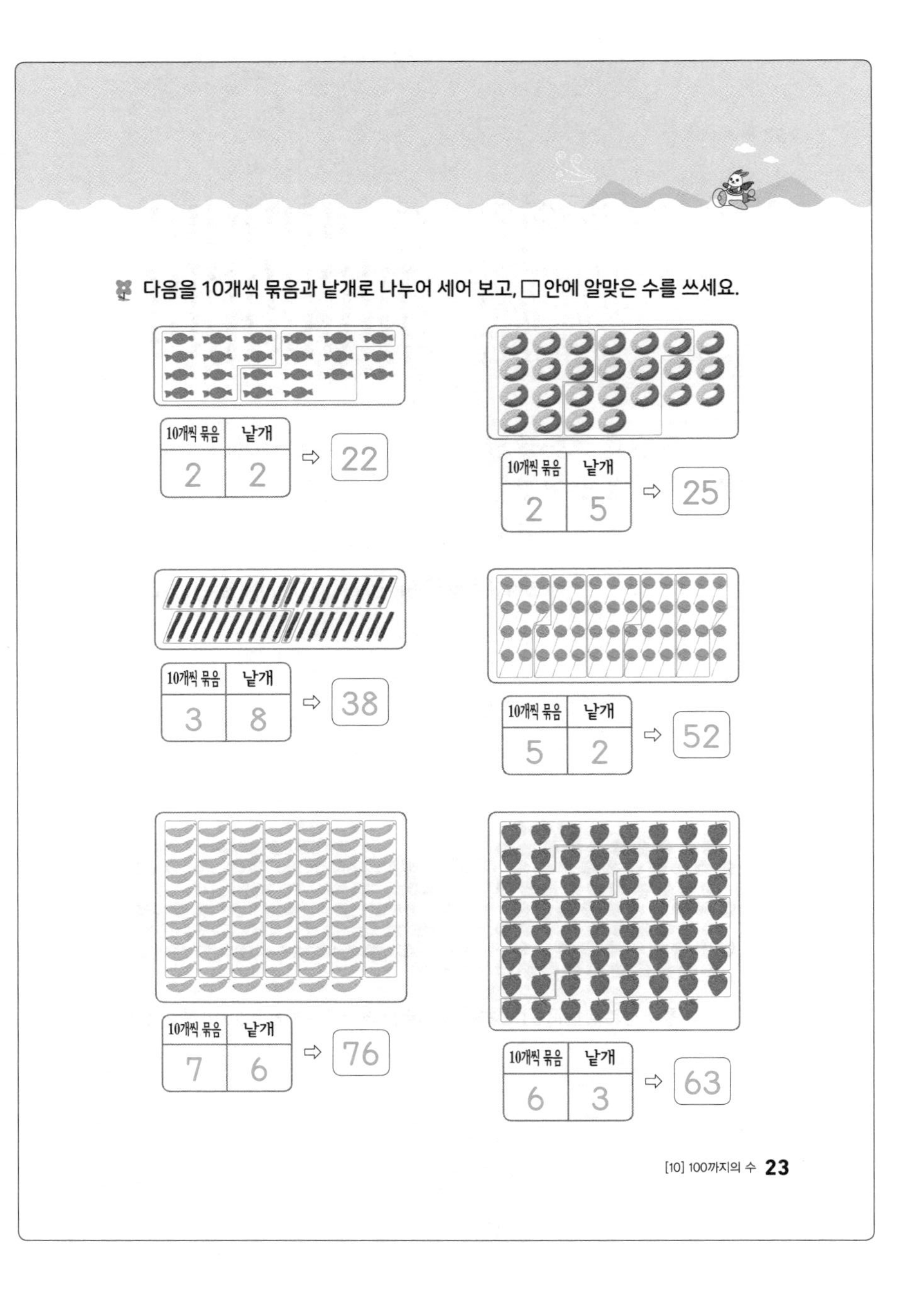

다음을 10개씩 묶음과 낱개로 나누어 세어 보고, □ 안에 알맞은 수를 쓰세요.
10개씩 묶음 2 낱개 2 ⇨ 22
10개씩 묶음 2 낱개 5 ⇨ 25
10개씩 묶음 3 낱개 8 ⇨ 38
10개씩 묶음 5 낱개 2 ⇨ 52
10개씩 묶음 7 낱개 6 ⇨ 76
10개씩 묶음 6 낱개 3 ⇨ 63
[10] 100까지의 수 23

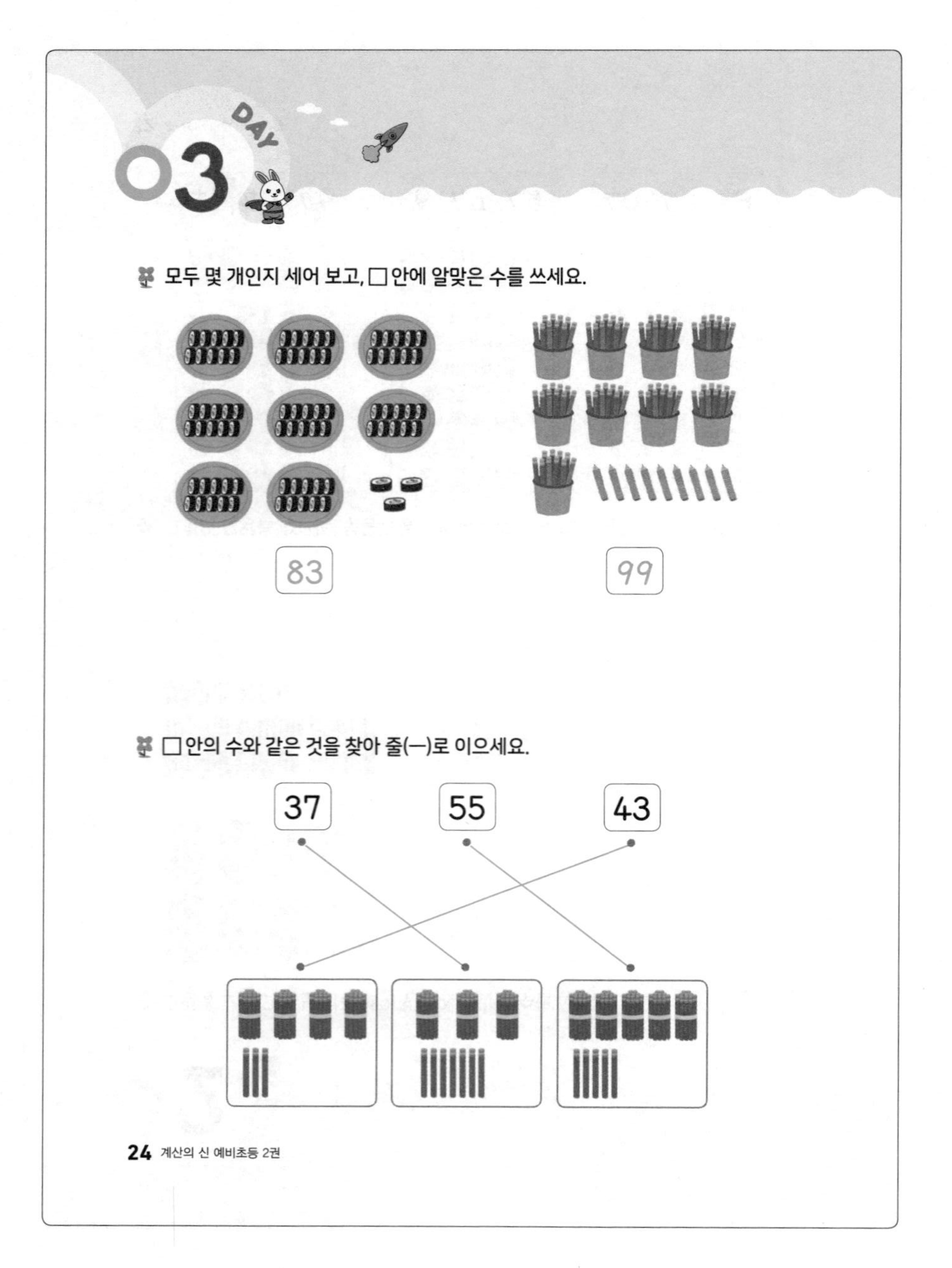
DAY
03
모두 몇 개인지 세어 보고, □ 안에 알맞은 수를 쓰세요.
83
99
□ 안의 수와 같은 것을 찾아 줄(—)로 이으세요.
37
55
43

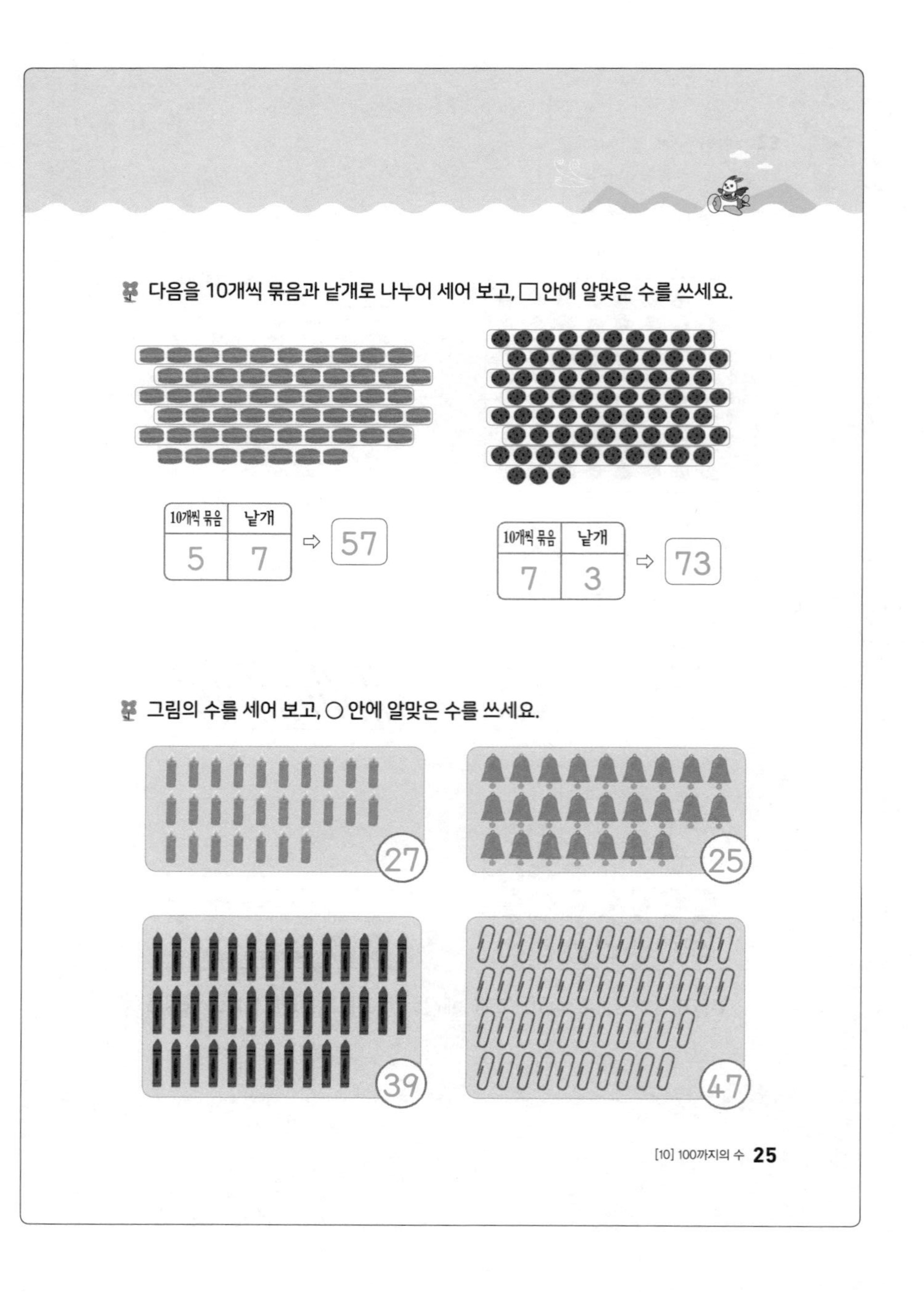
다음을 10개씩 묶음과 낱개로 나누어 세어 보고, □ 안에 알맞은 수를 쓰세요.
10개씩 묶음 | 낱개
5 | 7
57
10개씩 묶음 | 낱개
7 | 3
73
그림의 수를 세어 보고, ○ 안에 알맞은 수를 쓰세요.
27
25
39
47

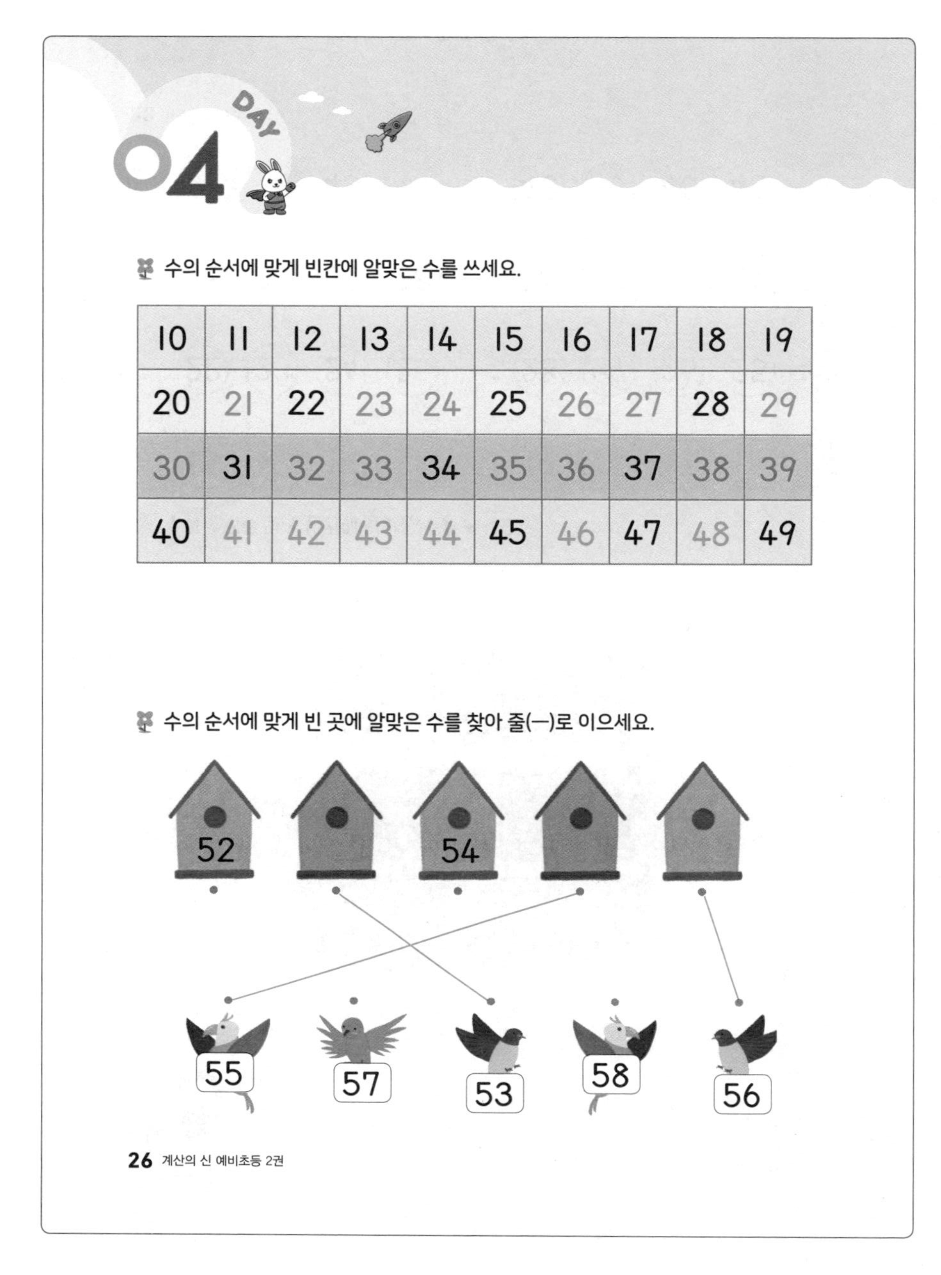

수의 순서에 맞게 빈칸에 알맞은 수를 쓰세요.

10	11	12	13	14	15	16	17	18	19
20	21	22	23	24	25	26	27	28	29
30	31	32	33	34	35	36	37	38	39
40	41	42	43	44	45	46	47	48	49

수의 순서에 맞게 빈 곳에 알맞은 수를 찾아 줄(—)로 이으세요.

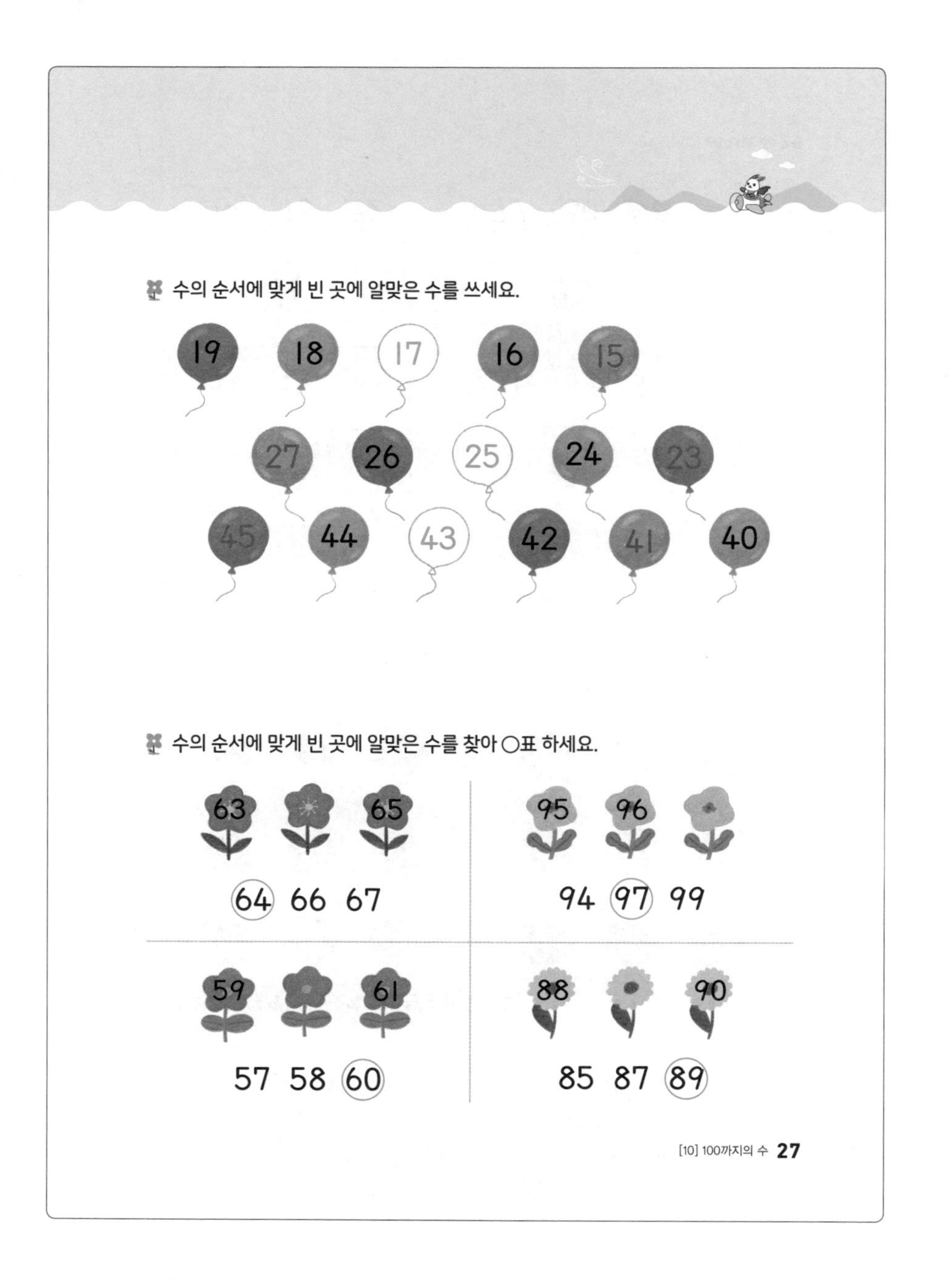

수의 순서에 맞게 빈 곳에 알맞은 수를 쓰세요.

수의 순서에 맞게 빈 곳에 알맞은 수를 찾아 ○표 하세요.

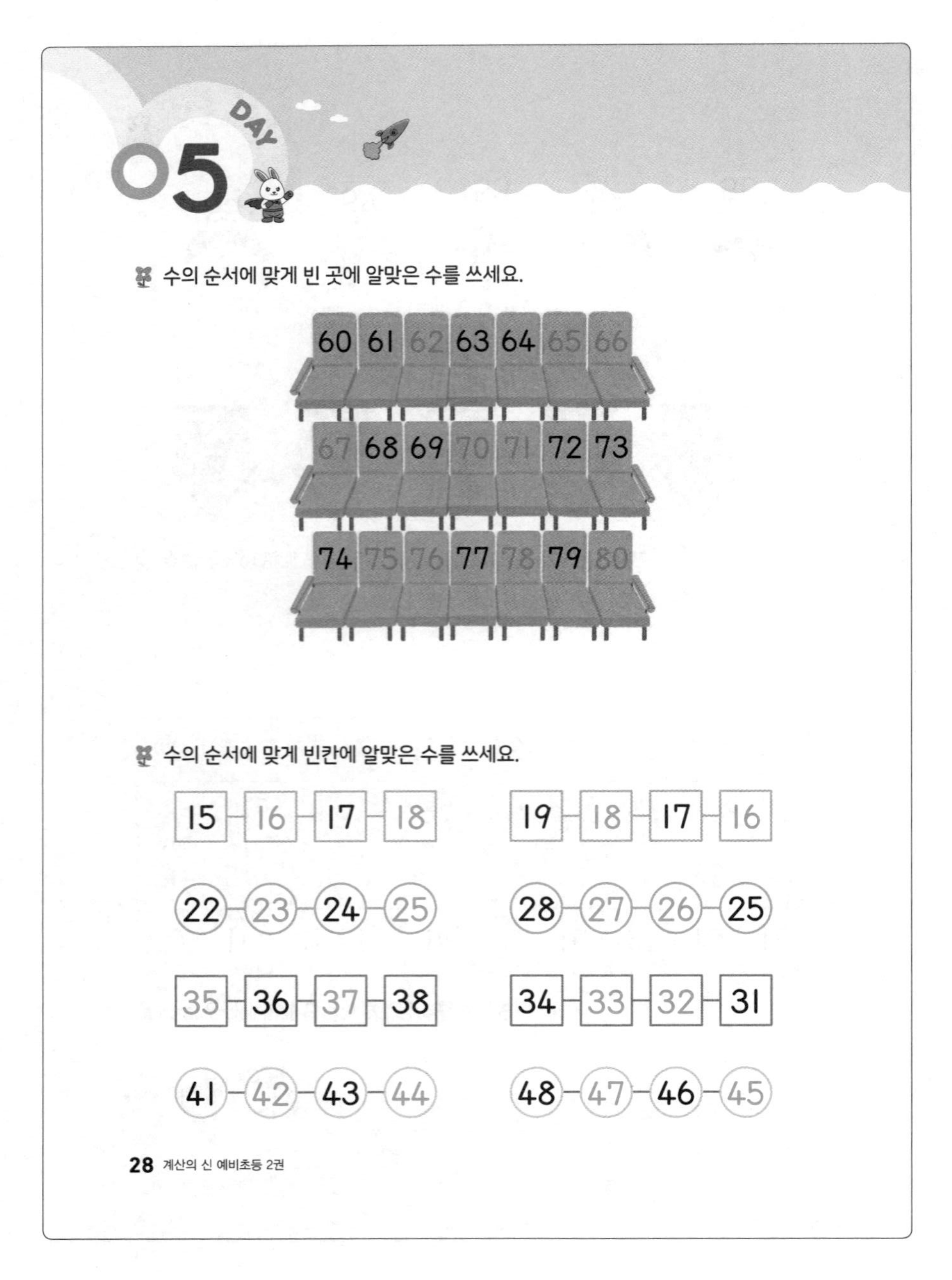
DAY 05
수의 순서에 맞게 빈 곳에 알맞은 수를 쓰세요.
60 61 62 63 64 65 66
67 68 69 70 71 72 73
74 75 76 77 78 79 80
수의 순서에 맞게 빈칸에 알맞은 수를 쓰세요.
15 16 17 18
19 18 17 16
22 23 24 25
28 27 26 25
35 36 37 38
34 33 32 31
41 42 43 44
48 47 46 45

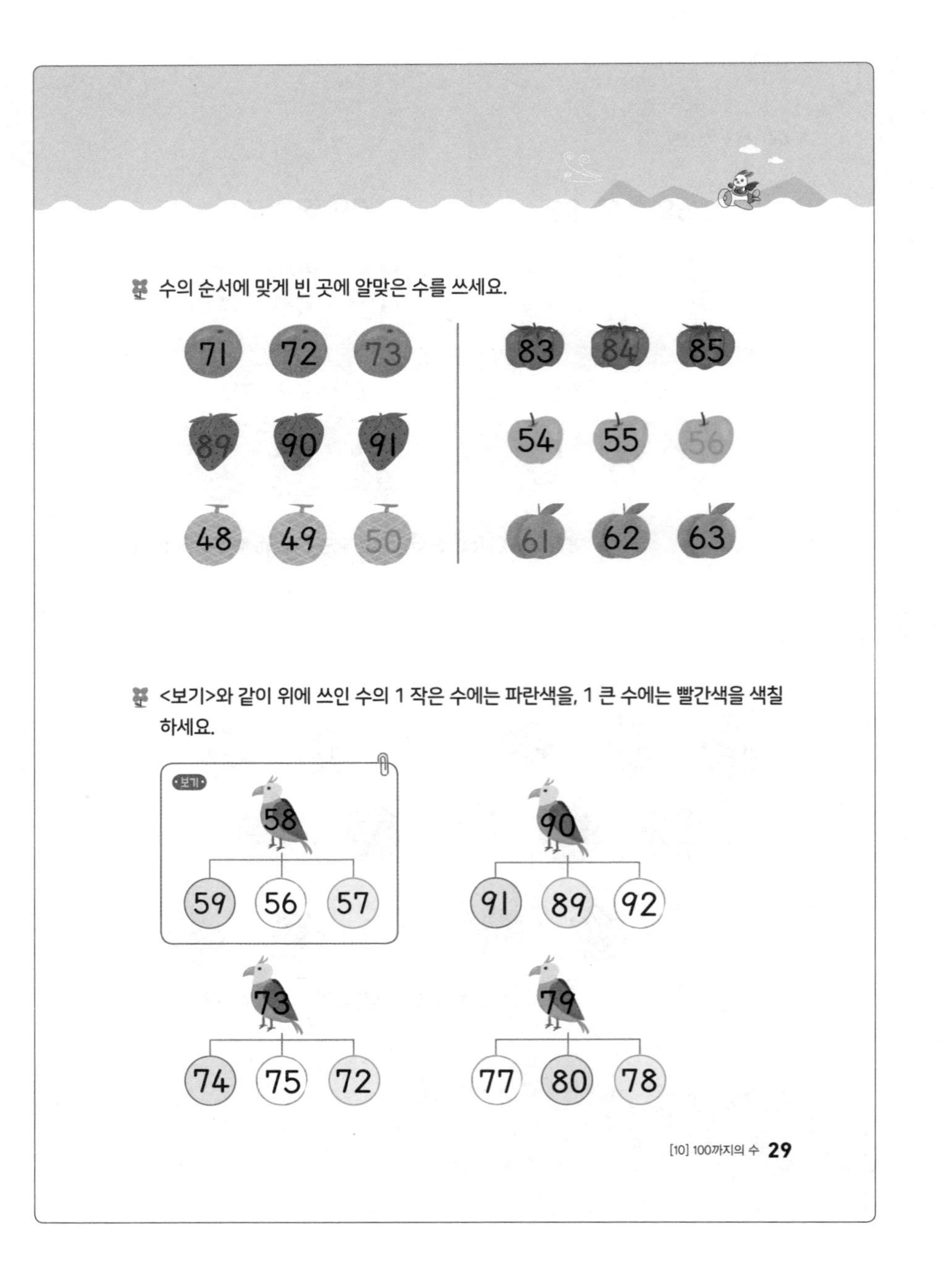
수의 순서에 맞게 빈 곳에 알맞은 수를 쓰세요.
71 72 73
89 90 91
48 49 50
83 84 85
54 55 56
61 62 63
<보기>와 같이 위에 쓰인 수의 1 작은 수에는 파란색을, 1 큰 수에는 빨간색을 색칠하세요.
보기
58
59 56 57
90
91 89 92
73
74 75 72
79
77 80 78

01 DAY

그림의 수를 각각 세어 보고, □ 안에 알맞은 수를 쓰세요.

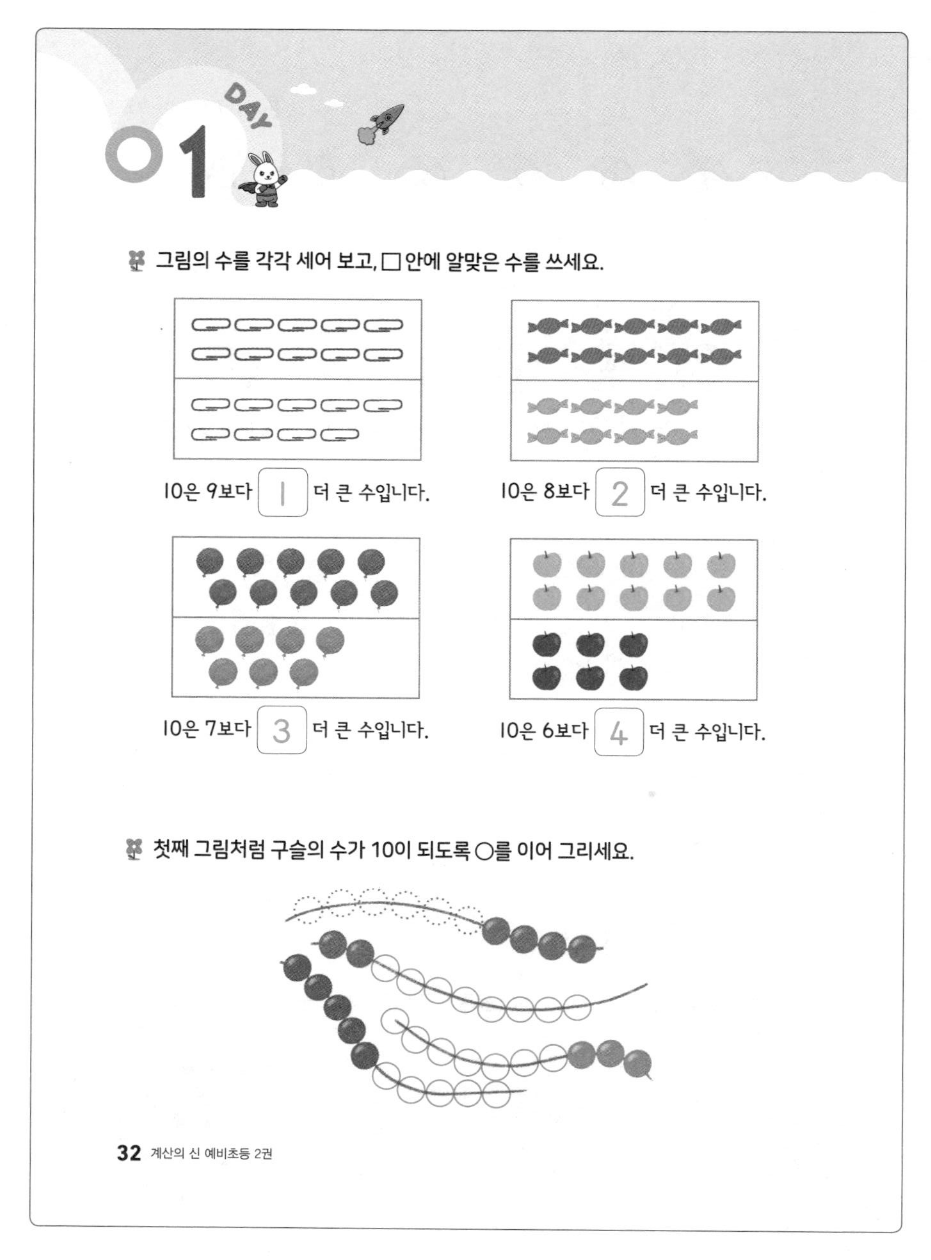

10은 9보다 1 더 큰 수입니다.

10은 8보다 2 더 큰 수입니다.

10은 7보다 3 더 큰 수입니다.

10은 6보다 4 더 큰 수입니다.

첫째 그림처럼 구슬의 수가 10이 되도록 ○를 이어 그리세요.

두 수를 모아 10이 되는 것끼리 줄(—)로 이으세요.

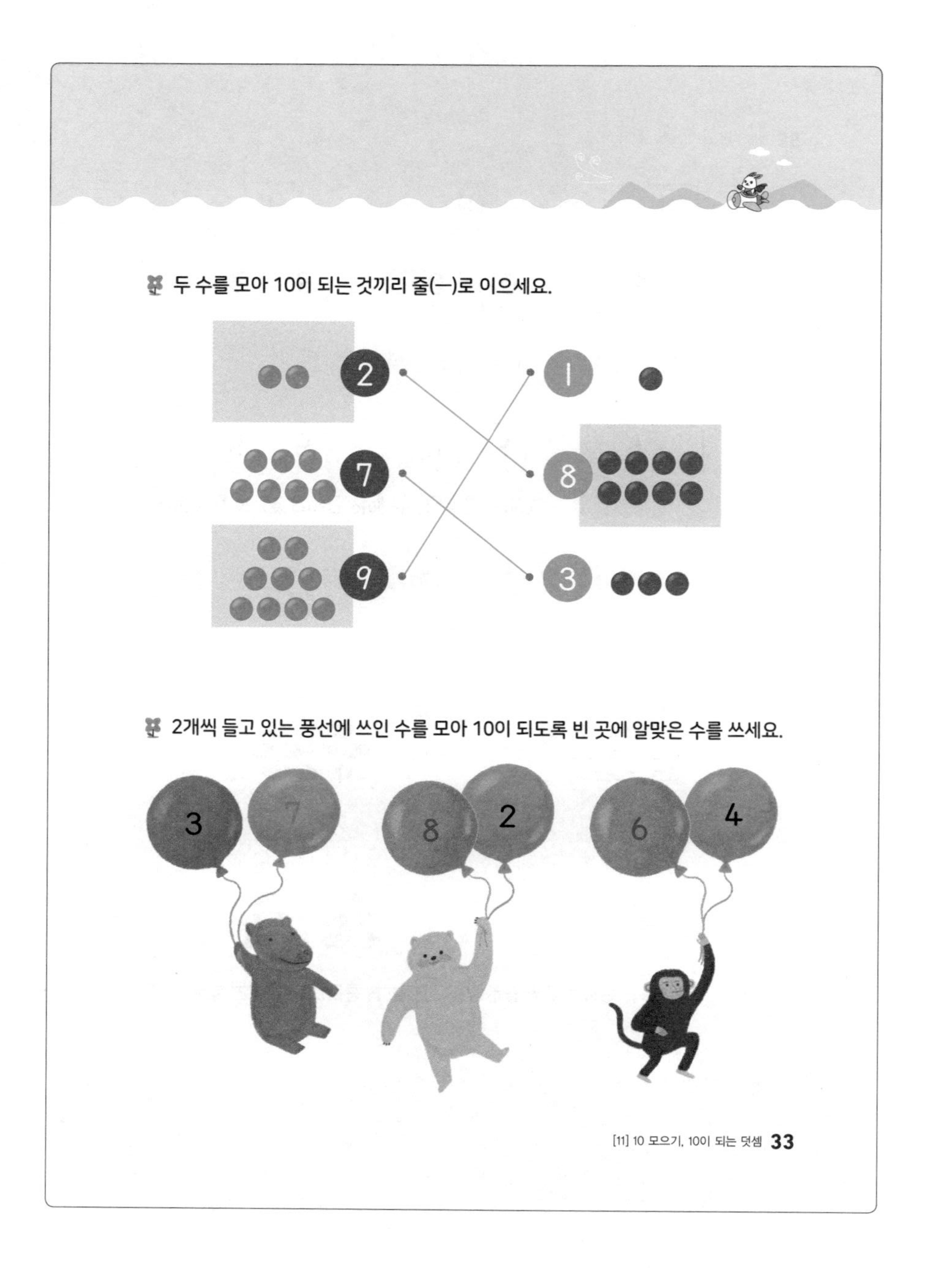

2개씩 들고 있는 풍선에 쓰인 수를 모아 10이 되도록 빈 곳에 알맞은 수를 쓰세요.

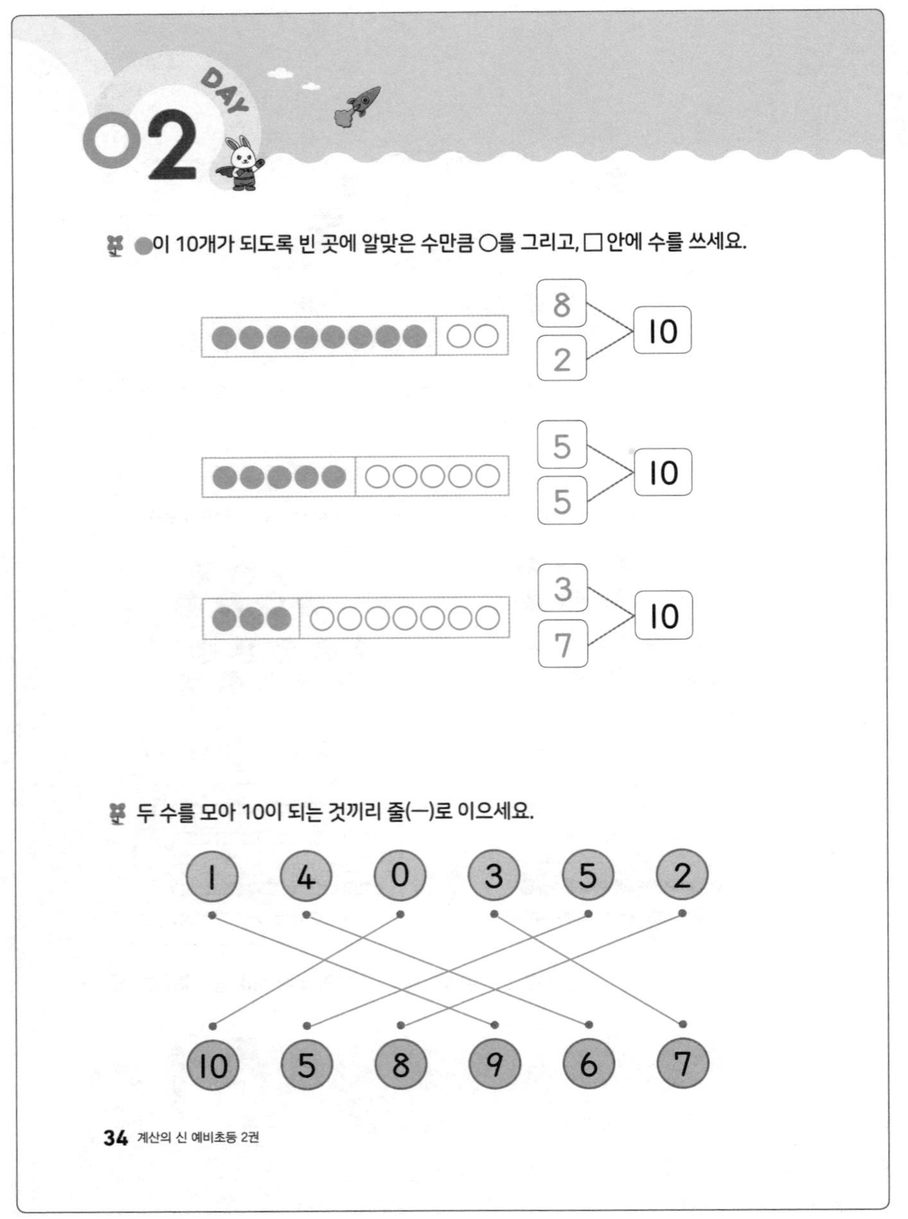
DAY 02
●이 10개가 되도록 빈 곳에 알맞은 수만큼 ○를 그리고, □ 안에 수를 쓰세요.
8 2 10
5 5 10
3 7 10
두 수를 모아 10이 되는 것끼리 줄(—)로 이으세요.
1 4 0 3 5 2
10 5 8 9 6 7

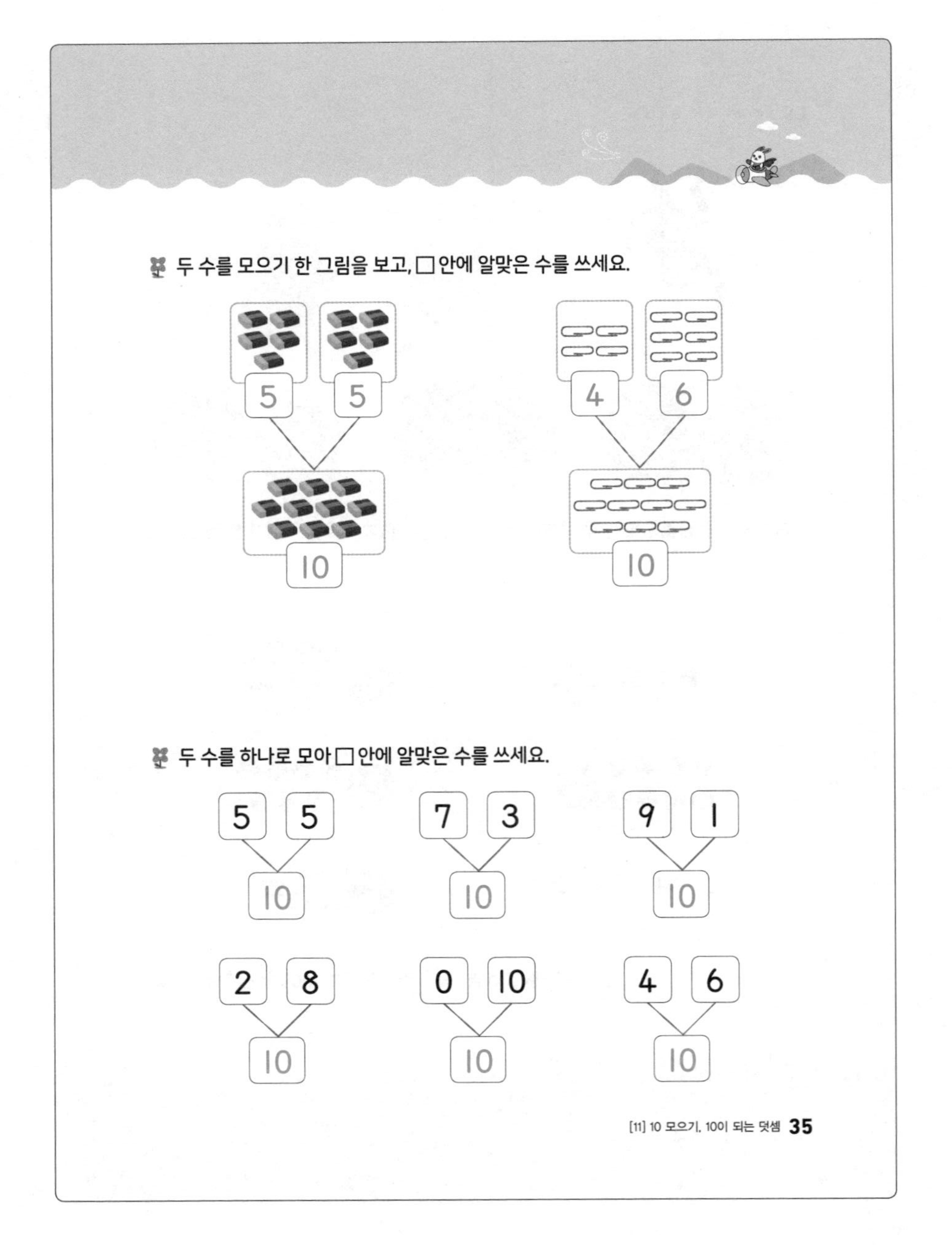
두 수를 모으기 한 그림을 보고, □ 안에 알맞은 수를 쓰세요.
5 5 10
4 6 10
두 수를 하나로 모아 □ 안에 알맞은 수를 쓰세요.
5 5 10
7 3 10
9 1 10
2 8 10
0 10 10
4 6 10

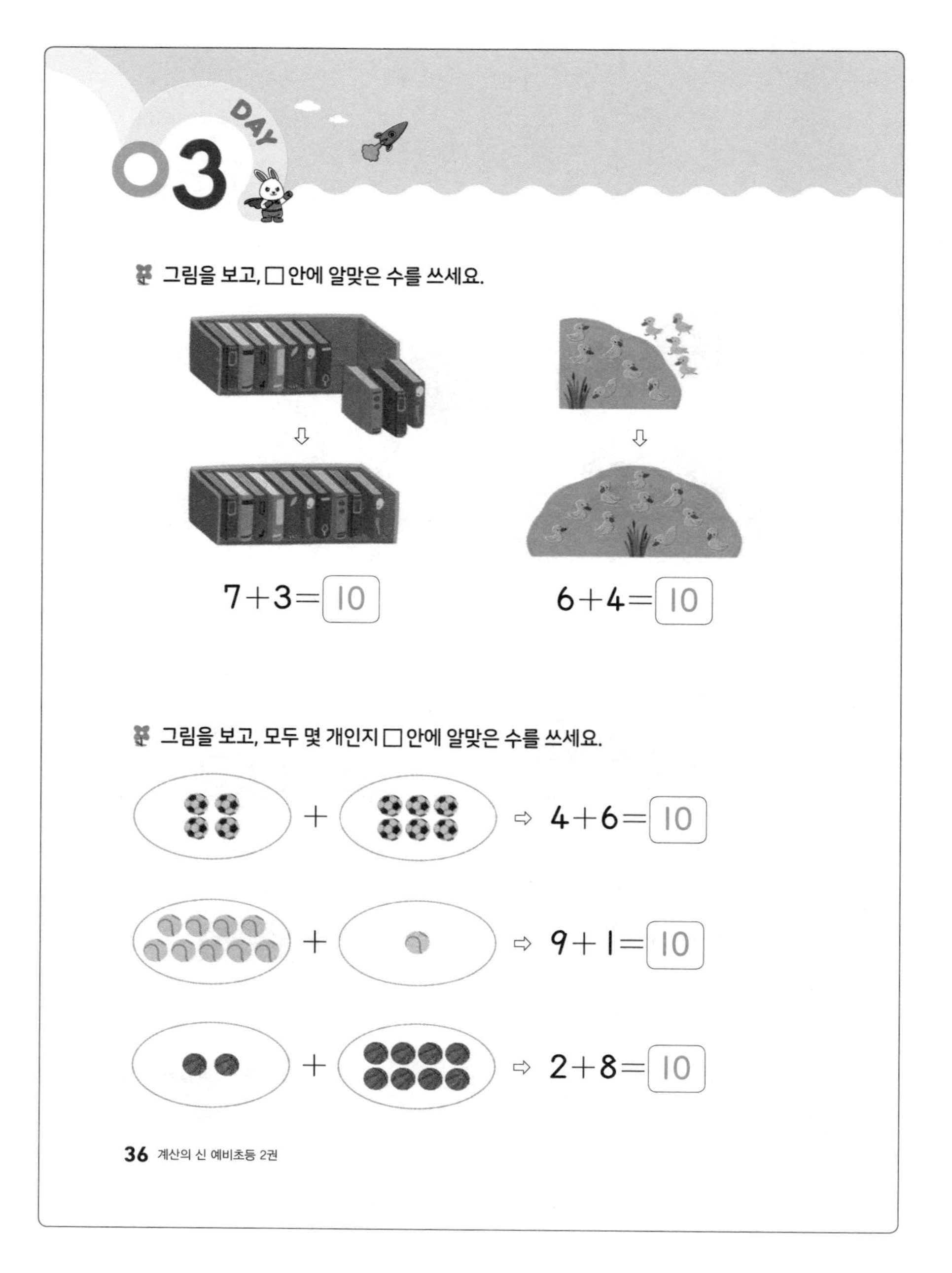

DAY 03

그림을 보고, □ 안에 알맞은 수를 쓰세요.

7+3=10

6+4=10

그림을 보고, 모두 몇 개인지 □ 안에 알맞은 수를 쓰세요.

4+6=10

9+1=10

2+8=10

36 계산의 신 예비초등 2권

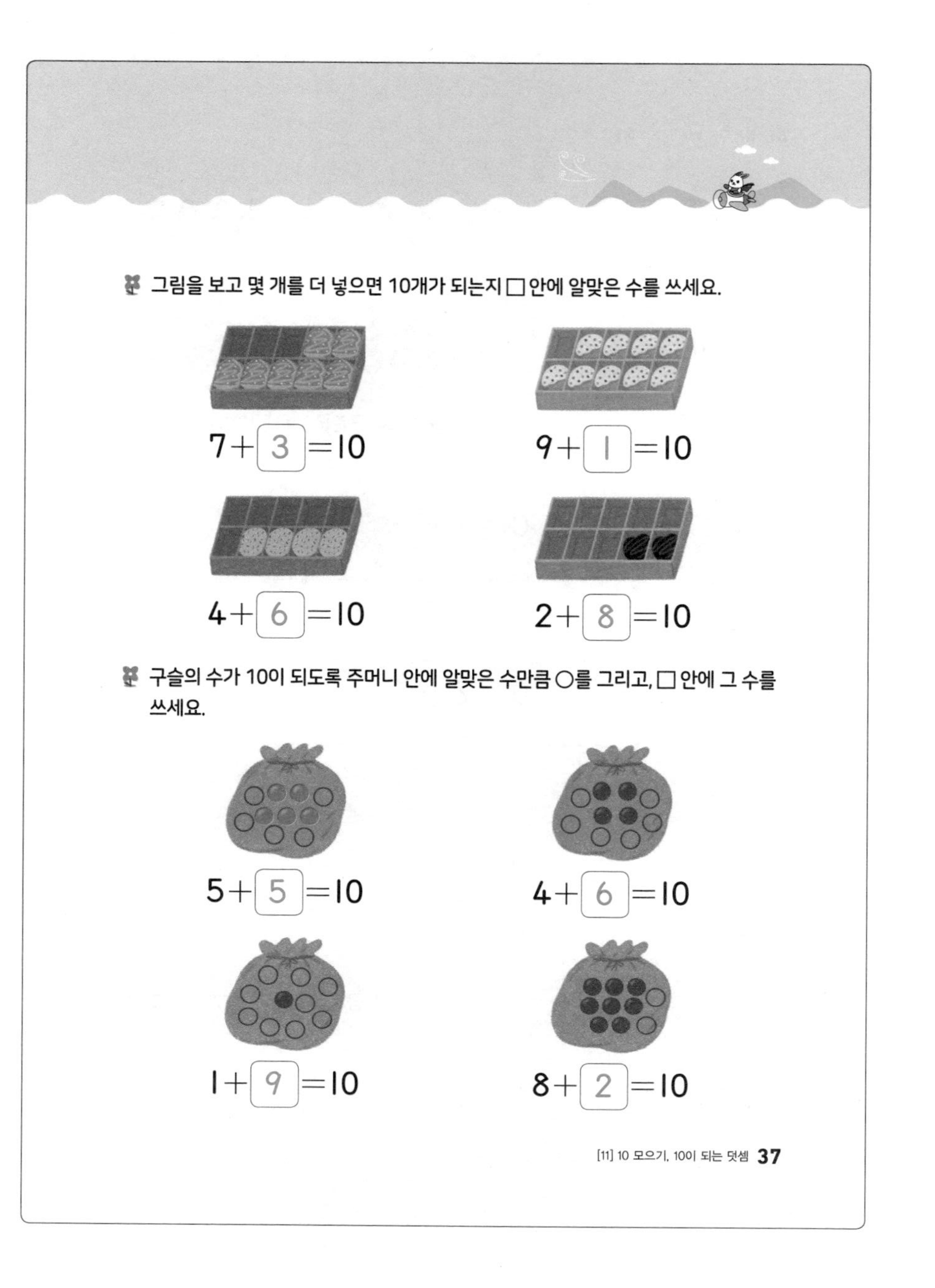

그림을 보고 몇 개를 더 넣으면 10개가 되는지 □ 안에 알맞은 수를 쓰세요.

7+3=10 9+1=10

4+6=10 2+8=10

구슬의 수가 10이 되도록 주머니 안에 알맞은 수만큼 ○를 그리고, □ 안에 그 수를 쓰세요.

5+5=10 4+6=10

1+9=10 8+2=10

[11] 10 모으기, 10이 되는 덧셈 37

DAY 04

몇 칸을 더 칠하면 색칠한 칸이 모두 10칸이 되는지 □ 안에 알맞은 수를 쓰세요.

3+7=10

5+5=10

6+4=10

8+2=10

한 쪽에 갖고 있는 풍선과 더해서 10이 되는 풍선을 찾아 줄(—)로 이으세요.

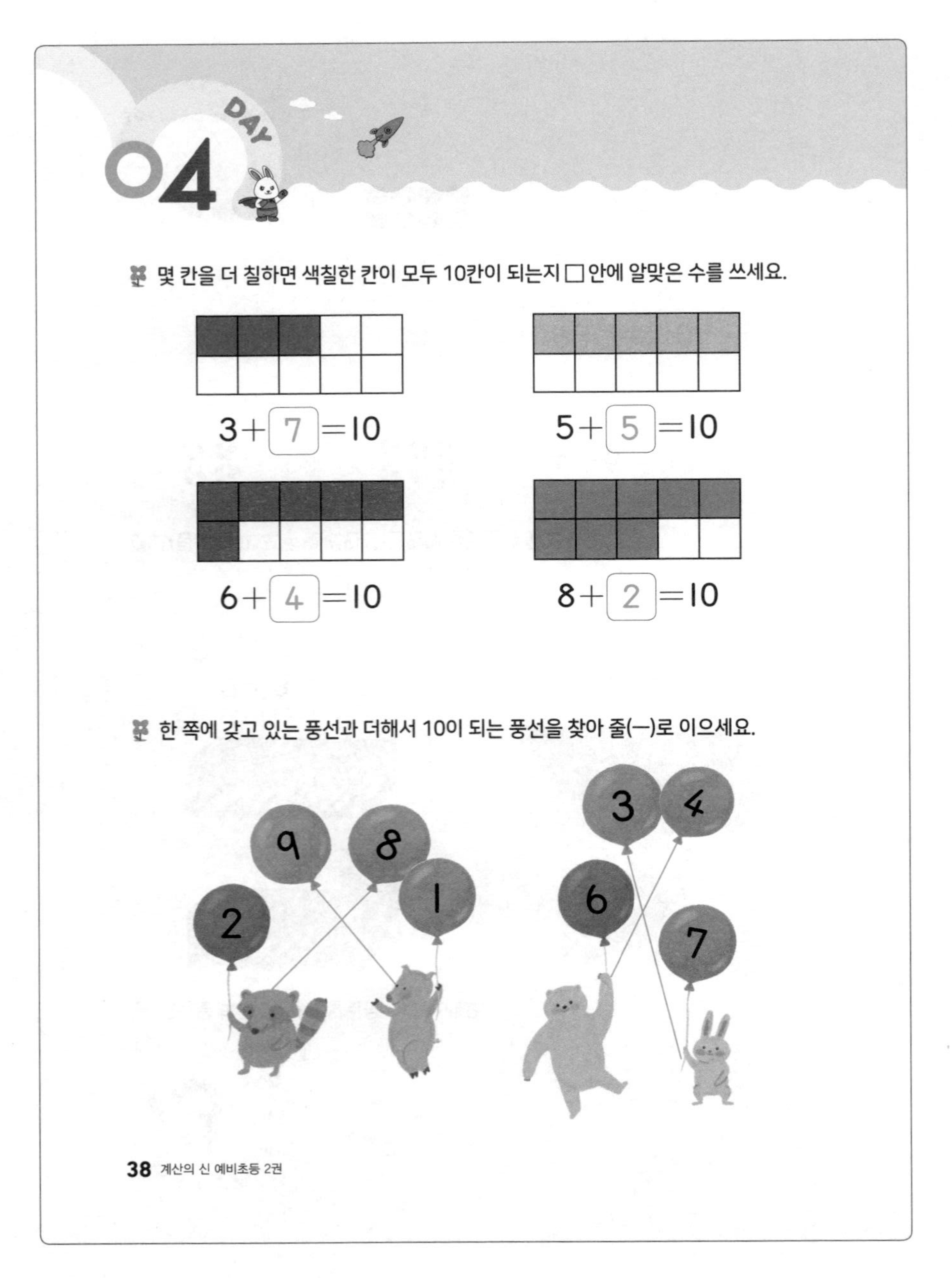

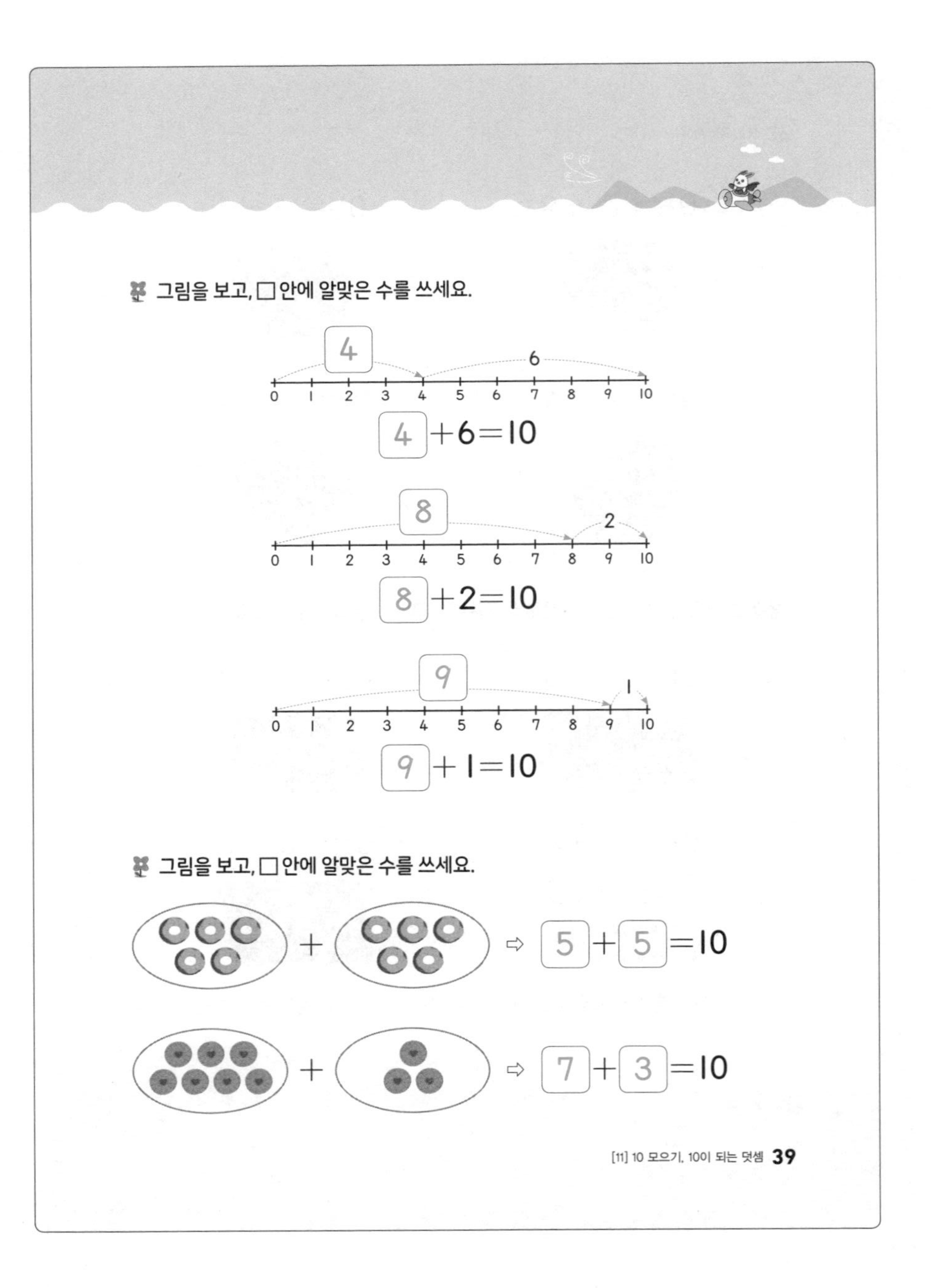

그림을 보고, □ 안에 알맞은 수를 쓰세요.

4+6=10

8+2=10

9+1=10

그림을 보고, □ 안에 알맞은 수를 쓰세요.

⇨ 5+5=10

⇨ 7+3=10

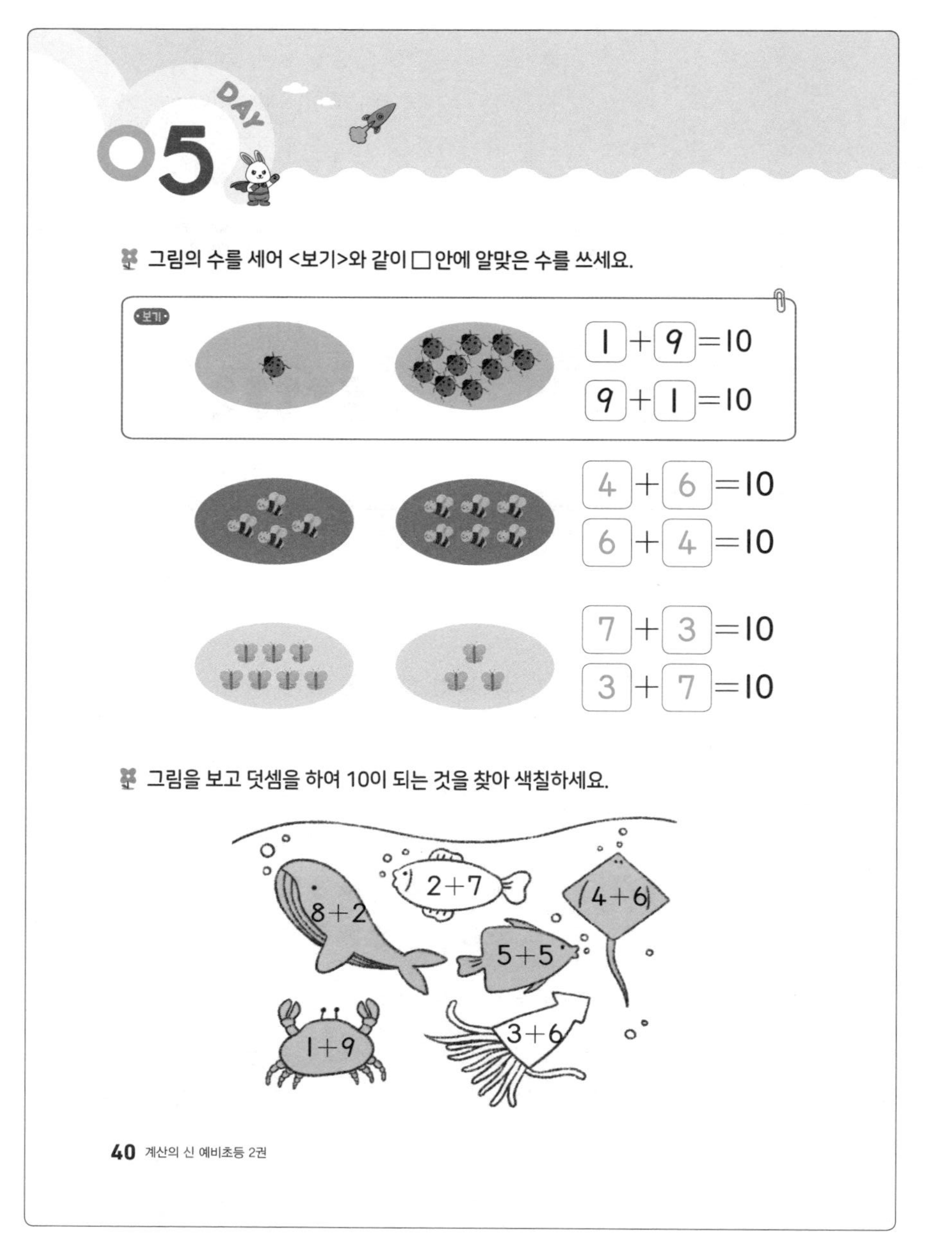

DAY 05

그림의 수를 세어 <보기>와 같이 □ 안에 알맞은 수를 쓰세요.

보기

1 + 9 = 10

9 + 1 = 10

4 + 6 = 10

6 + 4 = 10

7 + 3 = 10

3 + 7 = 10

그림을 보고 덧셈을 하여 10이 되는 것을 찾아 색칠하세요.

40 계산의 신 예비초등 2권

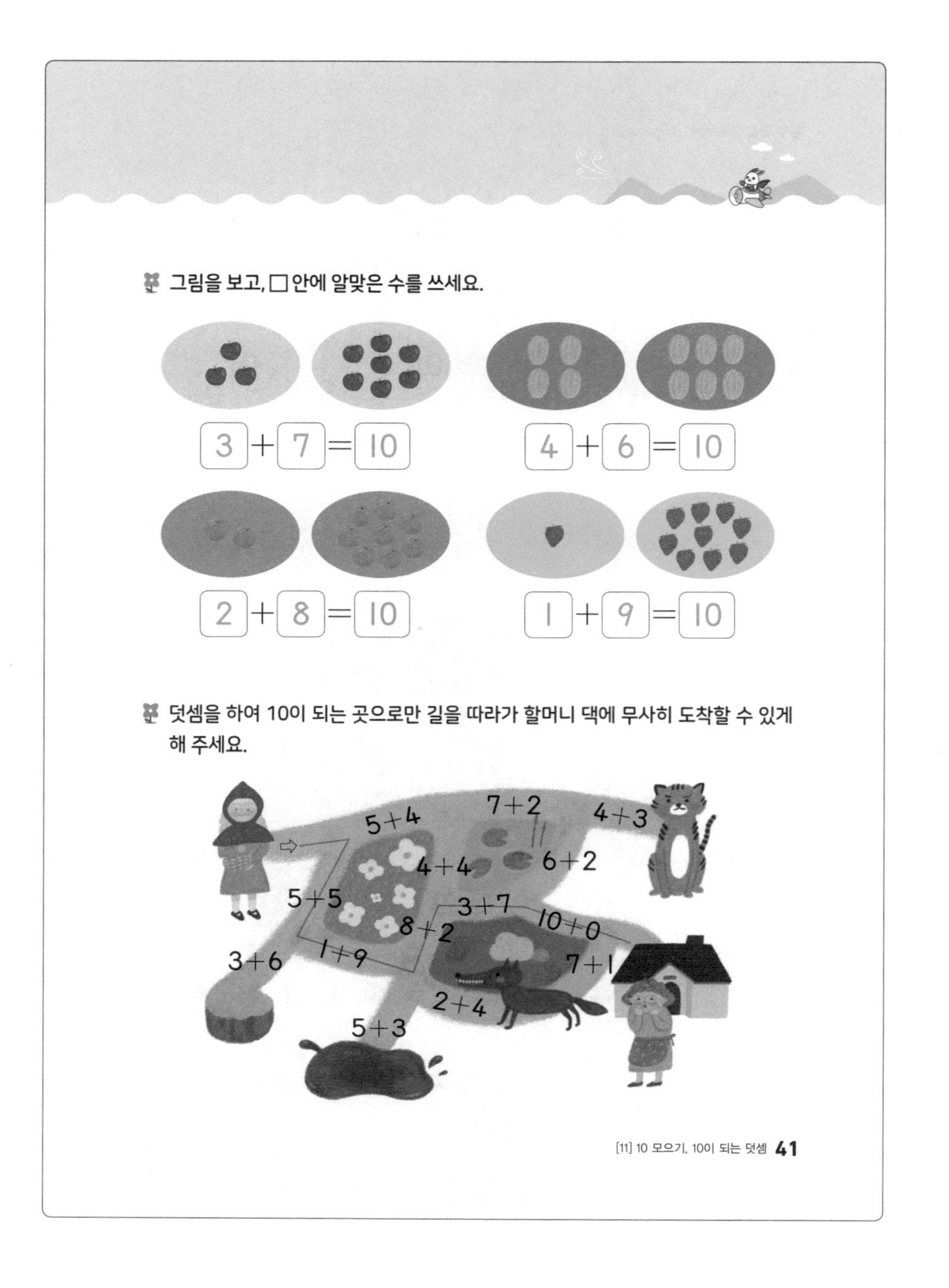

그림을 보고, □ 안에 알맞은 수를 쓰세요.

3 + 7 = 10

4 + 6 = 10

2 + 8 = 10

1 + 9 = 10

덧셈을 하여 10이 되는 곳으로만 길을 따라가 할머니 댁에 무사히 도착할 수 있게 해 주세요.

[11] 10 모으기, 10이 되는 덧셈 41

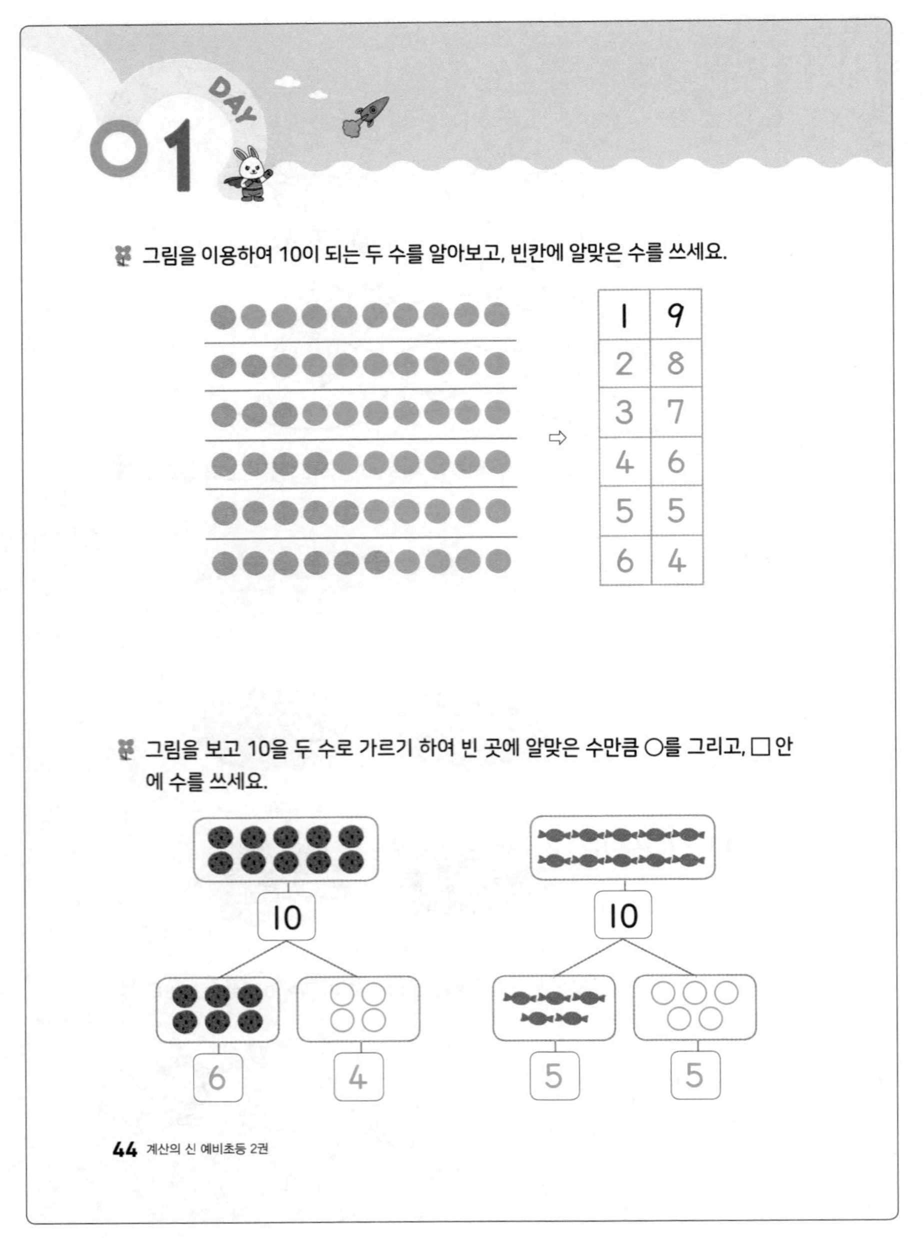

그림을 이용하여 10이 되는 두 수를 알아보고, 빈칸에 알맞은 수를 쓰세요.

1	9
2	8
3	7
4	6
5	5
6	4

그림을 보고 10을 두 수로 가르기 하여 빈 곳에 알맞은 수만큼 ○를 그리고, □ 안에 수를 쓰세요.

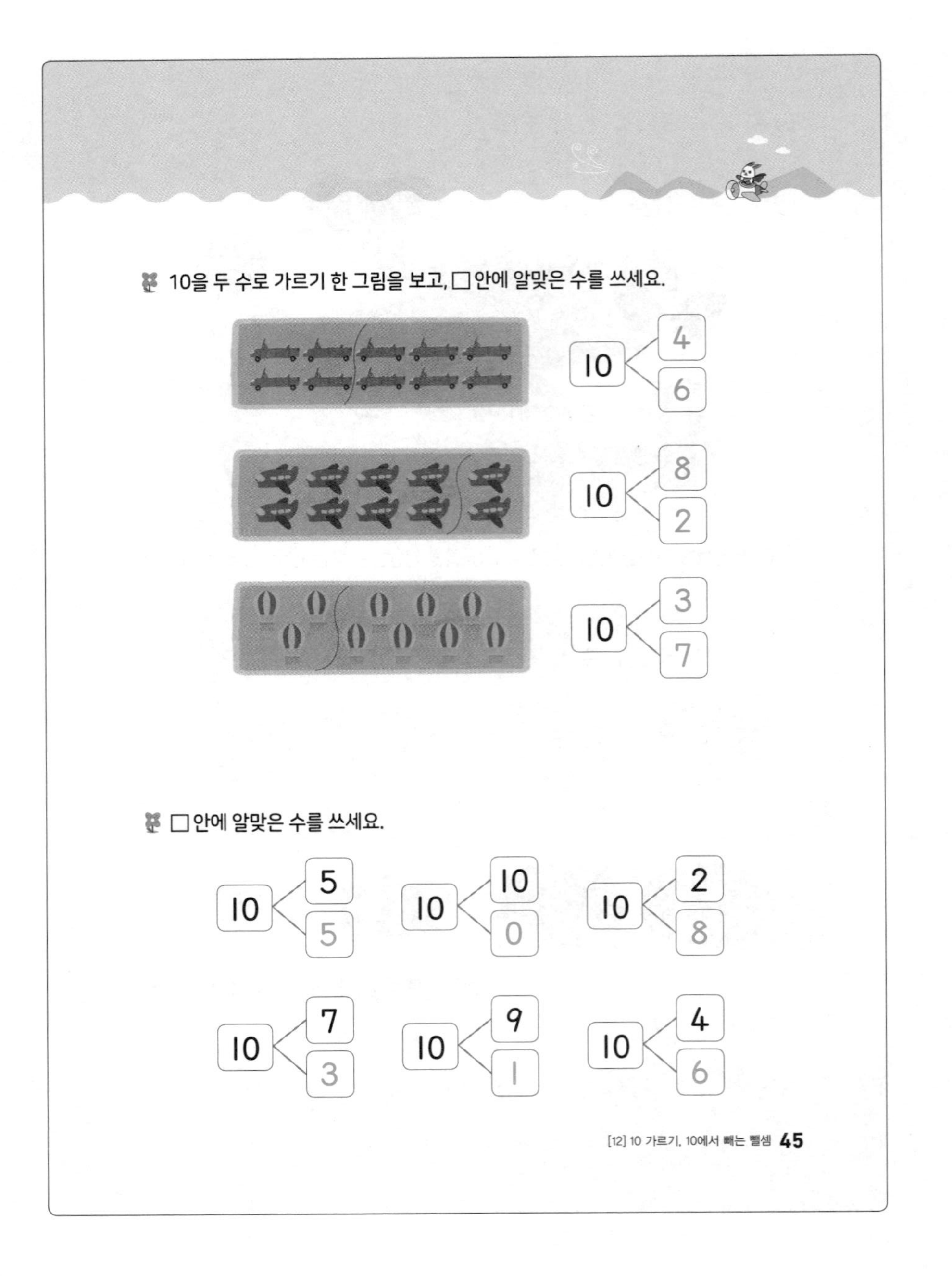

10을 두 수로 가르기 한 그림을 보고, □ 안에 알맞은 수를 쓰세요.

□ 안에 알맞은 수를 쓰세요.

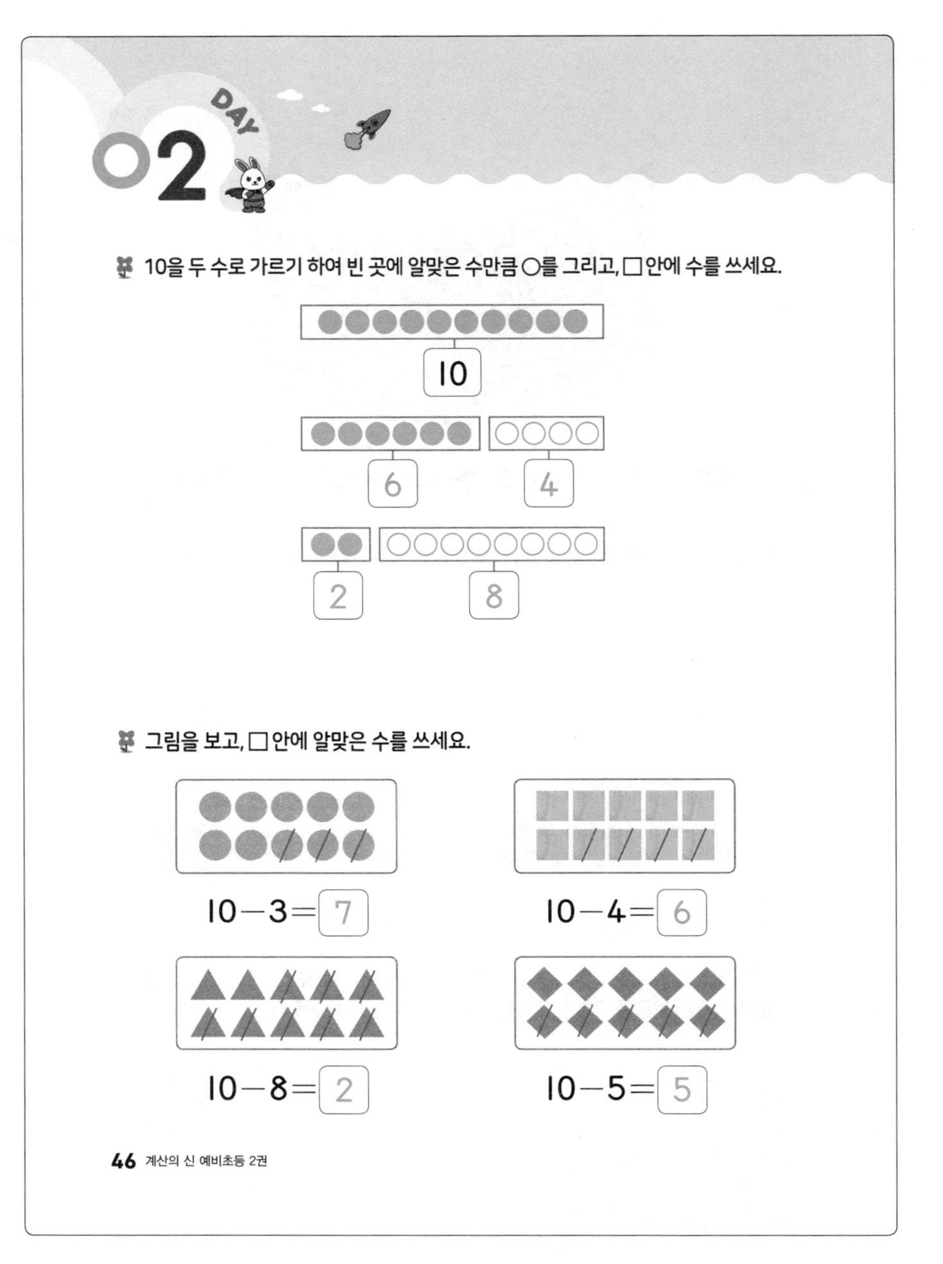

DAY 02

10을 두 수로 가르기 하여 빈 곳에 알맞은 수만큼 ○를 그리고, □ 안에 수를 쓰세요.

10 → 6, 4

10 → 2, 8

그림을 보고, □ 안에 알맞은 수를 쓰세요.

$10-3=$ 7

$10-4=$ 6

$10-8=$ 2

$10-5=$ 5

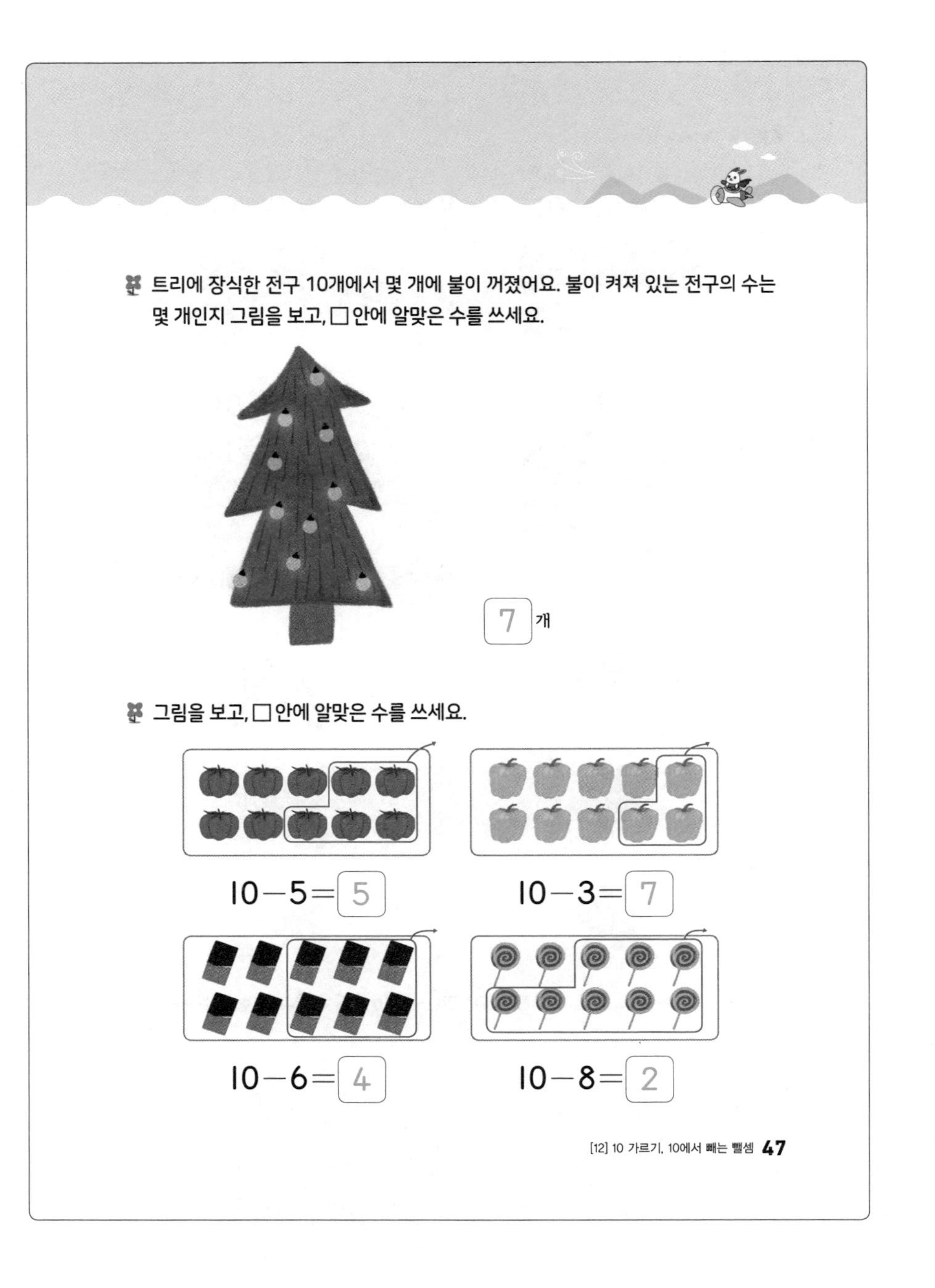

트리에 장식한 전구 10개에서 몇 개에 불이 꺼졌어요. 불이 켜져 있는 전구의 수는 몇 개인지 그림을 보고, □ 안에 알맞은 수를 쓰세요.

7 개

그림을 보고, □ 안에 알맞은 수를 쓰세요.

$10-5=$ 5

$10-3=$ 7

$10-6=$ 4

$10-8=$ 2

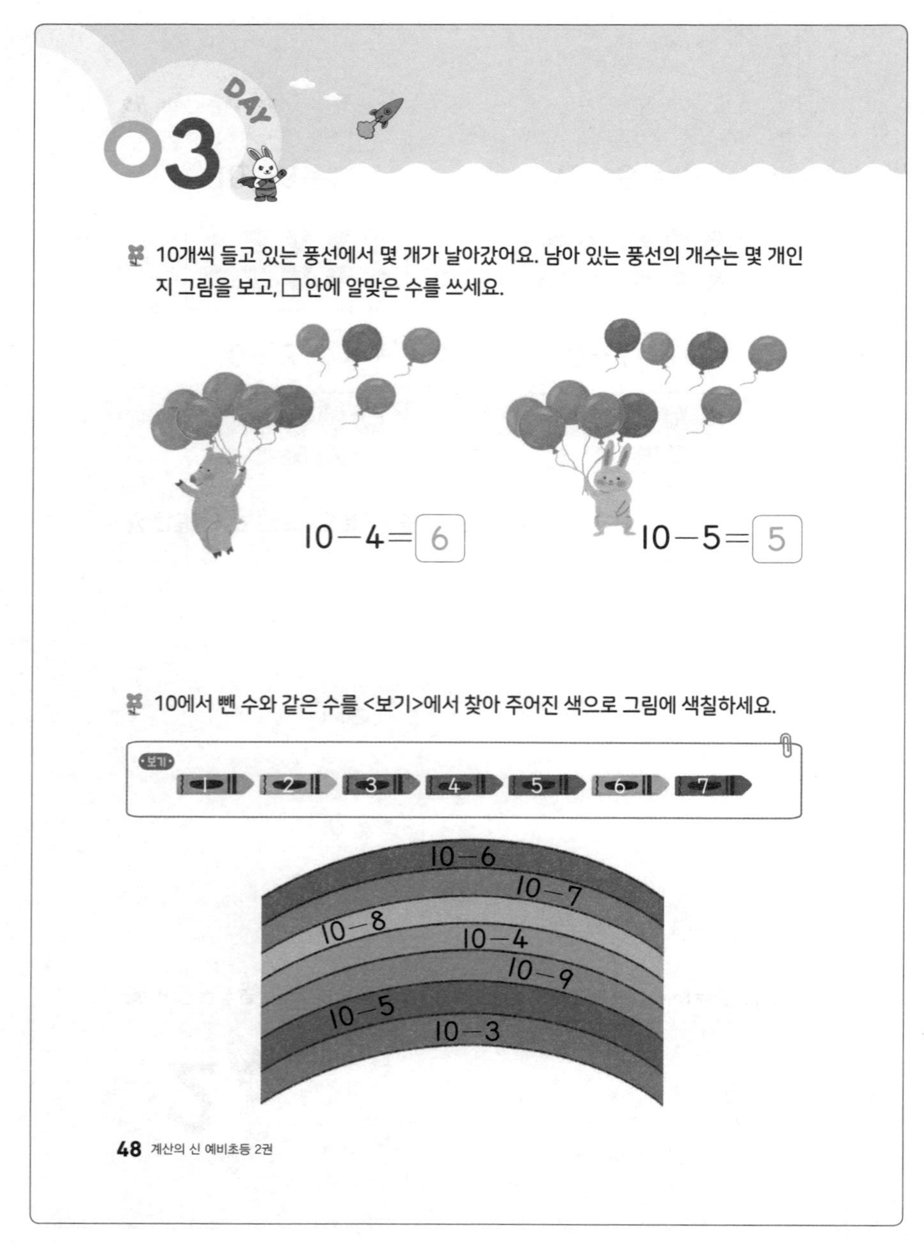
DAY 03
10개씩 들고 있는 풍선에서 몇 개가 날아갔어요. 남아 있는 풍선의 개수는 몇 개인지 그림을 보고, □ 안에 알맞은 수를 쓰세요.
10－4＝6
10－5＝5
10에서 뺀 수와 같은 수를 <보기>에서 찾아 주어진 색으로 그림에 색칠하세요.
보기
1
2
3
4
5
6
7
10－6
10－7
10－8
10－4
10－9
10－5
10－3

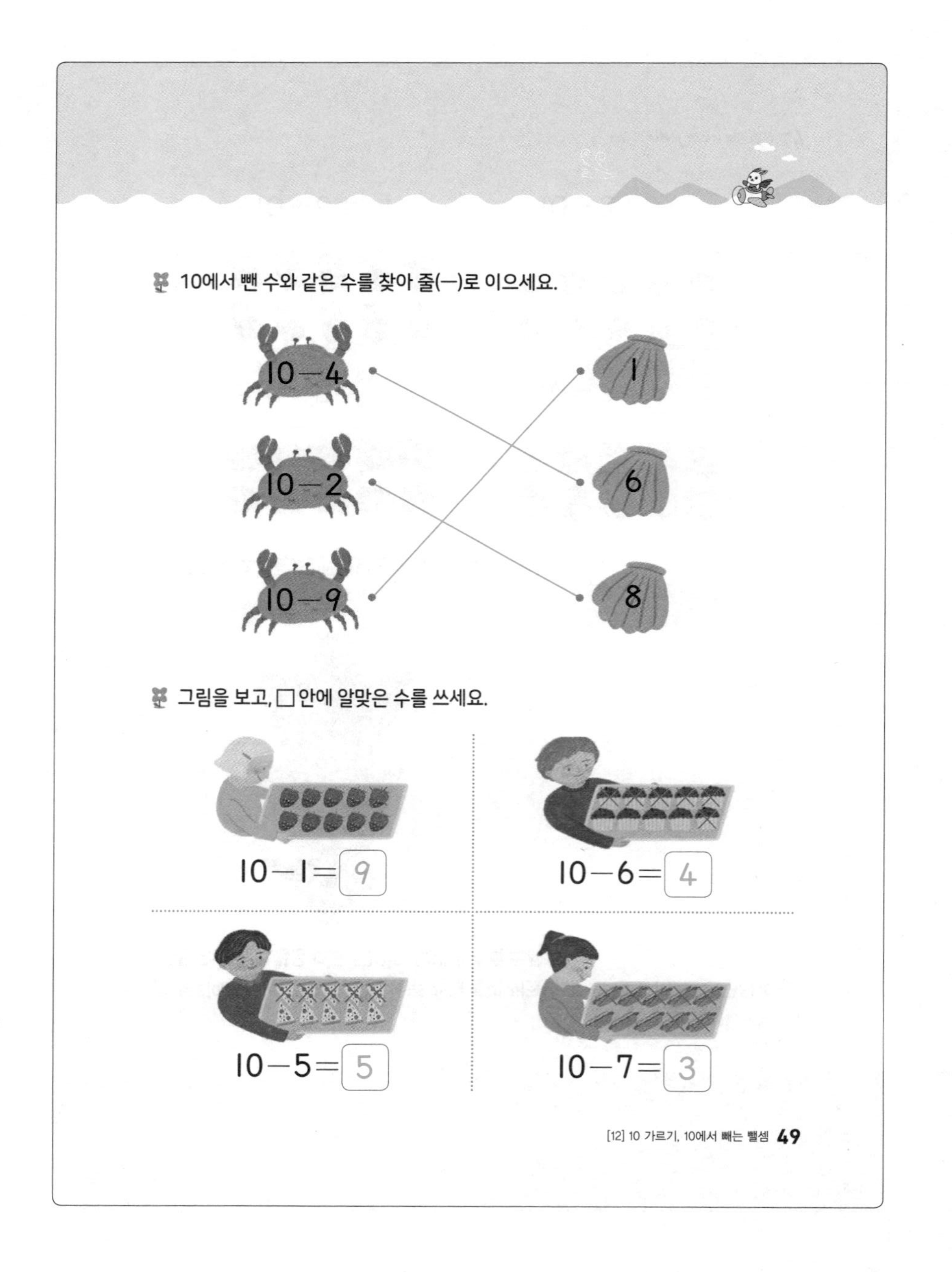
10에서 뺀 수와 같은 수를 찾아 줄(—)로 이으세요.
10－4
10－2
10－9
1
6
8
그림을 보고, □ 안에 알맞은 수를 쓰세요.
10－1＝9
10－6＝4
10－5＝5
10－7＝3

계산의 신 예비초등 2권 **19**

DAY 04

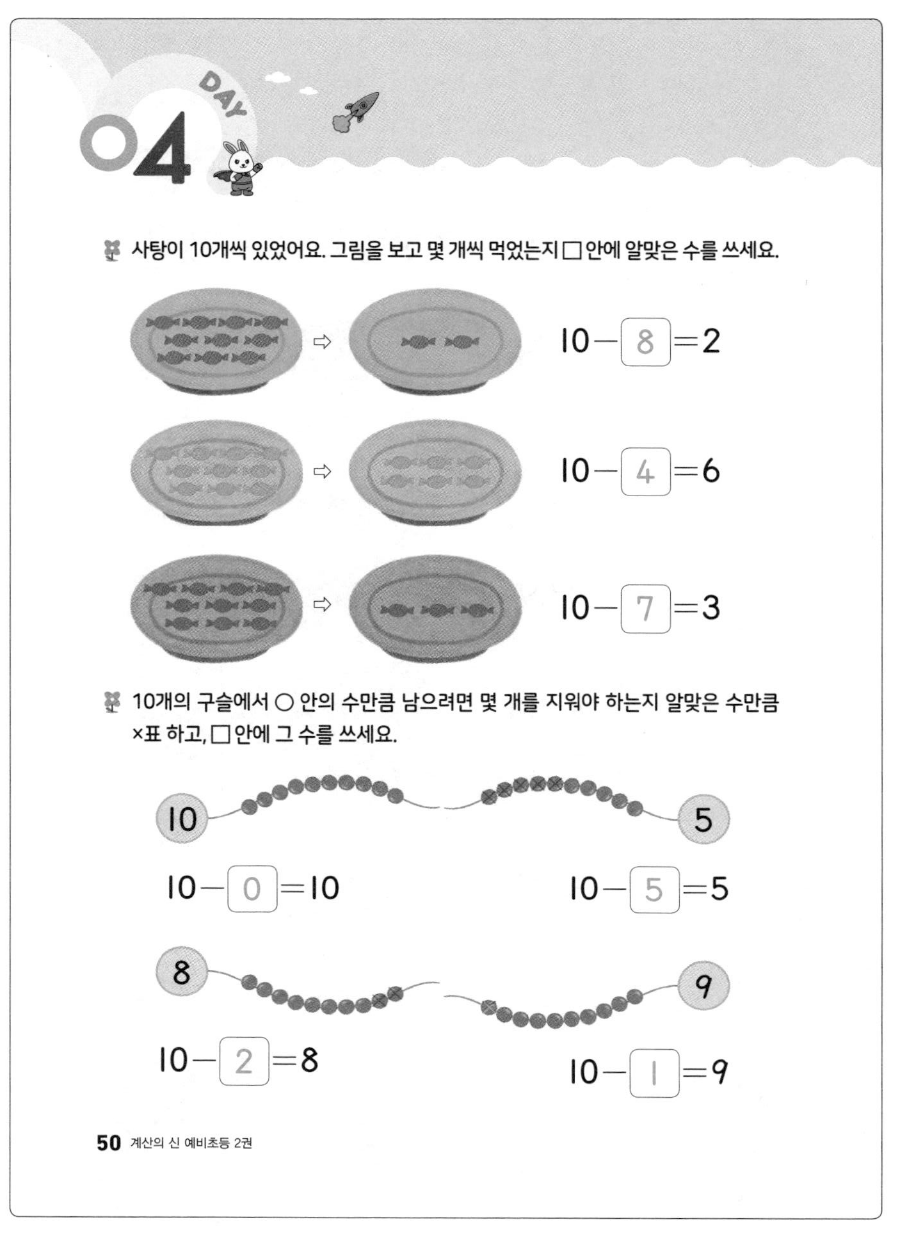

사탕이 10개씩 있었어요. 그림을 보고 몇 개씩 먹었는지 □ 안에 알맞은 수를 쓰세요.

10 − 8 = 2

10 − 4 = 6

10 − 7 = 3

10개의 구슬에서 ○ 안의 수만큼 남으려면 몇 개를 지워야 하는지 알맞은 수만큼 ×표 하고, □ 안에 그 수를 쓰세요.

10 − 0 = 10

10 − 5 = 5

10 − 2 = 8

10 − 1 = 9

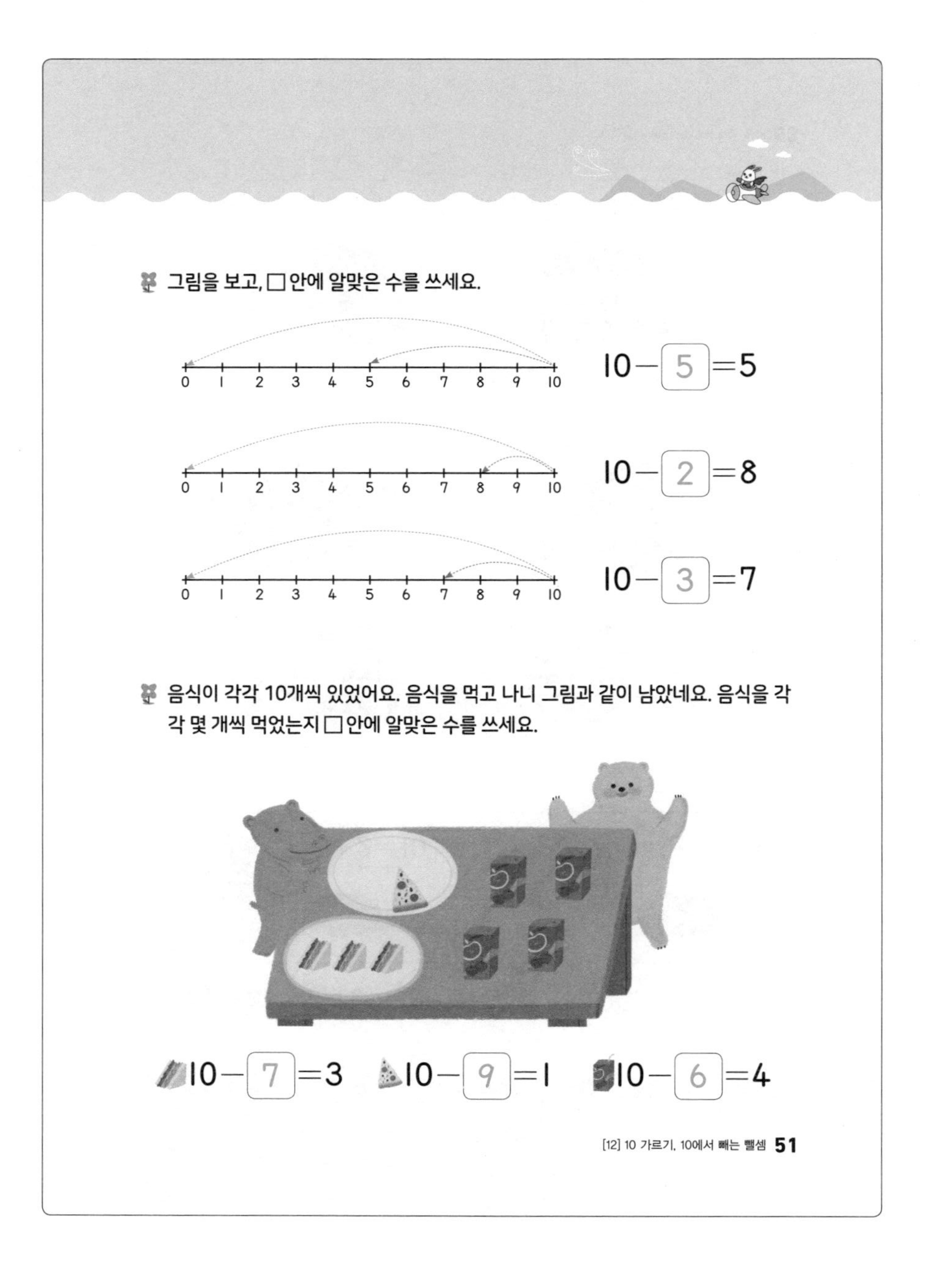

그림을 보고, □ 안에 알맞은 수를 쓰세요.

10 − 5 = 5

10 − 2 = 8

10 − 3 = 7

음식이 각각 10개씩 있었어요. 음식을 먹고 나니 그림과 같이 남았네요. 음식을 각각 몇 개씩 먹었는지 □ 안에 알맞은 수를 쓰세요.

10 − 7 = 3

10 − 9 = 1

10 − 6 = 4

DAY 05

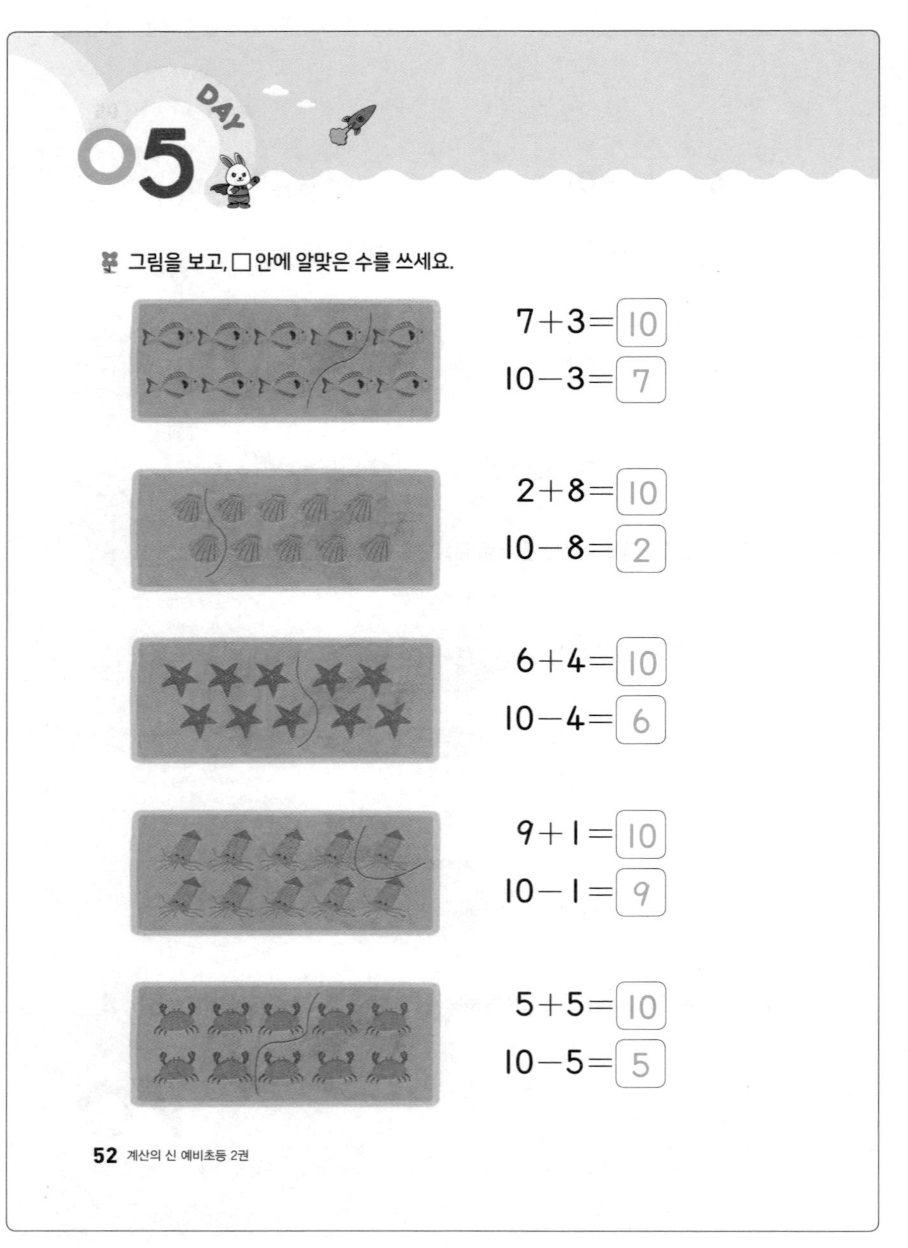

그림을 보고, □ 안에 알맞은 수를 쓰세요.

$7+3=\boxed{10}$
$10-3=\boxed{7}$

$2+8=\boxed{10}$
$10-8=\boxed{2}$

$6+4=\boxed{10}$
$10-4=\boxed{6}$

$9+1=\boxed{10}$
$10-1=\boxed{9}$

$5+5=\boxed{10}$
$10-5=\boxed{5}$

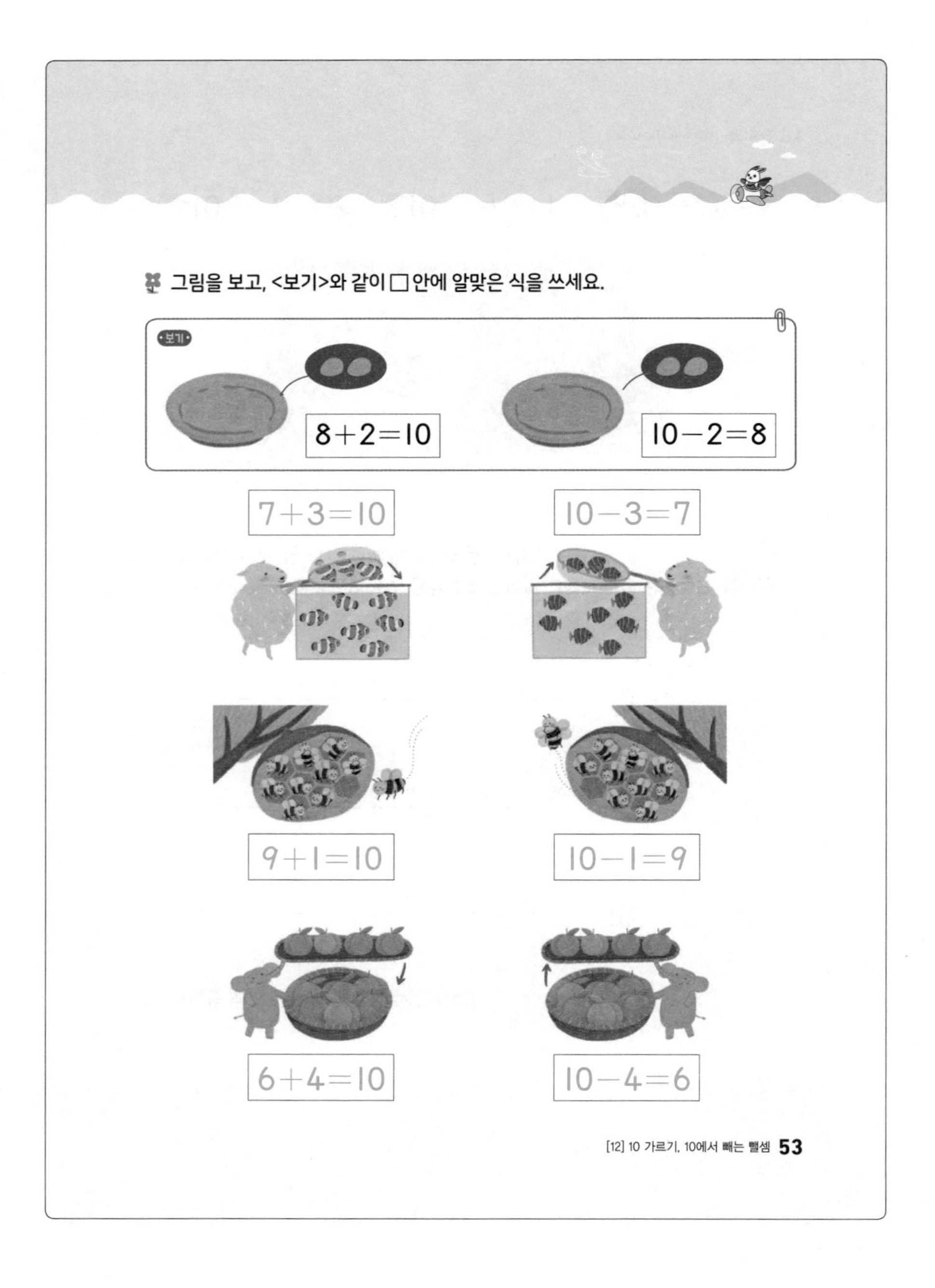

그림을 보고, <보기>와 같이 □ 안에 알맞은 식을 쓰세요.

보기: $\boxed{8+2=10}$ $\boxed{10-2=8}$

$\boxed{7+3=10}$ $\boxed{10-3=7}$

$\boxed{9+1=10}$ $\boxed{10-1=9}$

$\boxed{6+4=10}$ $\boxed{10-4=6}$

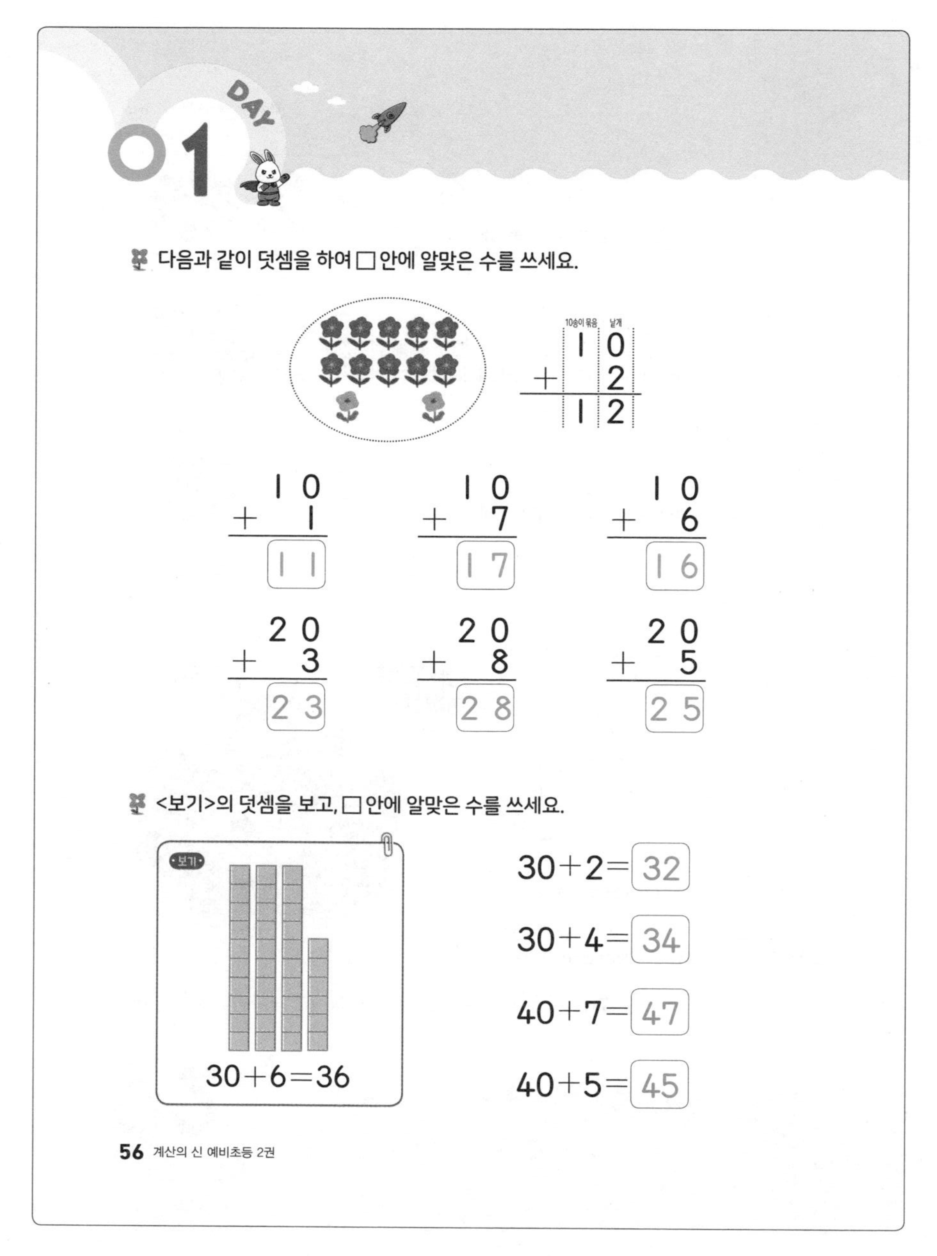

DAY 01

다음과 같이 덧셈을 하여 □ 안에 알맞은 수를 쓰세요.

	10의 묶음	낱개
	1	0
+		2
	1	2

$10 + 1 = 11$　　$10 + 7 = 17$　　$10 + 6 = 16$

$20 + 3 = 23$　　$20 + 8 = 28$　　$20 + 5 = 25$

<보기>의 덧셈을 보고, □ 안에 알맞은 수를 쓰세요.

보기: $30+6=36$

$30+2=32$

$30+4=34$

$40+7=47$

$40+5=45$

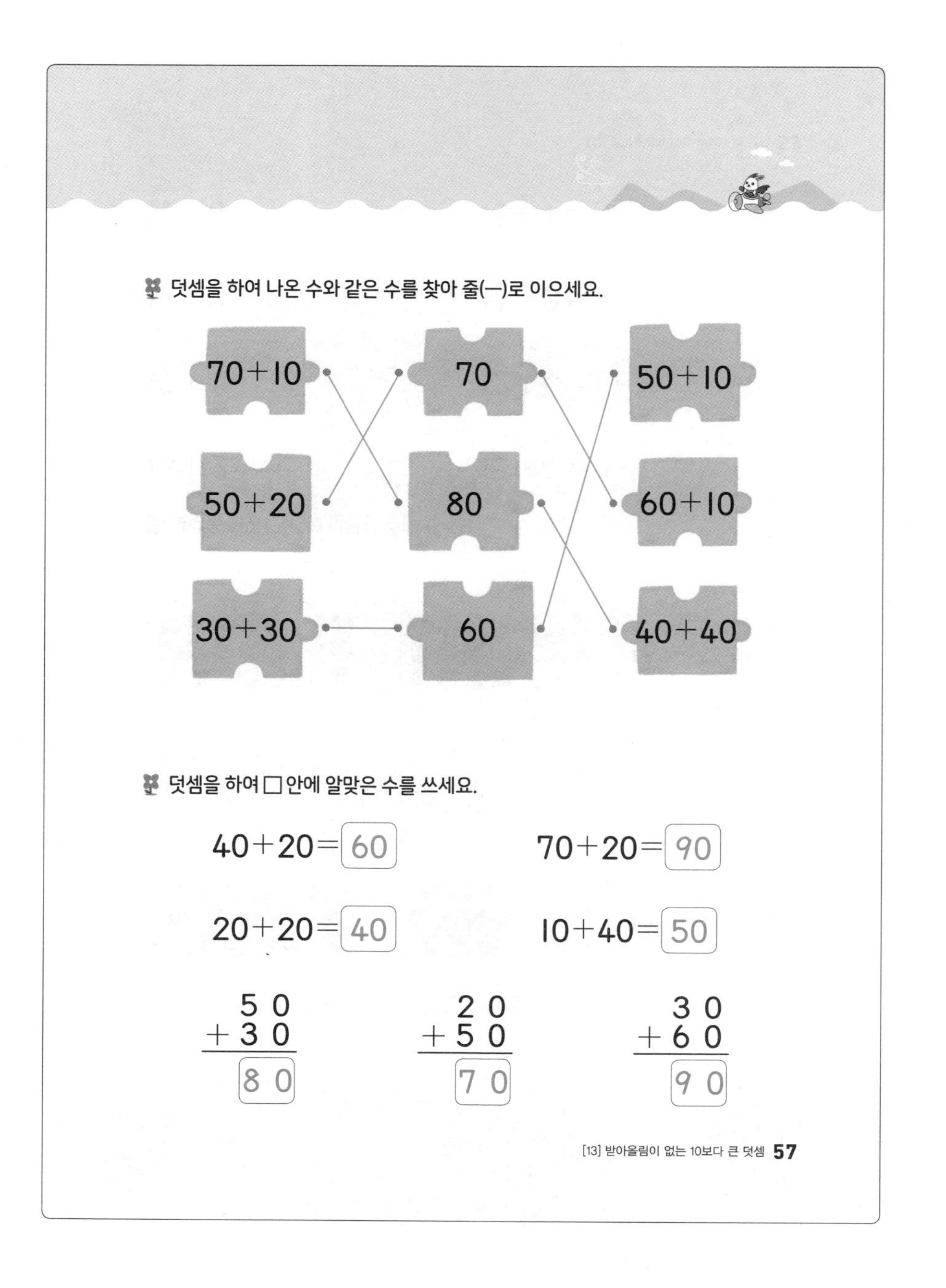

덧셈을 하여 나온 수와 같은 수를 찾아 줄(—)로 이으세요.

덧셈을 하여 □ 안에 알맞은 수를 쓰세요.

$40+20=60$　　$70+20=90$

$20+20=40$　　$10+40=50$

$50 + 30 = 80$　　$20 + 50 = 70$　　$30 + 60 = 90$

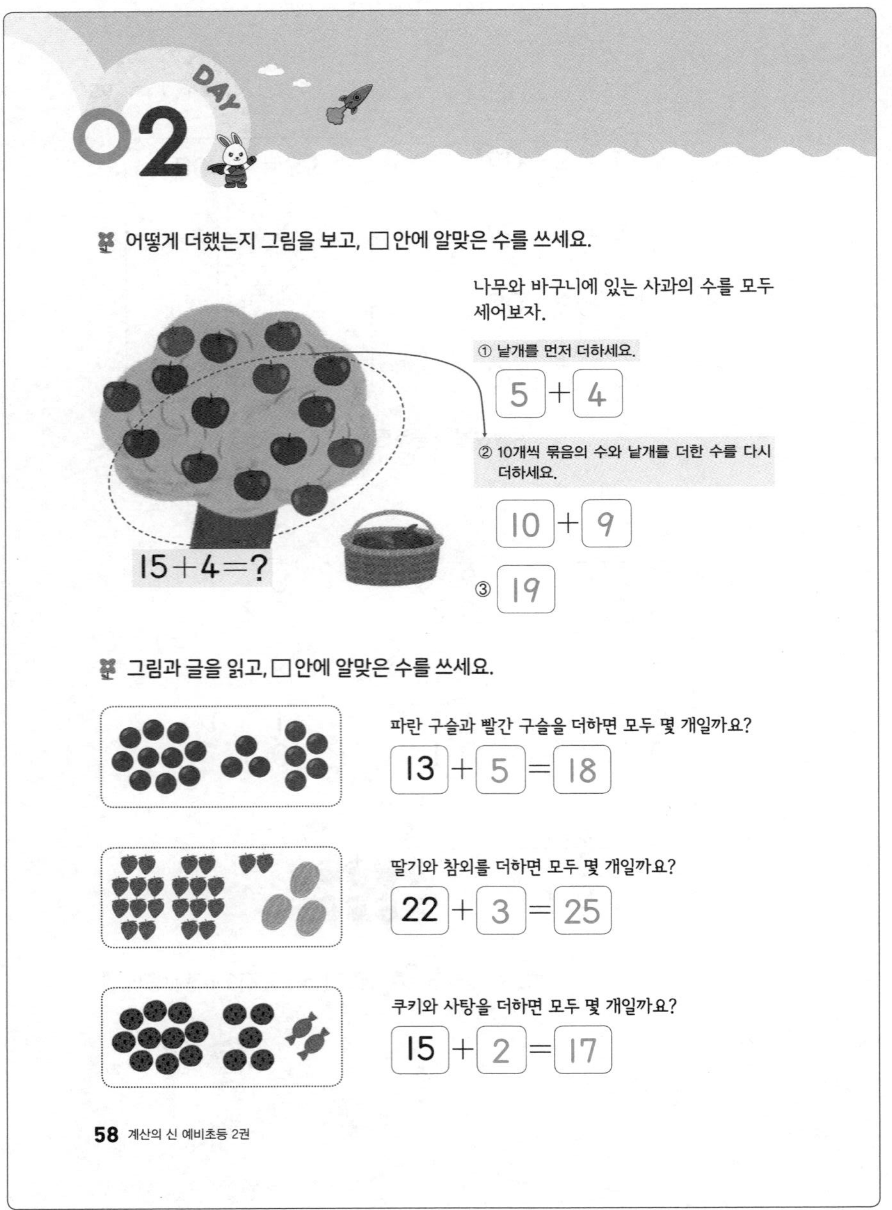

DAY 02

어떻게 더했는지 그림을 보고, □안에 알맞은 수를 쓰세요.

$15+4=?$

나무와 바구니에 있는 사과의 수를 모두 세어보자.

① 낱개를 먼저 더하세요.

$5+4$

② 10개씩 묶음의 수와 낱개를 더한 수를 다시 더하세요.

$10+9$

③ 19

그림과 글을 읽고, □안에 알맞은 수를 쓰세요.

파란 구슬과 빨간 구슬을 더하면 모두 몇 개일까요?

$13+5=18$

딸기와 참외를 더하면 모두 몇 개일까요?

$22+3=25$

쿠키와 사탕을 더하면 모두 몇 개일까요?

$15+2=17$

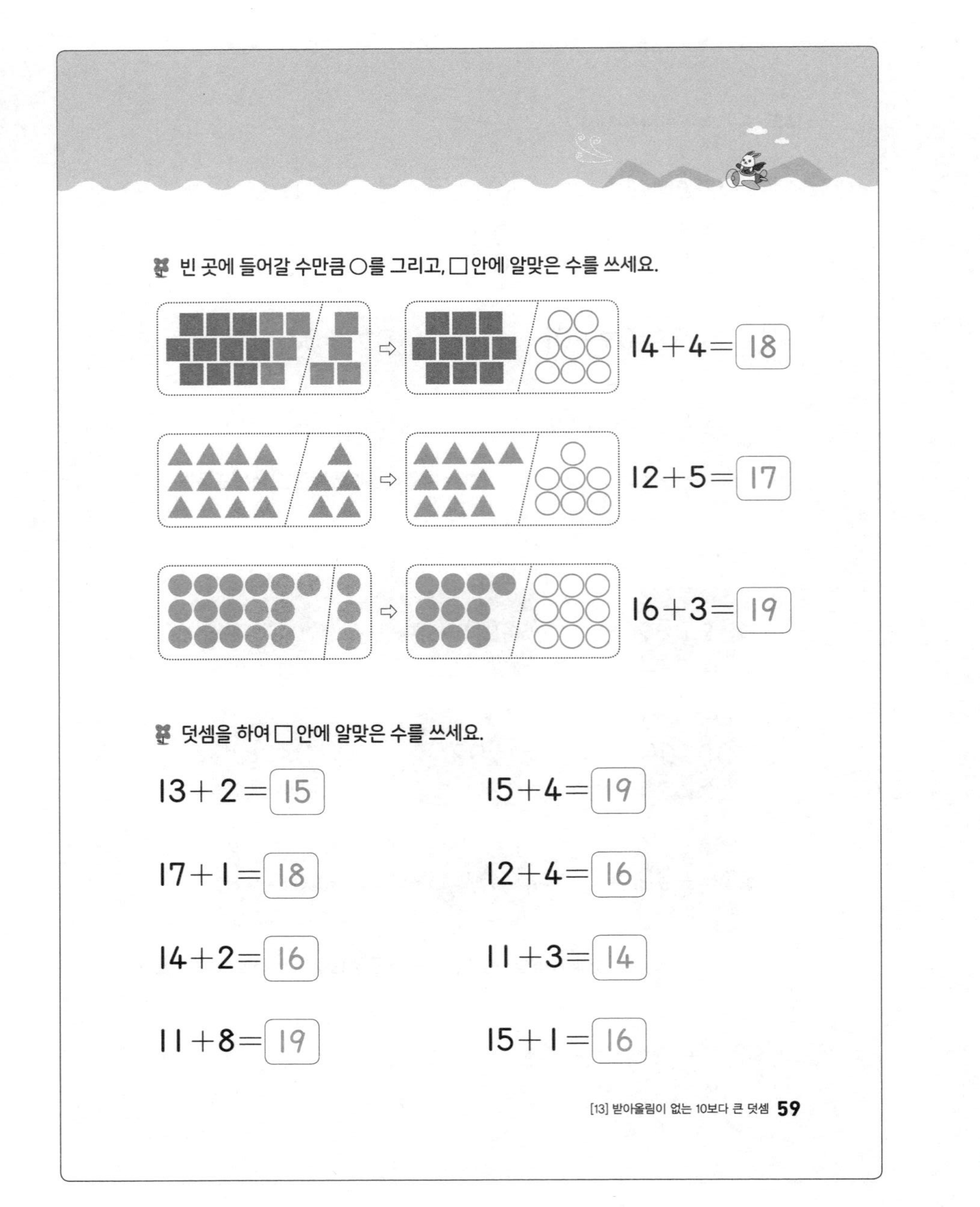

빈 곳에 들어갈 수만큼 ○를 그리고, □안에 알맞은 수를 쓰세요.

$14+4=18$

$12+5=17$

$16+3=19$

덧셈을 하여 □안에 알맞은 수를 쓰세요.

$13+2=15$

$17+1=18$

$14+2=16$

$11+8=19$

$15+4=19$

$12+4=16$

$11+3=14$

$15+1=16$

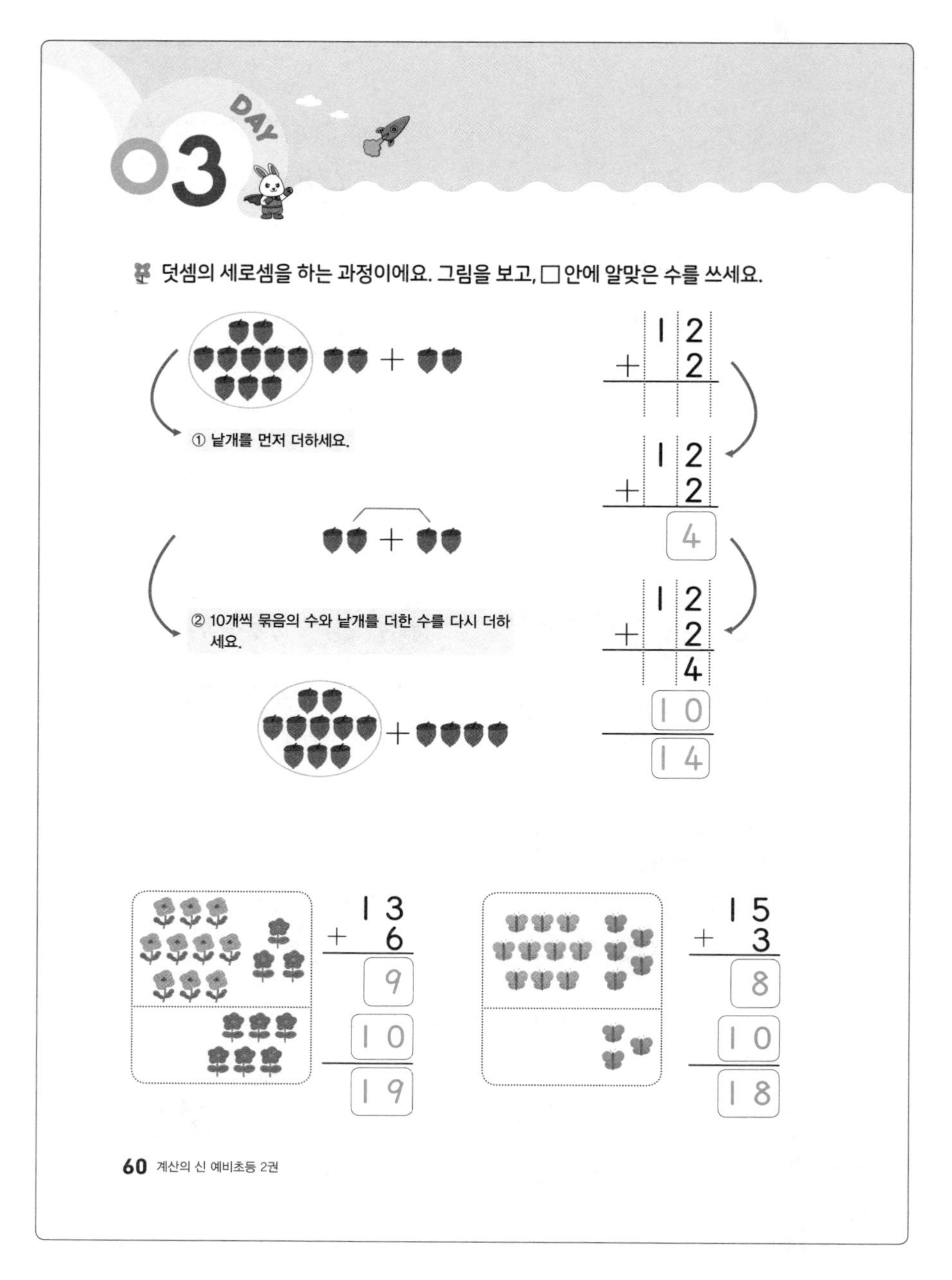
DAY
03
덧셈의 세로셈을 하는 과정이에요. 그림을 보고, □ 안에 알맞은 수를 쓰세요.
① 낱개를 먼저 더하세요.
② 10개씩 묶음의 수와 낱개를 더한 수를 다시 더하세요.
60 계산의 신 예비초등 2권

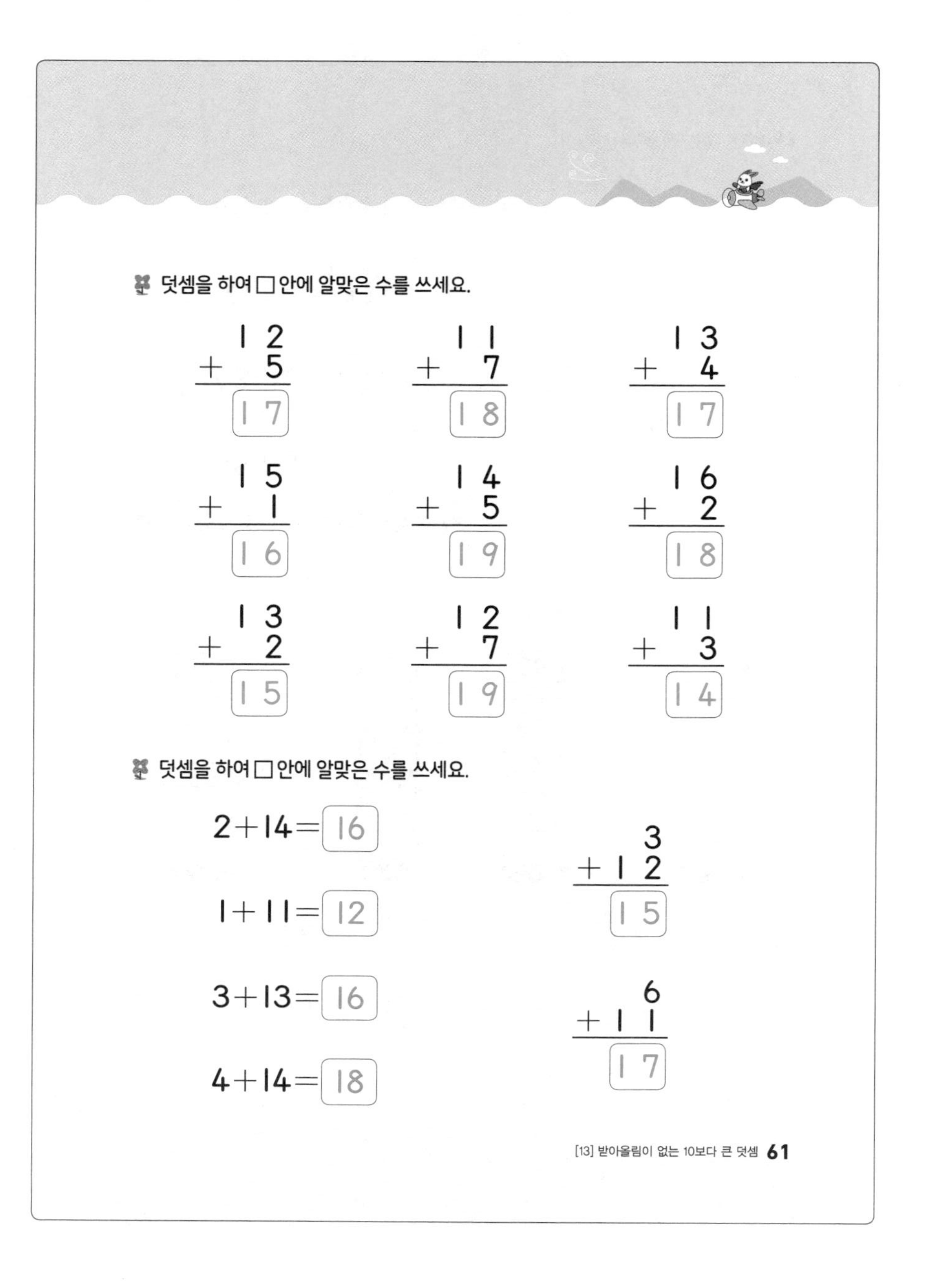
덧셈을 하여 □ 안에 알맞은 수를 쓰세요.
덧셈을 하여 □ 안에 알맞은 수를 쓰세요.
2+14=16
1+11=12
3+13=16
4+14=18
[13] 받아올림이 없는 10보다 큰 덧셈 61

DAY 04

○ 안의 수가 나오는 식을 찾아 같은 색으로 색칠하세요.

47

45+4	3+44
42+5	41+4

45

44+2	1+43
3+46	41+4

44

42+2	41+4
4+44	3+41

43

44+2	4+41
42+1	43+0

덧셈을 바르게 한 것을 찾아 ○표 하세요.

$$\begin{array}{r} 71 \\ +\ \ 4 \\ \hline 57 \end{array} \qquad \begin{array}{r} 3 \\ +84 \\ \hline 87 \end{array}$$

$$\begin{array}{r} 81 \\ +\ \ 6 \\ \hline 87 \end{array} \qquad \begin{array}{r} 77 \\ +\ \ 0 \\ \hline 78 \end{array}$$

두 수를 더해서 위에 쓰인 수와 같아지는 것끼리 줄(—)로 이으세요.

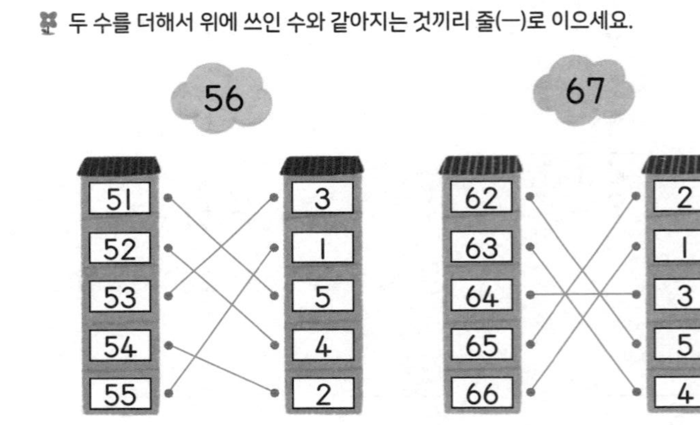

덧셈을 하여 □ 안에 알맞은 수를 쓰세요.

36+3=39

43+4=47

35+4=39

42+2=44

$$\begin{array}{r} 31 \\ +\ \ 4 \\ \hline 35 \end{array} \qquad \begin{array}{r} 2 \\ +44 \\ \hline 46 \end{array}$$

DAY 05

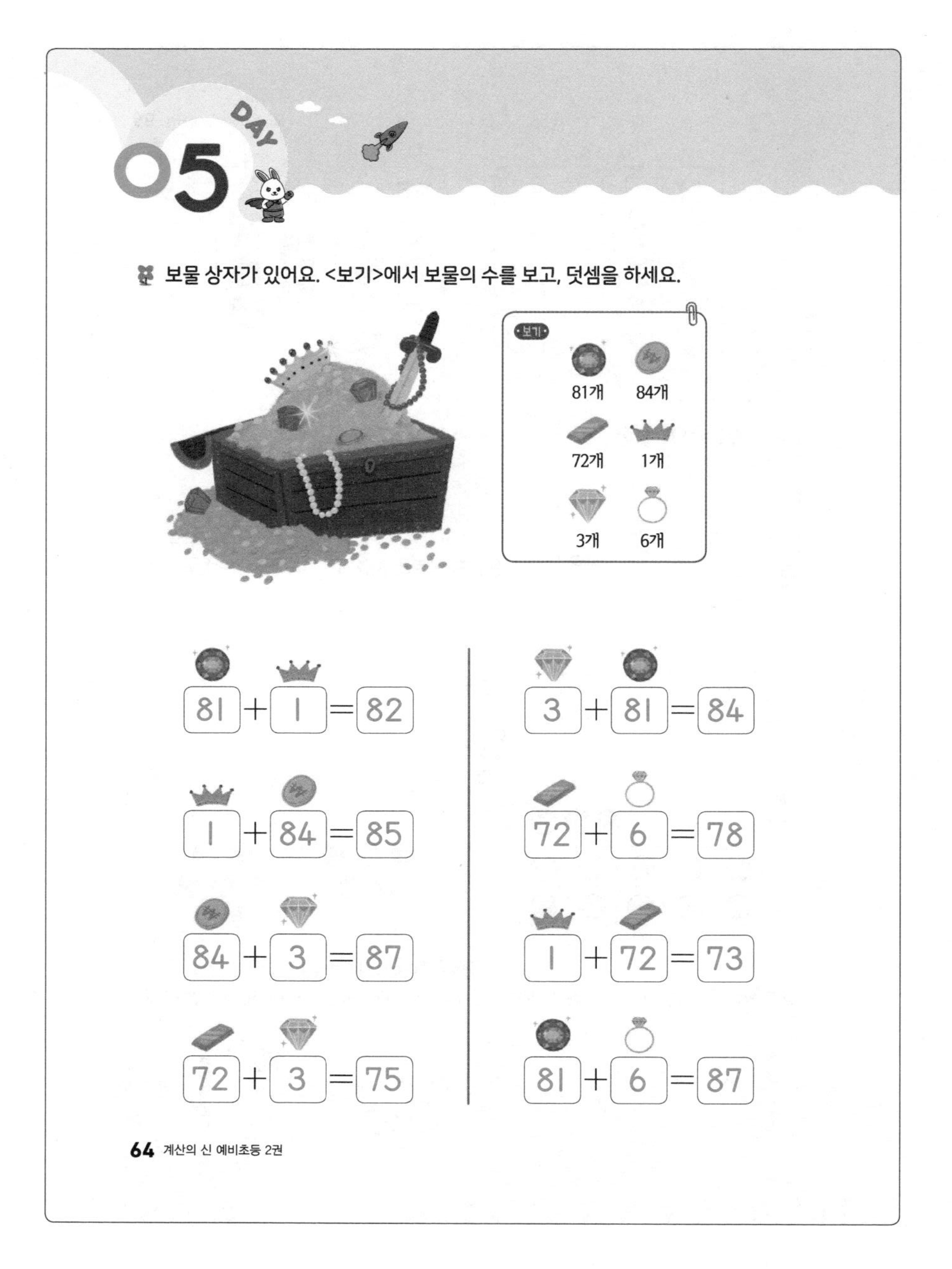

보물 상자가 있어요. <보기>에서 보물의 수를 보고, 덧셈을 하세요.

<보기>
81개 84개
72개 1개
3개 6개

81 + 1 = 82	3 + 81 = 84
1 + 84 = 85	72 + 6 = 78
84 + 3 = 87	1 + 72 = 73
72 + 3 = 75	81 + 6 = 87

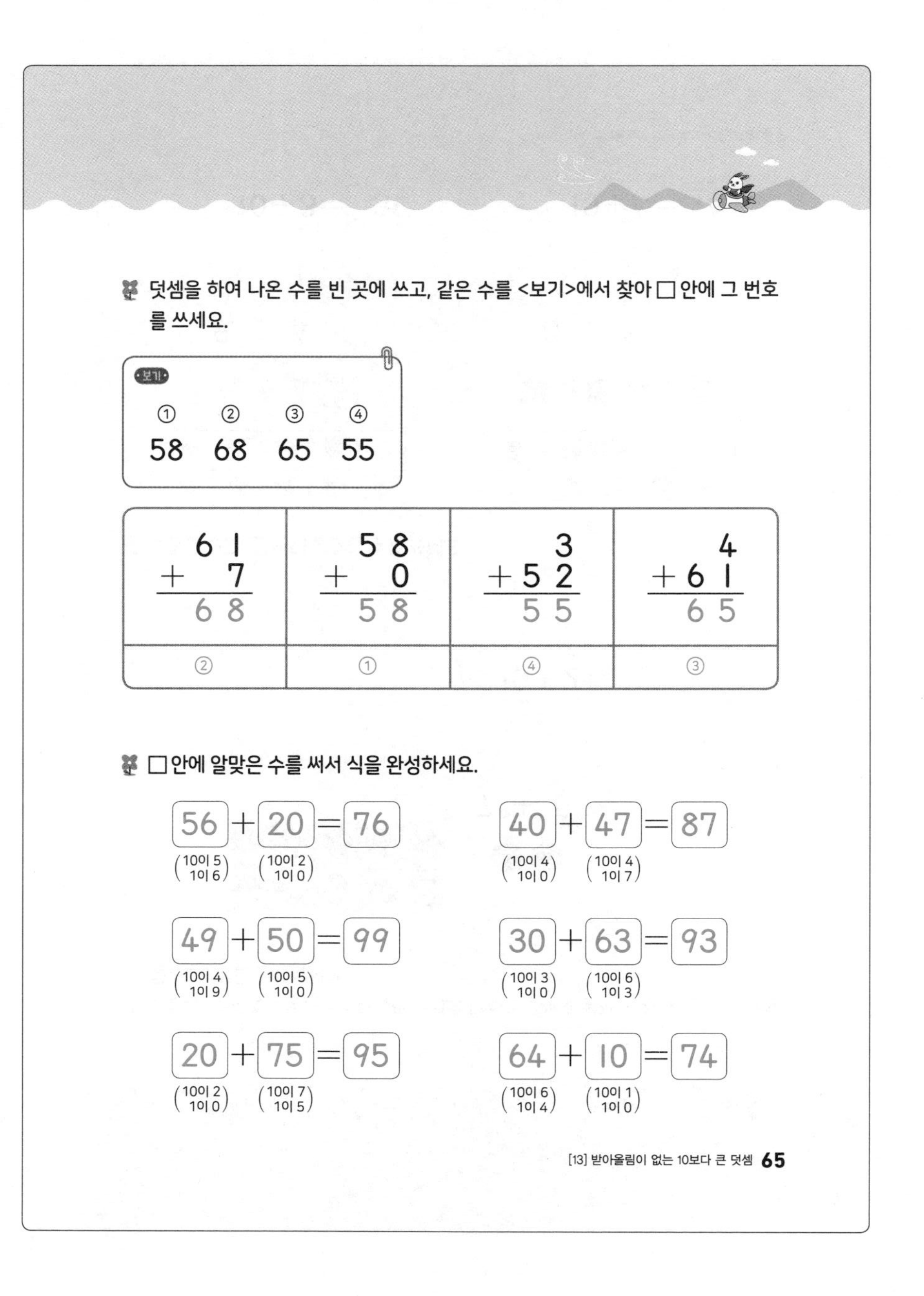

덧셈을 하여 나온 수를 빈 곳에 쓰고, 같은 수를 <보기>에서 찾아 □ 안에 그 번호를 쓰세요.

<보기>
① 58 ② 68 ③ 65 ④ 55

61 + 7 = 68	58 + 0 = 58	3 + 52 = 55	4 + 61 = 65
②	①	④	③

□ 안에 알맞은 수를 써서 식을 완성하세요.

56 + 20 = 76 (10이 5, 1이 6) (10이 2, 1이 0)

40 + 47 = 87 (10이 4, 1이 0) (10이 4, 1이 7)

49 + 50 = 99 (10이 4, 1이 9) (10이 5, 1이 0)

30 + 63 = 93 (10이 3, 1이 0) (10이 6, 1이 3)

20 + 75 = 95 (10이 2, 1이 0) (10이 7, 1이 5)

64 + 10 = 74 (10이 6, 1이 4) (10이 1, 1이 0)

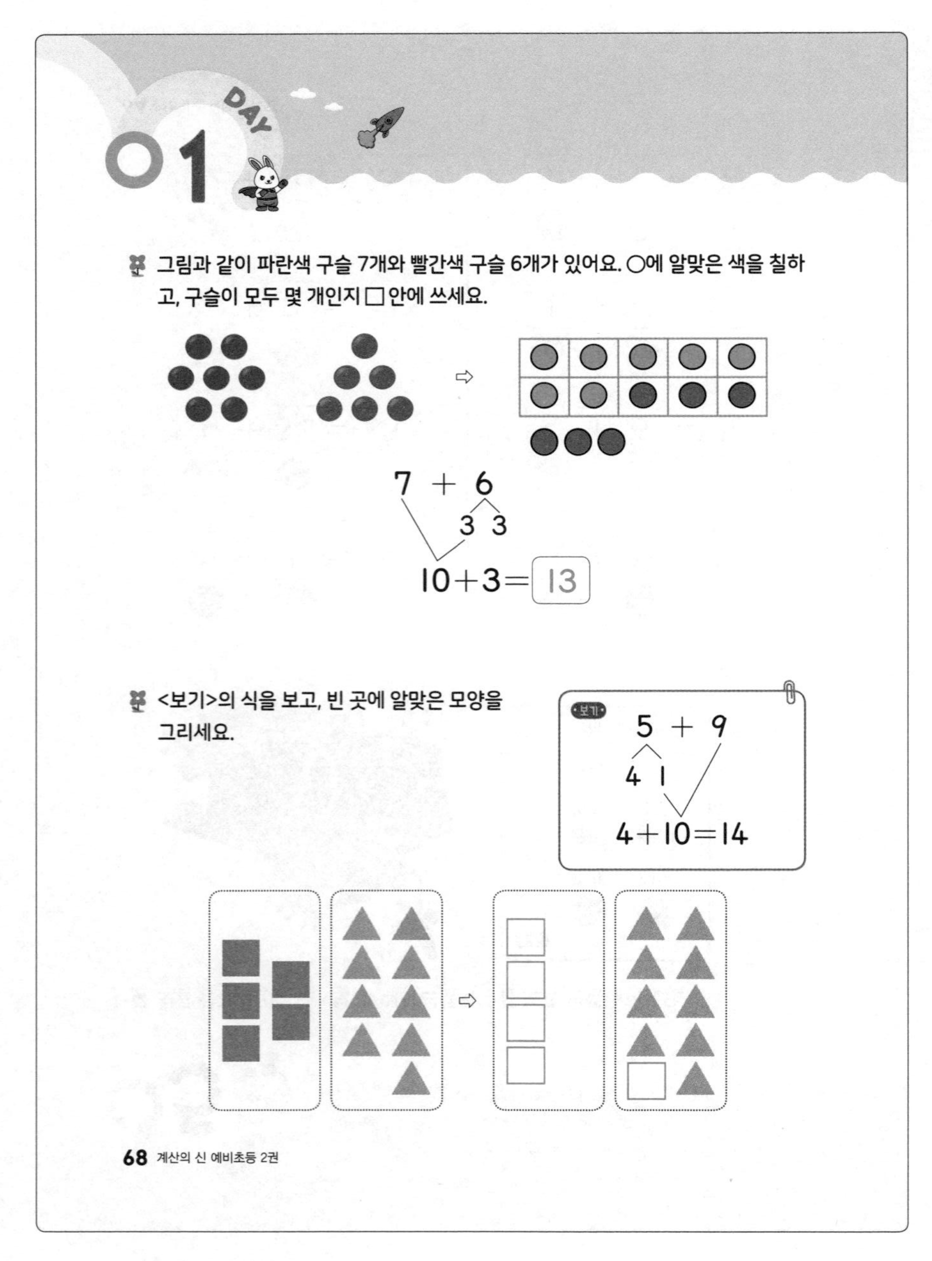

DAY 01
그림과 같이 파란색 구슬 7개와 빨간색 구슬 6개가 있어요. ○에 알맞은 색을 칠하고, 구슬이 모두 몇 개인지 □ 안에 쓰세요.
7 + 6
3 3
10+3= 13
<보기>의 식을 보고, 빈 곳에 알맞은 모양을 그리세요.
보기
5 + 9
4 1
4+10=14

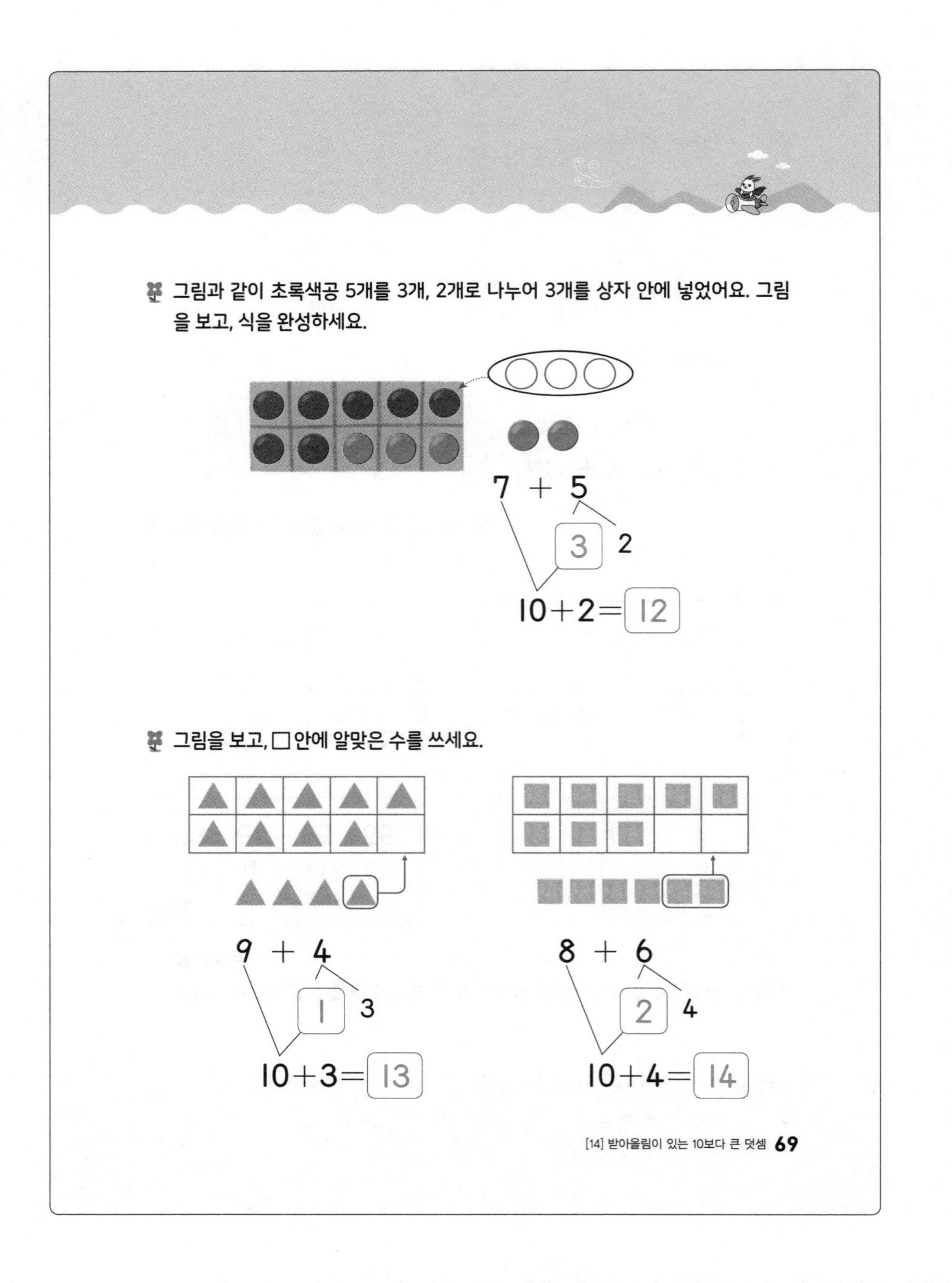

그림과 같이 초록색공 5개를 3개, 2개로 나누어 3개를 상자 안에 넣었어요. 그림을 보고, 식을 완성하세요.
7 + 5
3 2
10+2= 12
그림을 보고, □ 안에 알맞은 수를 쓰세요.
9 + 4
1 3
10+3= 13
8 + 6
2 4
10+4= 14

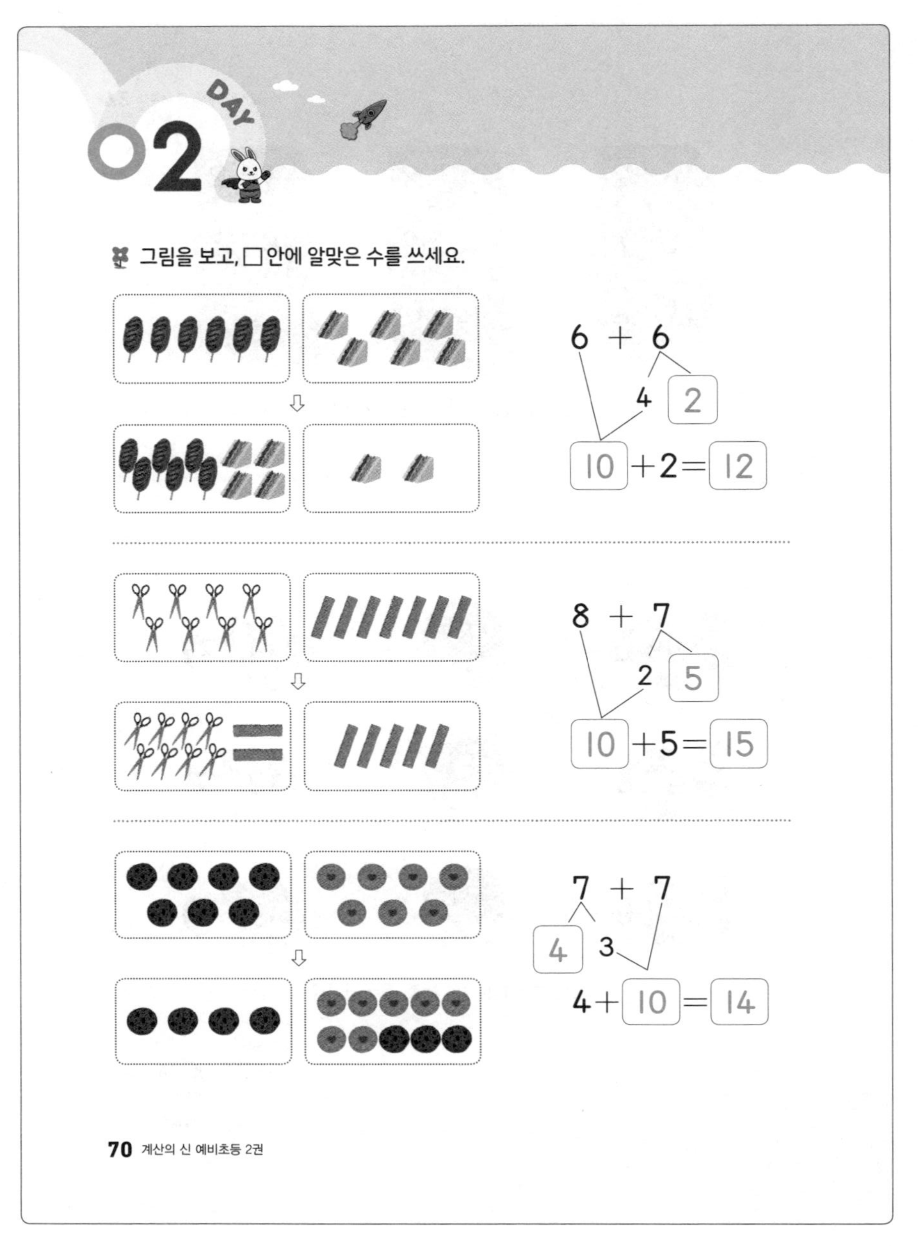
DAY 02

그림을 보고, □ 안에 알맞은 수를 쓰세요.

6 + 6 (4, 2) → 10 + 2 = 12

8 + 7 (2, 5) → 10 + 5 = 15

7 + 7 (4, 3) → 4 + 10 = 14

70 계산의 신 예비초등 2권

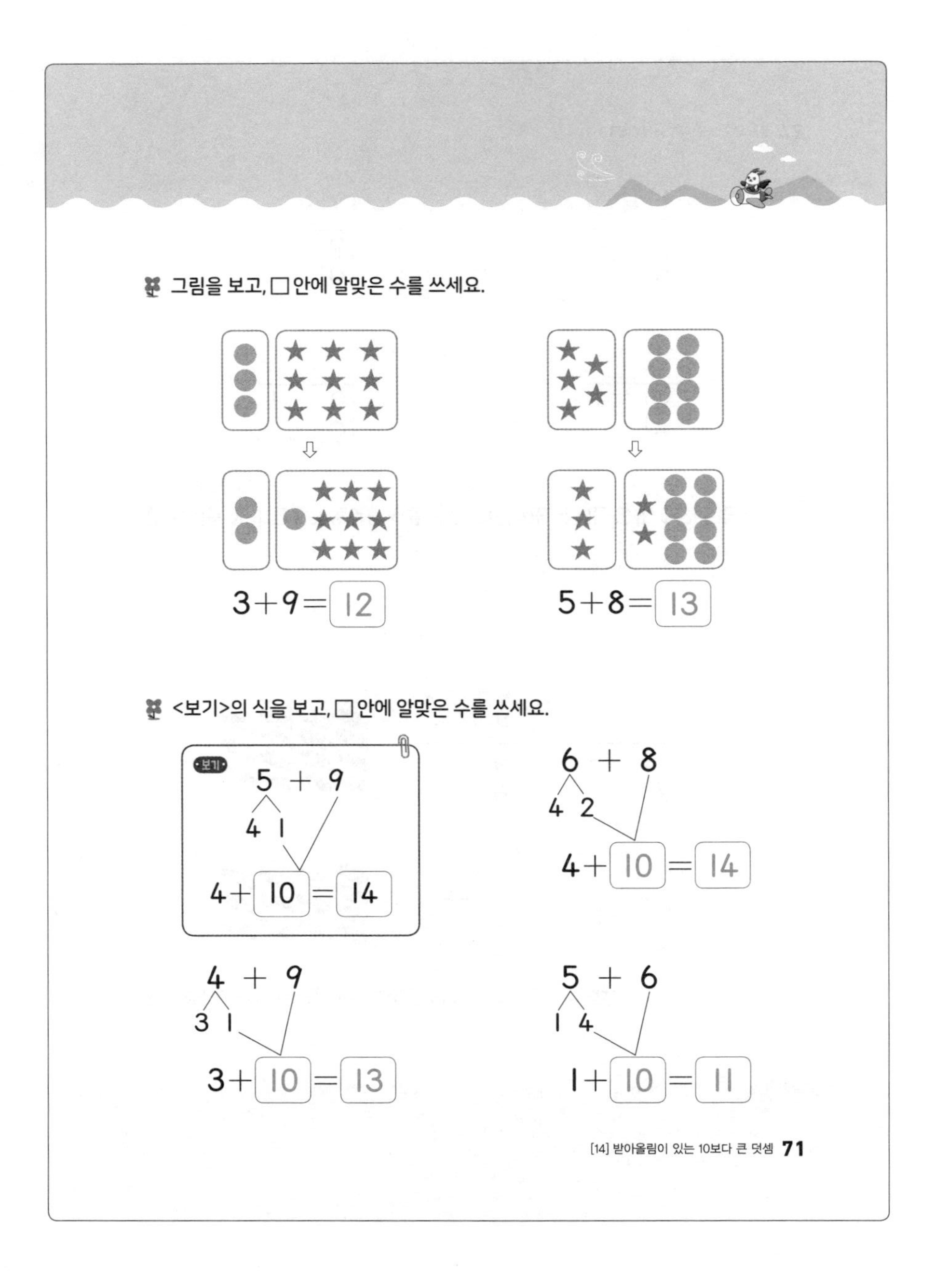
그림을 보고, □ 안에 알맞은 수를 쓰세요.

3 + 9 = 12

5 + 8 = 13

<보기>의 식을 보고, □ 안에 알맞은 수를 쓰세요.

보기: 5 + 9 (4, 1) → 4 + 10 = 14

6 + 8 (4, 2) → 4 + 10 = 14

4 + 9 (3, 1) → 3 + 10 = 13

5 + 6 (1, 4) → 1 + 10 = 11

[14] 받아올림이 있는 10보다 큰 덧셈 71

DAY 03

덧셈을 하여 나온 수와 같은 수를 찾아 줄(—)로 이으세요.

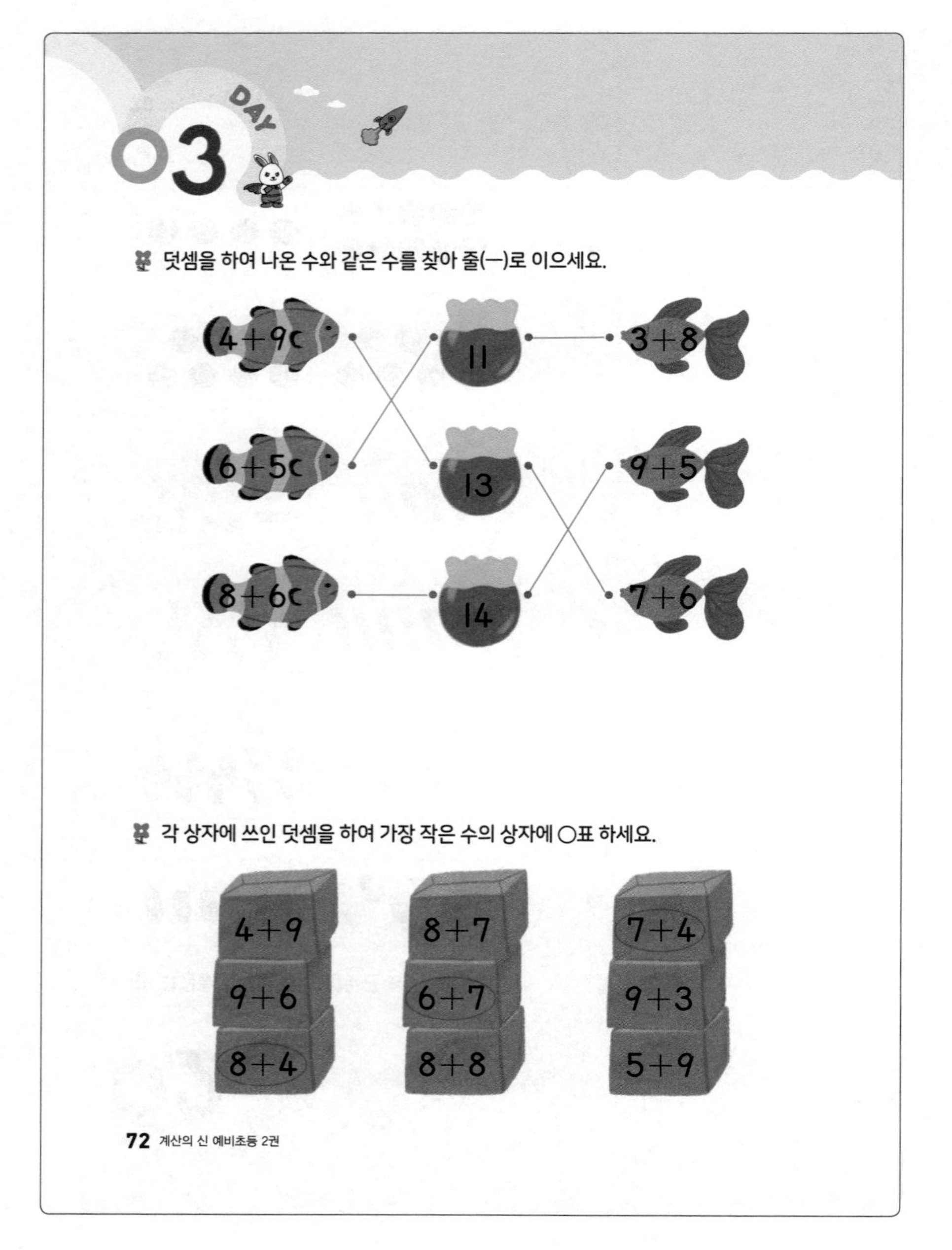

각 상자에 쓰인 덧셈을 하여 가장 작은 수의 상자에 ○표 하세요.

그림에서 빵의 수를 세어 보고, □ 안에 알맞은 수를 쓰세요.

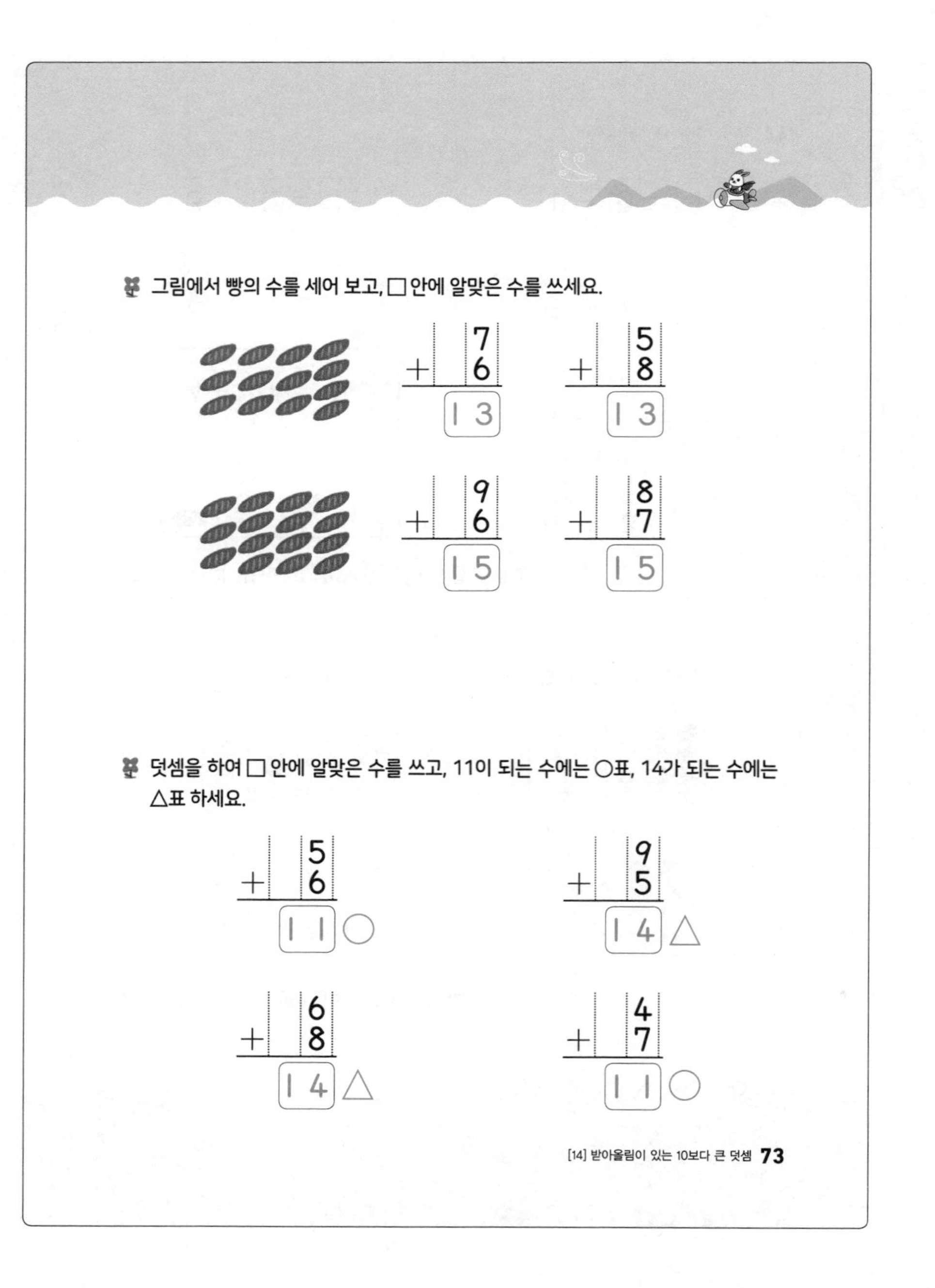

덧셈을 하여 □ 안에 알맞은 수를 쓰고, 11이 되는 수에는 ○표, 14가 되는 수에는 △표 하세요.

$5 + 6 = 11$ ○

$9 + 5 = 14$ △

$6 + 8 = 14$ △

$4 + 7 = 11$ ○

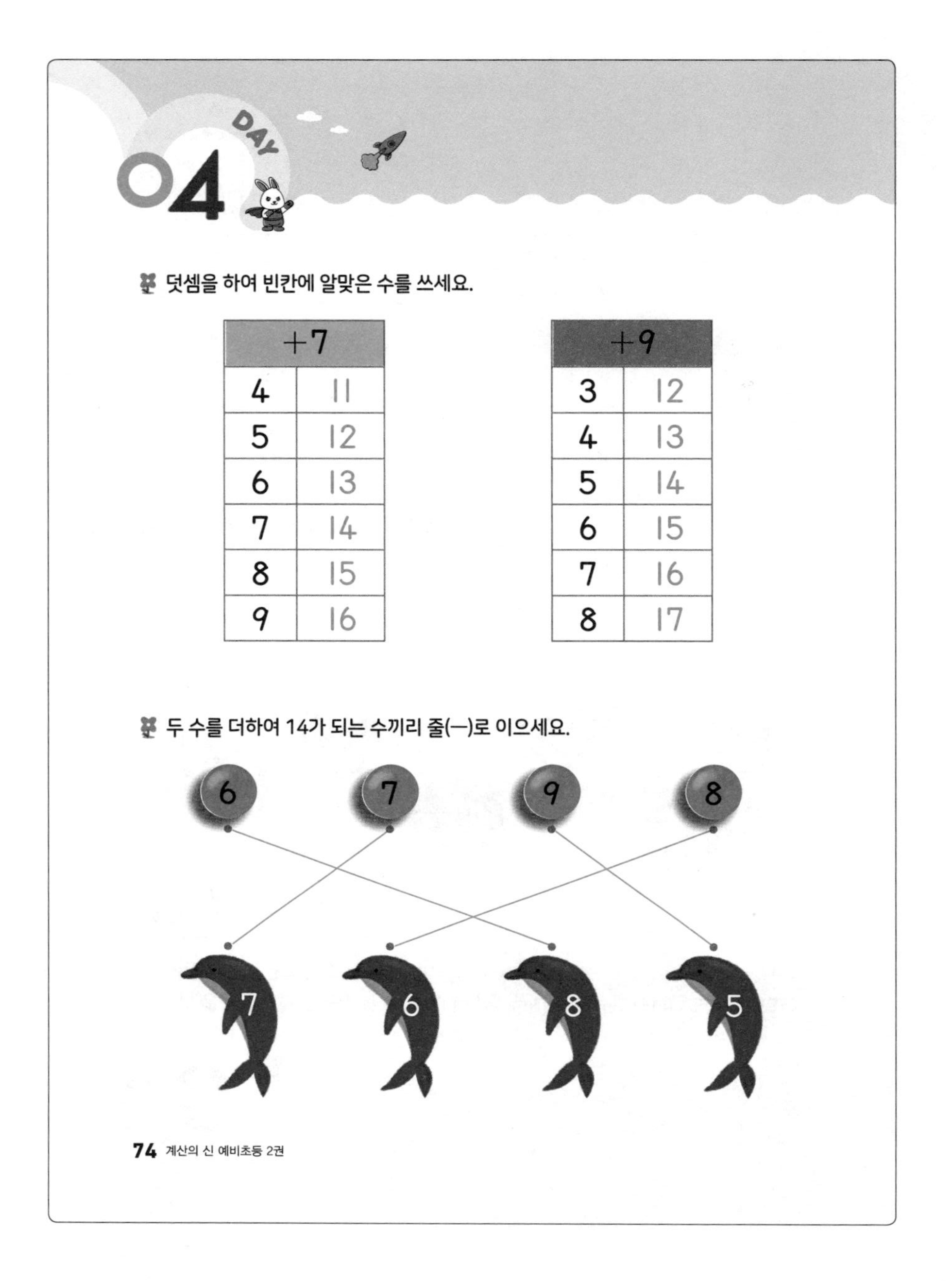

DAY 04

덧셈을 하여 빈칸에 알맞은 수를 쓰세요.

+7	
4	11
5	12
6	13
7	14
8	15
9	16

+9	
3	12
4	13
5	14
6	15
7	16
8	17

두 수를 더하여 14가 되는 수끼리 줄(—)로 이으세요.

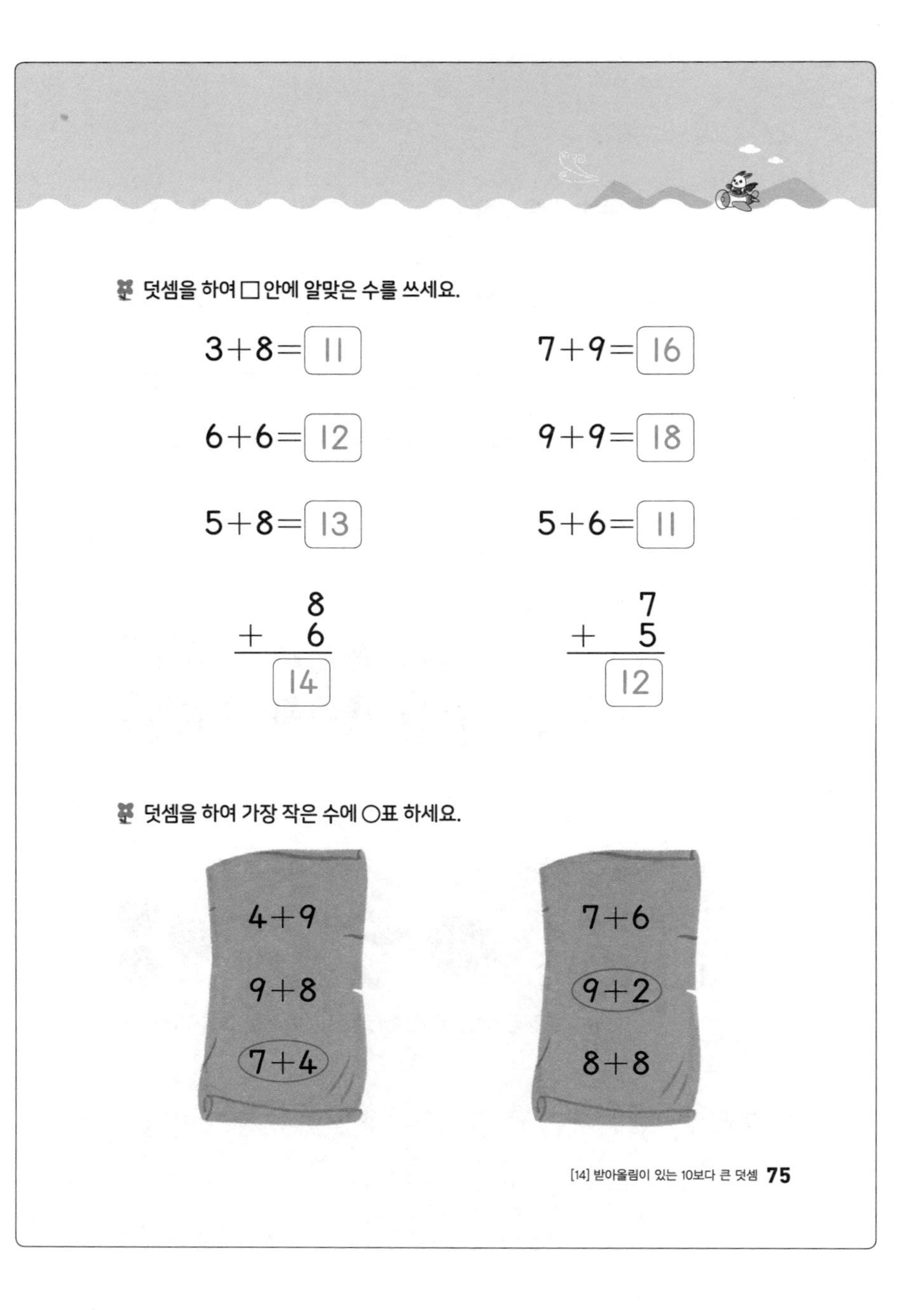

덧셈을 하여 □ 안에 알맞은 수를 쓰세요.

$3+8=11$ $7+9=16$

$6+6=12$ $9+9=18$

$5+8=13$ $5+6=11$

$8+6=14$ $7+5=12$

덧셈을 하여 가장 작은 수에 ○표 하세요.

DAY 05

비눗방울에 적힌 덧셈을 하여 13보다 작은 수에는 빨간색, 13이면 노란색, 13보다 큰 수에는 파란색을 색칠하세요.

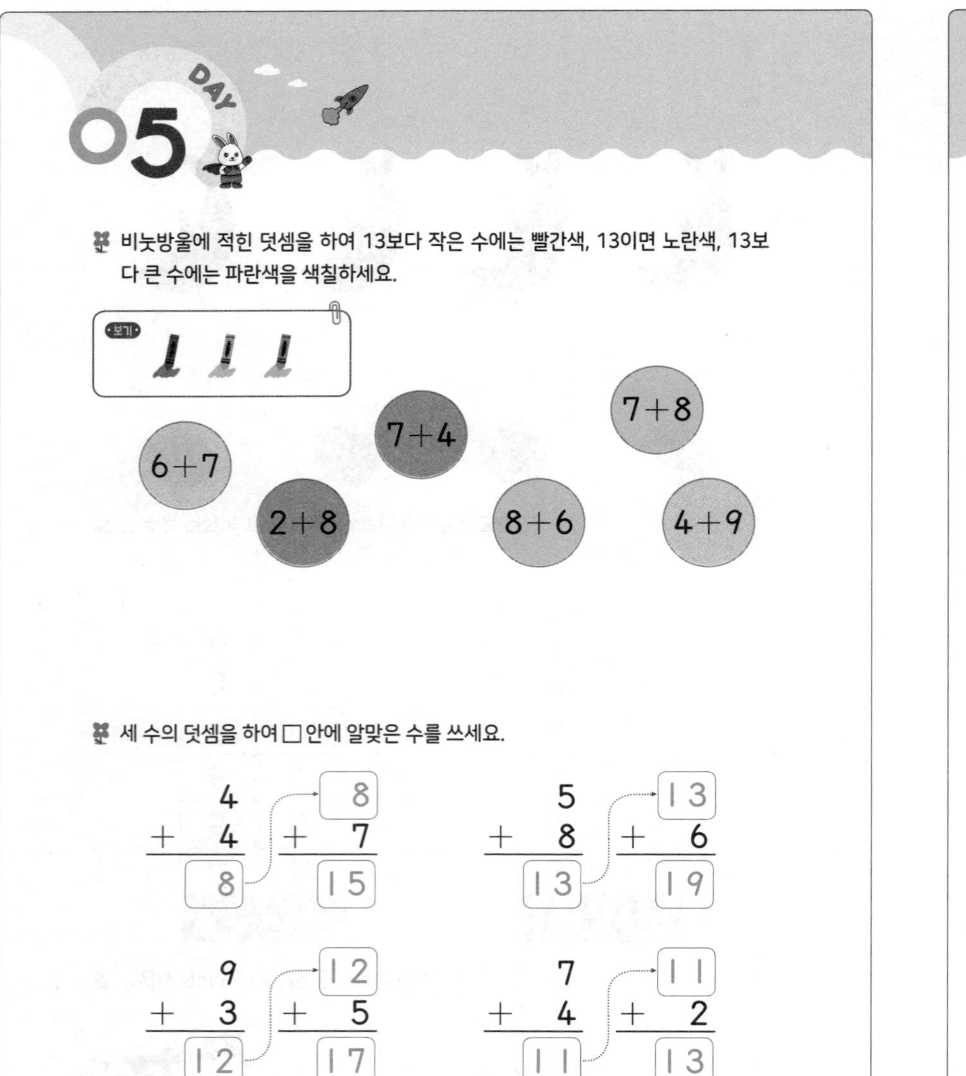

세 수의 덧셈을 하여 □ 안에 알맞은 수를 쓰세요.

$4 + 4 = \boxed{8}$, $\boxed{8} + 7 = \boxed{15}$

$5 + 8 = \boxed{13}$, $\boxed{13} + 6 = \boxed{19}$

$9 + 3 = \boxed{12}$, $\boxed{12} + 5 = \boxed{17}$

$7 + 4 = \boxed{11}$, $\boxed{11} + 2 = \boxed{13}$

그림을 보고, 세 수의 덧셈을 하여 □ 안에 알맞은 수를 쓰세요.

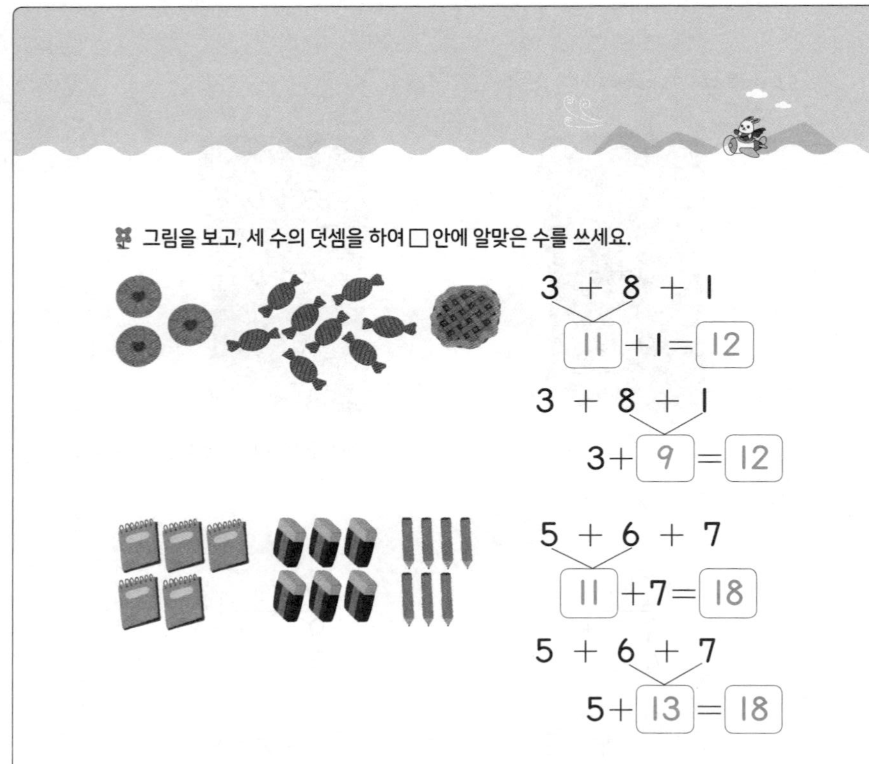

$3 + 8 + 1$

$\boxed{11} + 1 = \boxed{12}$

$3 + 8 + 1$

$3 + \boxed{9} = \boxed{12}$

$5 + 6 + 7$

$\boxed{11} + 7 = \boxed{18}$

$5 + 6 + 7$

$5 + \boxed{13} = \boxed{18}$

세 수의 덧셈을 하여 □ 안에 알맞은 수를 쓰세요.

$2+7+5=\boxed{14}$

$8+3+6=\boxed{17}$

$2+4+9=\boxed{15}$

$6+5+1=\boxed{12}$

$7+8+1=\boxed{16}$

$8+6+4=\boxed{18}$

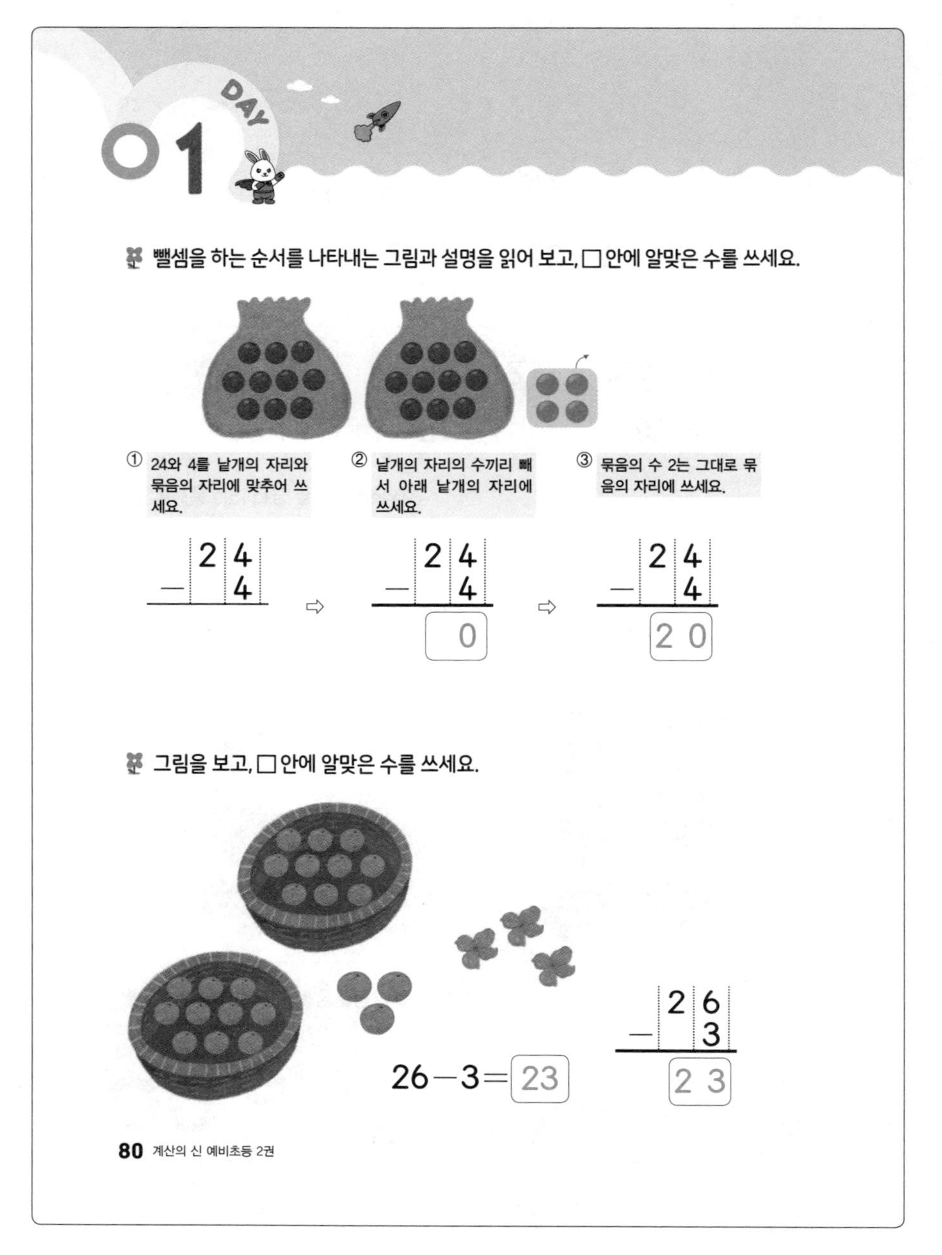

DAY 01

뺄셈을 하는 순서를 나타내는 그림과 설명을 읽어 보고, □ 안에 알맞은 수를 쓰세요.

① 24와 4를 낱개의 자리와 묶음의 자리에 맞추어 쓰세요.

$$\begin{array}{r} 24 \\ -\ \ 4 \\ \hline \end{array}$$

② 낱개의 자리의 수끼리 빼서 아래 낱개의 자리에 쓰세요.

$$\begin{array}{r} 24 \\ -\ \ 4 \\ \hline 0 \end{array}$$

③ 묶음의 수 2는 그대로 묶음의 자리에 쓰세요.

$$\begin{array}{r} 24 \\ -\ \ 4 \\ \hline 20 \end{array}$$

그림을 보고, □ 안에 알맞은 수를 쓰세요.

$26-3=$ 23

$$\begin{array}{r} 26 \\ -\ \ 3 \\ \hline 23 \end{array}$$

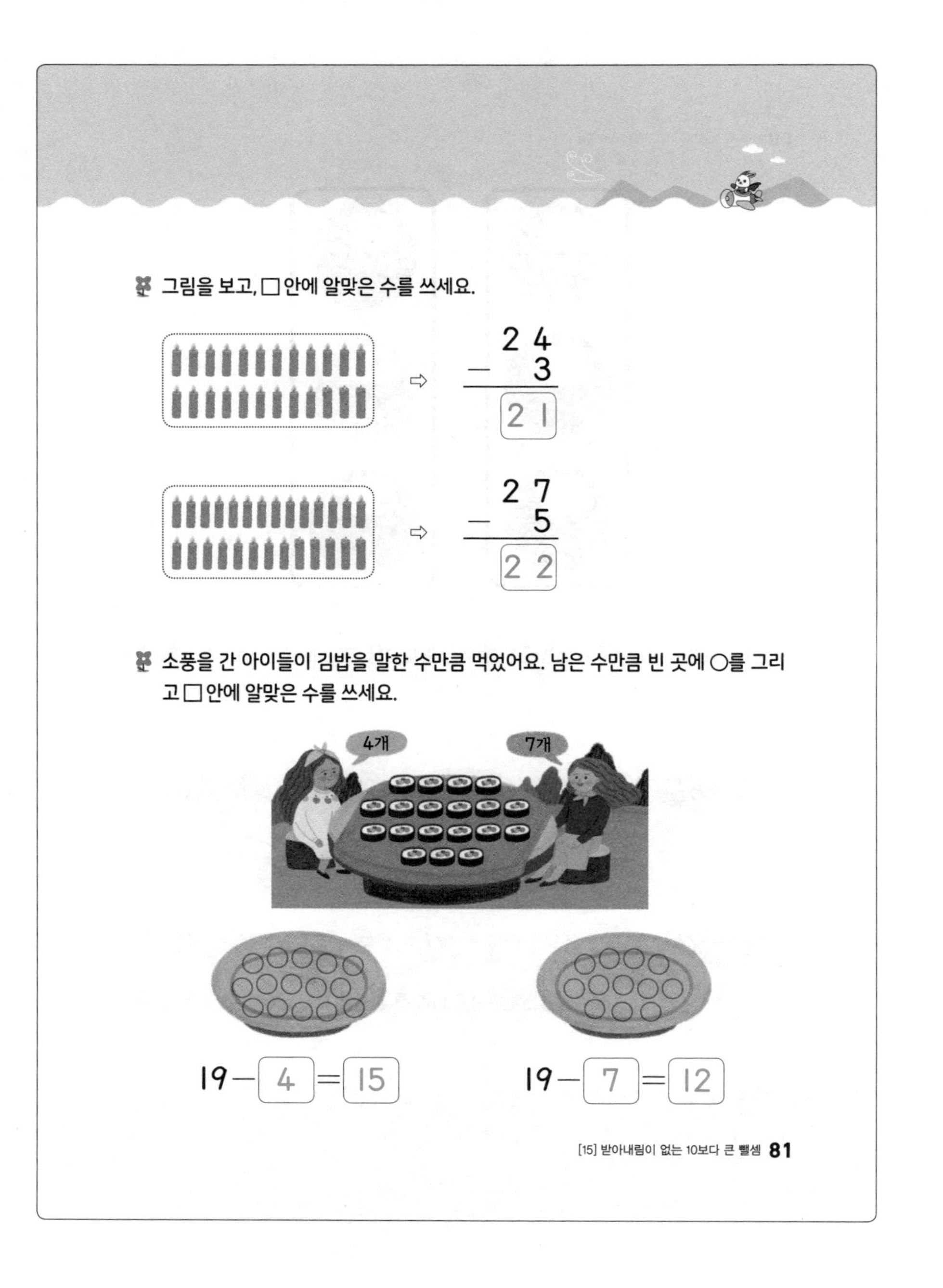

그림을 보고, □ 안에 알맞은 수를 쓰세요.

$$\begin{array}{r} 24 \\ -\ \ 3 \\ \hline 21 \end{array}$$

$$\begin{array}{r} 27 \\ -\ \ 5 \\ \hline 22 \end{array}$$

소풍을 간 아이들이 김밥을 말한 수만큼 먹었어요. 남은 수만큼 빈 곳에 ○를 그리고 □ 안에 알맞은 수를 쓰세요.

$19-$ 4 $=$ 15

$19-$ 7 $=$ 12

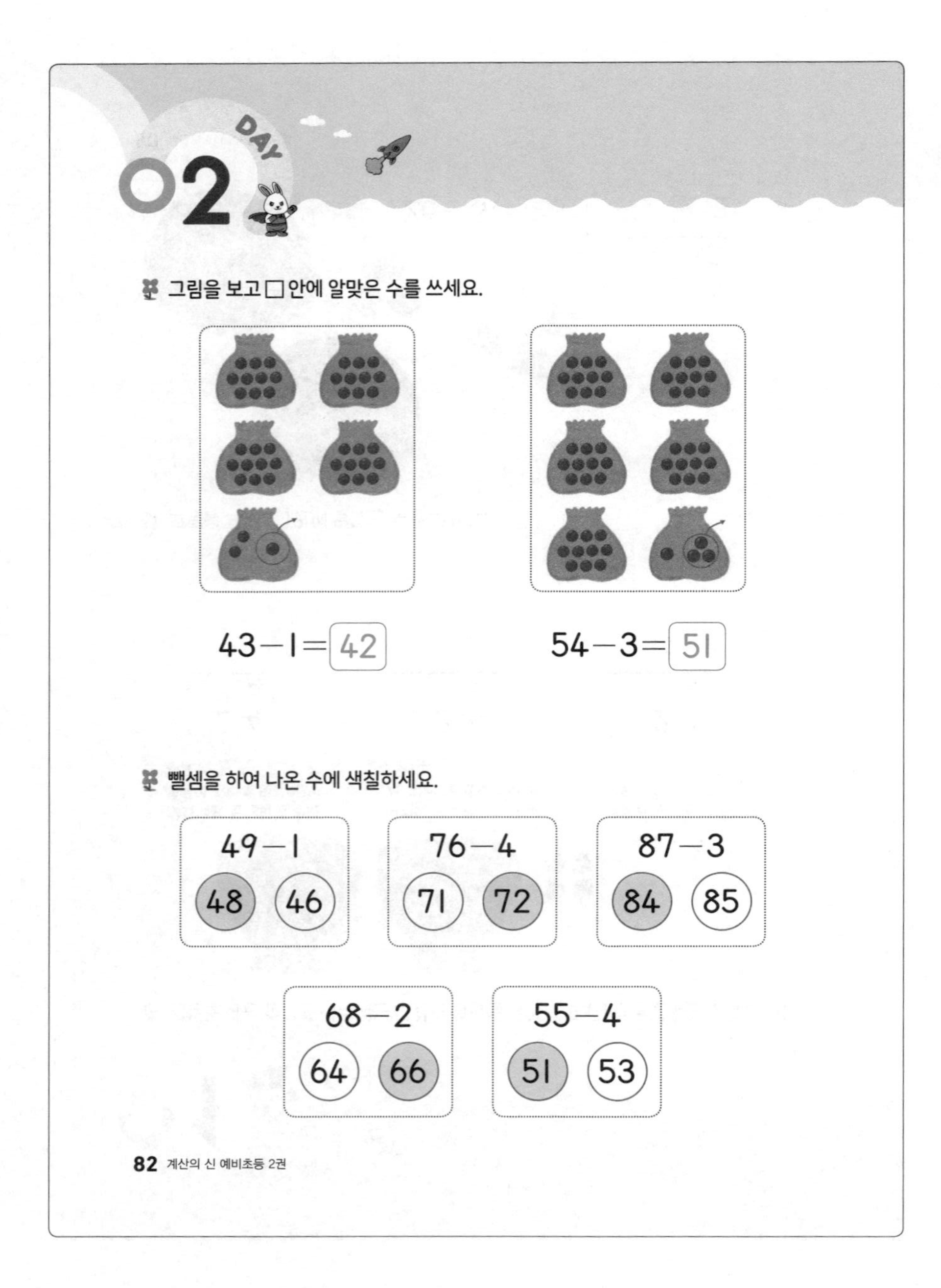

DAY 02

그림을 보고 □ 안에 알맞은 수를 쓰세요.

43 − 1 = 42

54 − 3 = 51

뺄셈을 하여 나온 수에 색칠하세요.

49 − 1: 48, 46

76 − 4: 71, 72

87 − 3: 84, 85

68 − 2: 64, 66

55 − 4: 51, 53

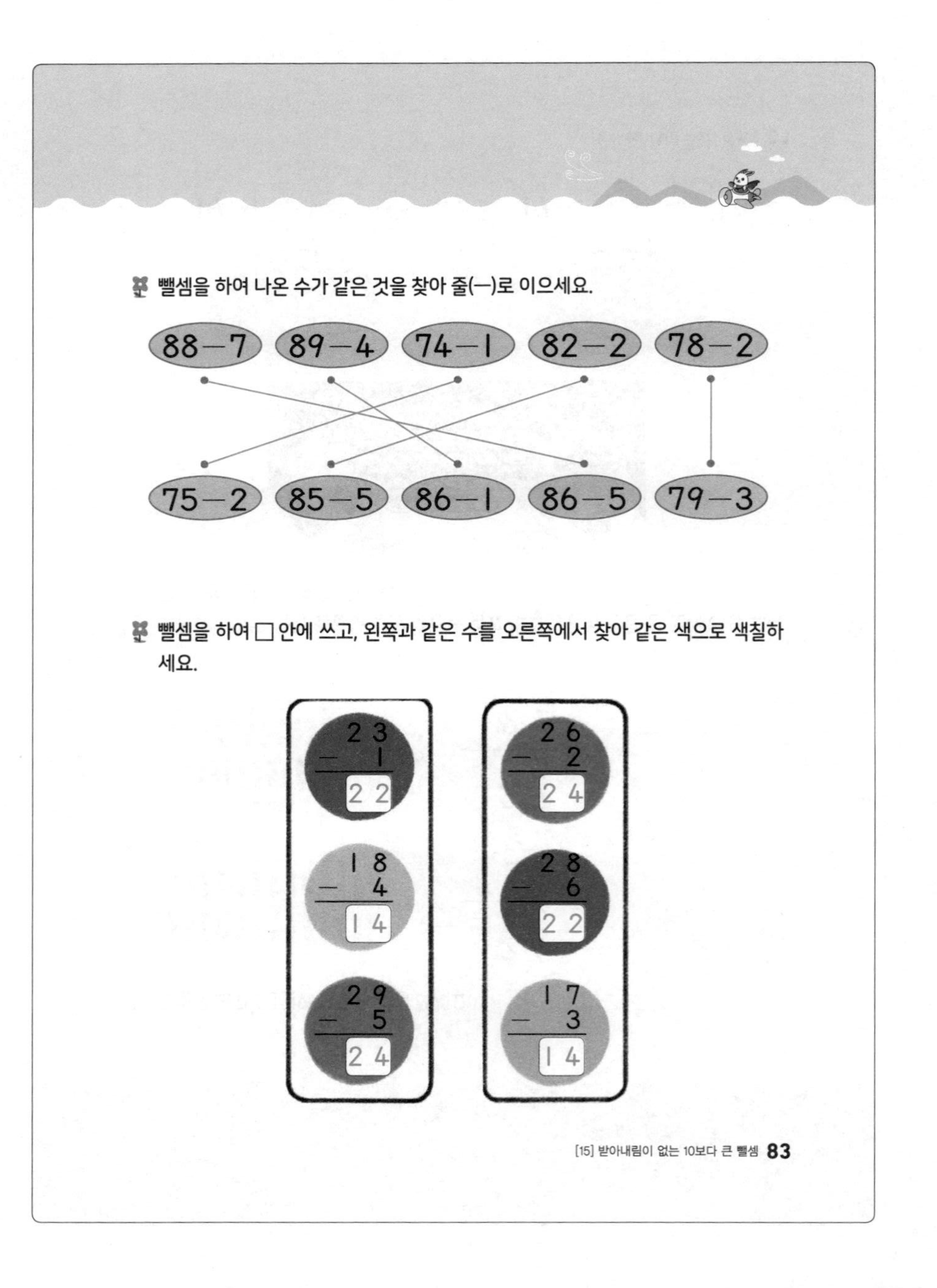

뺄셈을 하여 나온 수가 같은 것을 찾아 줄(—)로 이으세요.

88 − 7, 89 − 4, 74 − 1, 82 − 2, 78 − 2

75 − 2, 85 − 5, 86 − 1, 86 − 5, 79 − 3

뺄셈을 하여 □ 안에 쓰고, 왼쪽과 같은 수를 오른쪽에서 찾아 같은 색으로 색칠하세요.

23 − 1 = 22

18 − 4 = 14

29 − 5 = 24

26 − 2 = 24

28 − 6 = 22

17 − 3 = 14

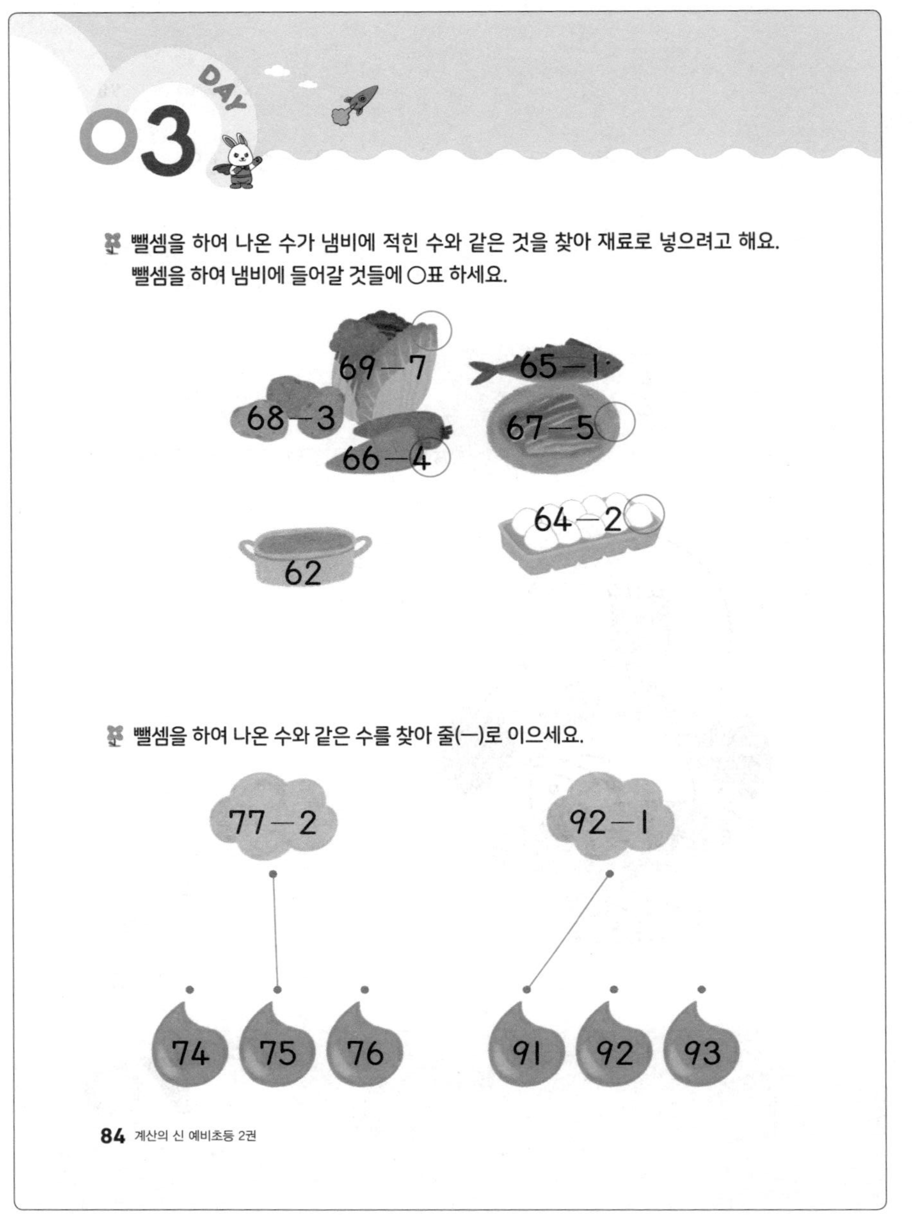
DAY
03
뺄셈을 하여 나온 수가 냄비에 적힌 수와 같은 것을 찾아 재료로 넣으려고 해요.
뺄셈을 하여 냄비에 들어갈 것들에 ○표 하세요.
69−7
65−1
68−3
67−5
66−4
64−2
62
뺄셈을 하여 나온 수와 같은 수를 찾아 줄(—)로 이으세요.
77−2
92−1
74
75
76
91
92
93
84 계산의 신 예비초등 2권

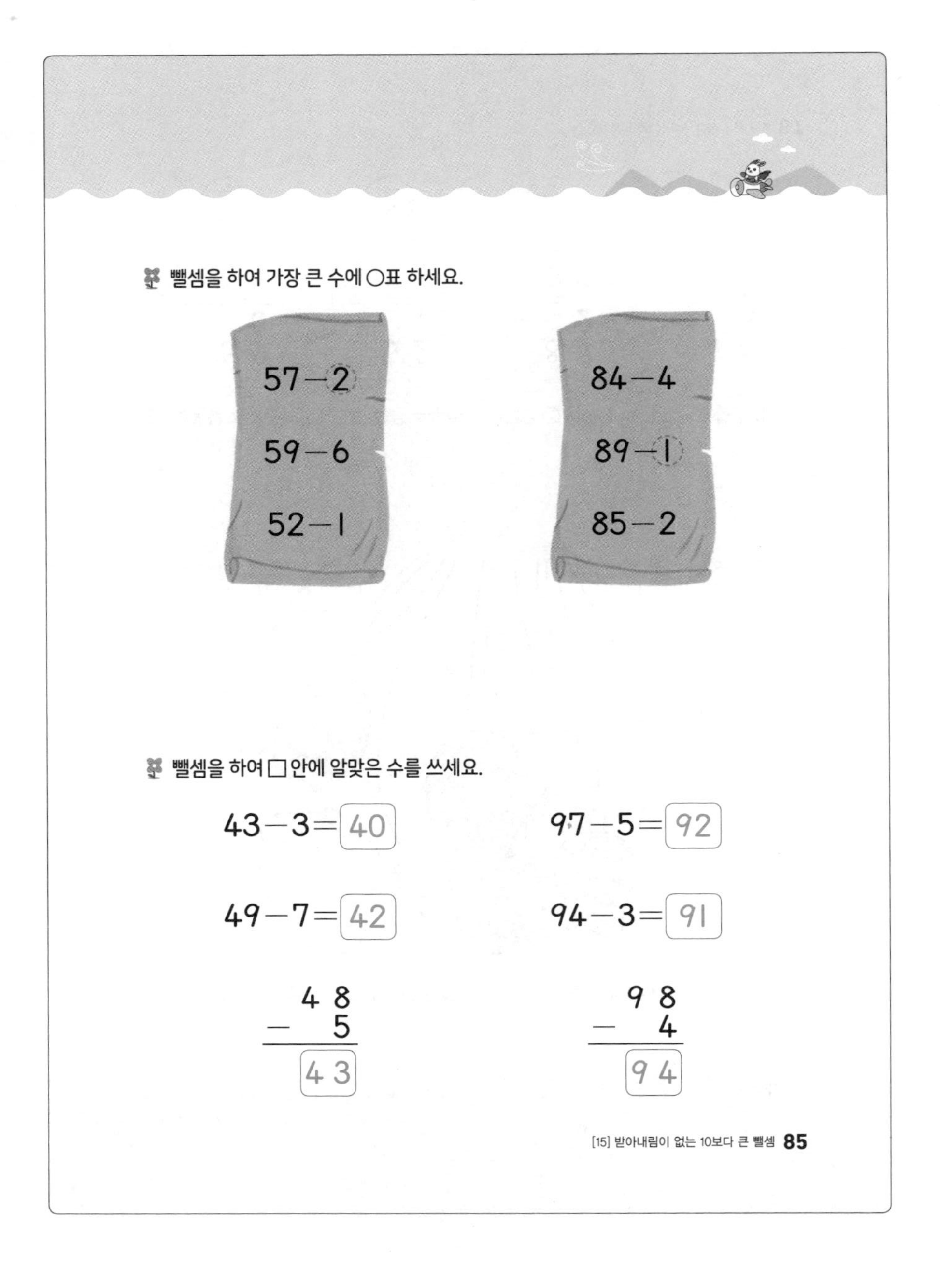
뺄셈을 하여 가장 큰 수에 ○표 하세요.
57−2
59−6
52−1
84−4
89−1
85−2
뺄셈을 하여 □안에 알맞은 수를 쓰세요.
43−3=40
97−5=92
49−7=42
94−3=91
48
− 5
43
98
− 4
94
[15] 받아내림이 없는 10보다 큰 뺄셈 85

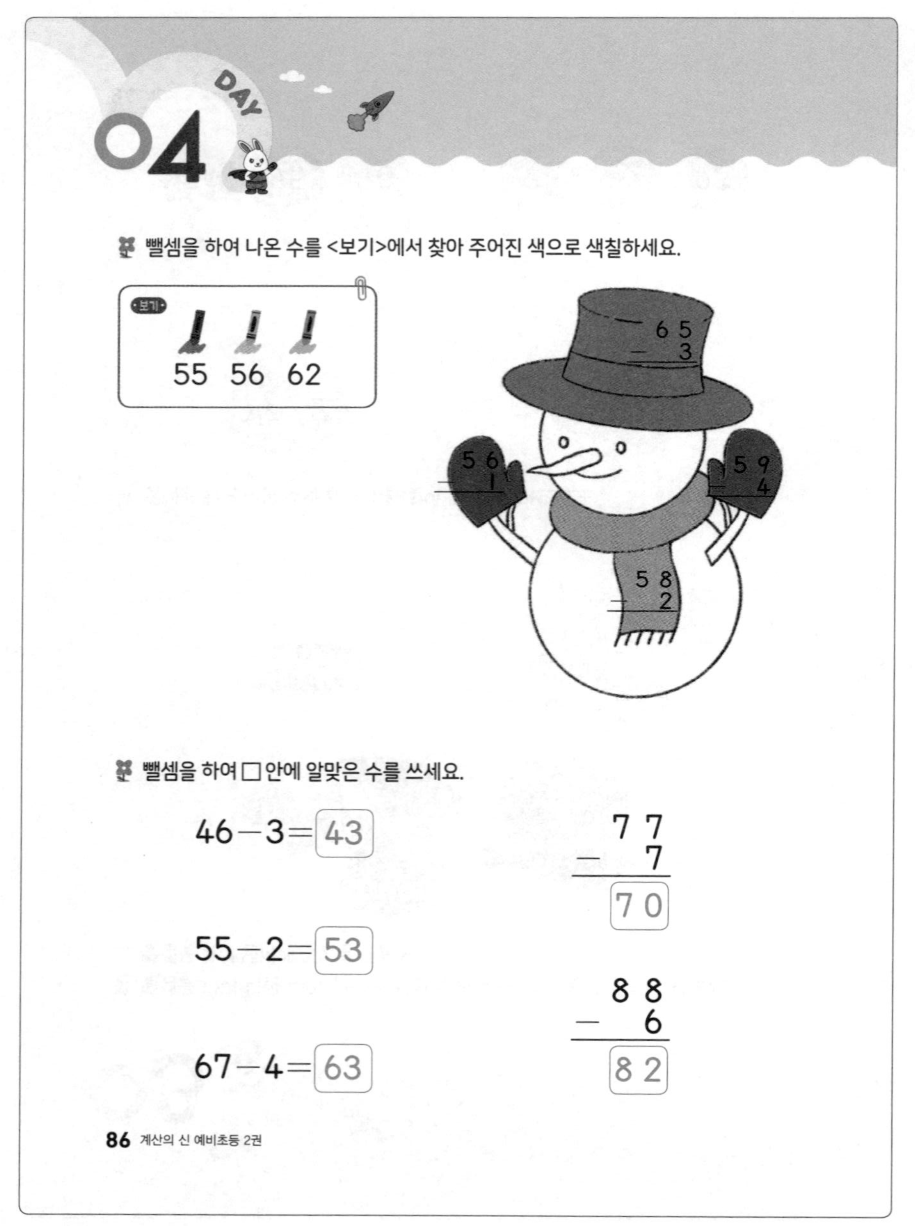

DAY 04

빨셈을 하여 나온 수를 <보기>에서 찾아 주어진 색으로 색칠하세요.

보기
55 56 62
65 − 3
56 − 1
59 − 4
58 − 2

빨셈을 하여 □ 안에 알맞은 수를 쓰세요.

46 − 3 = 43

55 − 2 = 53

67 − 4 = 63

77 − 7 = 70

88 − 6 = 82

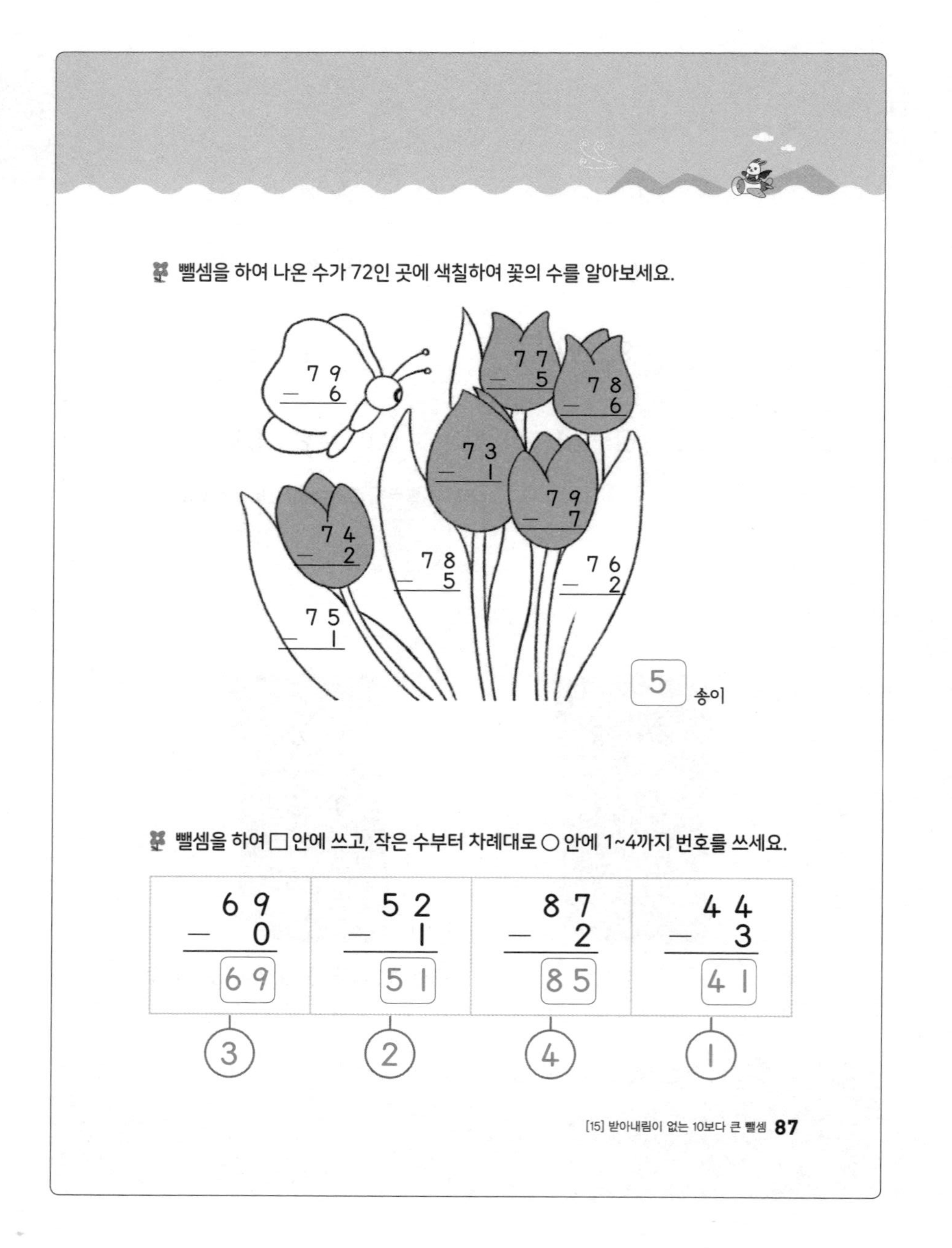

빨셈을 하여 나온 수가 72인 곳에 색칠하여 꽃의 수를 알아보세요.

79 − 6
77 − 5
78 − 6
73 − 1
79 − 7
74 − 2
78 − 5
76 − 2
75 − 1
5 송이

빨셈을 하여 □ 안에 쓰고, 작은 수부터 차례대로 ○ 안에 1~4까지 번호를 쓰세요.

69 − 0 = 69	52 − 1 = 51	87 − 2 = 85	44 − 3 = 41
3	2	4	1

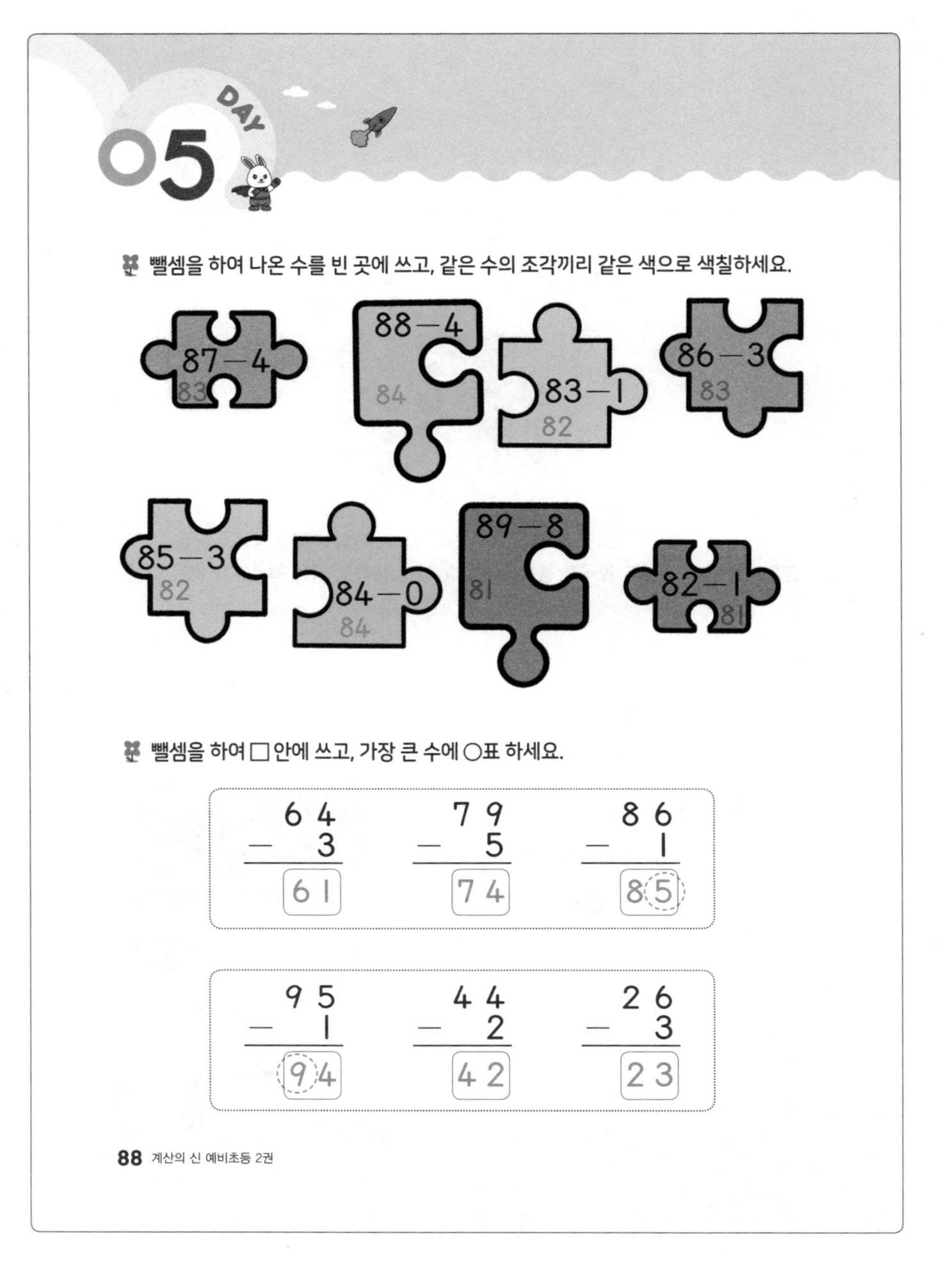

DAY 05

뺄셈을 하여 나온 수를 빈 곳에 쓰고, 같은 수의 조각끼리 같은 색으로 색칠하세요.

87−4 83
88−4 84
83−1 82
86−3 83
85−3 82
84−0 84
89−8 81
82−1 81

뺄셈을 하여 □ 안에 쓰고, 가장 큰 수에 ○표 하세요.

$64-3=61$, $79-5=74$, $86-1=85$ (○)

$95-1=94$ (○), $44-2=42$, $26-3=23$

88 계산의 신 예비초등 2권

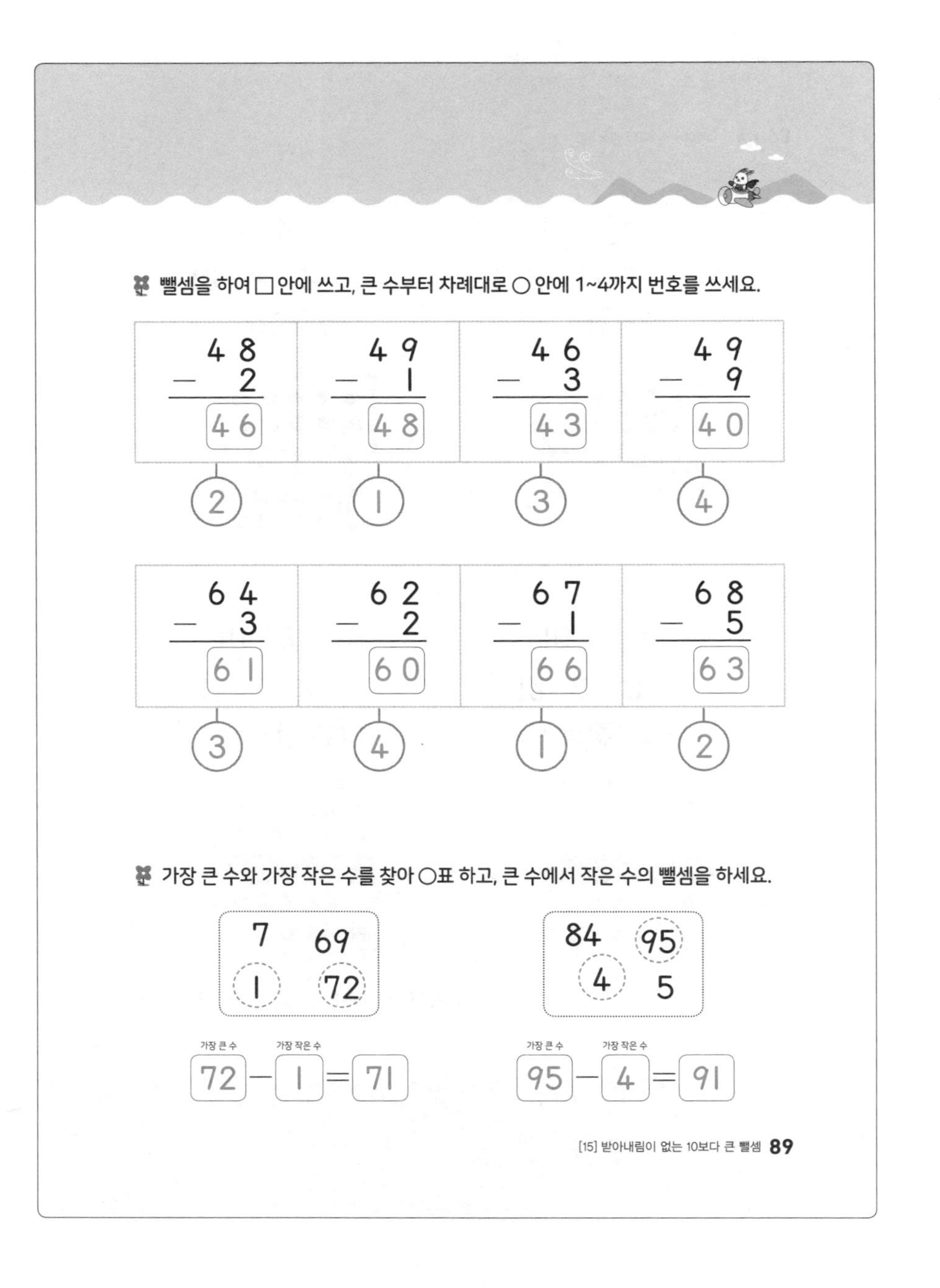

뺄셈을 하여 □ 안에 쓰고, 큰 수부터 차례대로 ○ 안에 1~4까지 번호를 쓰세요.

$48-2=46$ ②, $49-1=48$ ①, $46-3=43$ ③, $49-9=40$ ④

$64-3=61$ ③, $62-2=60$ ④, $67-1=66$ ①, $68-5=63$ ②

가장 큰 수와 가장 작은 수를 찾아 ○표 하고, 큰 수에서 작은 수의 뺄셈을 하세요.

7, 69, 1, 72 → 가장 큰 수 72 − 가장 작은 수 1 = 71

84, 95, 4, 5 → 가장 큰 수 95 − 가장 작은 수 4 = 91

[15] 받아내림이 없는 10보다 큰 뺄셈 89

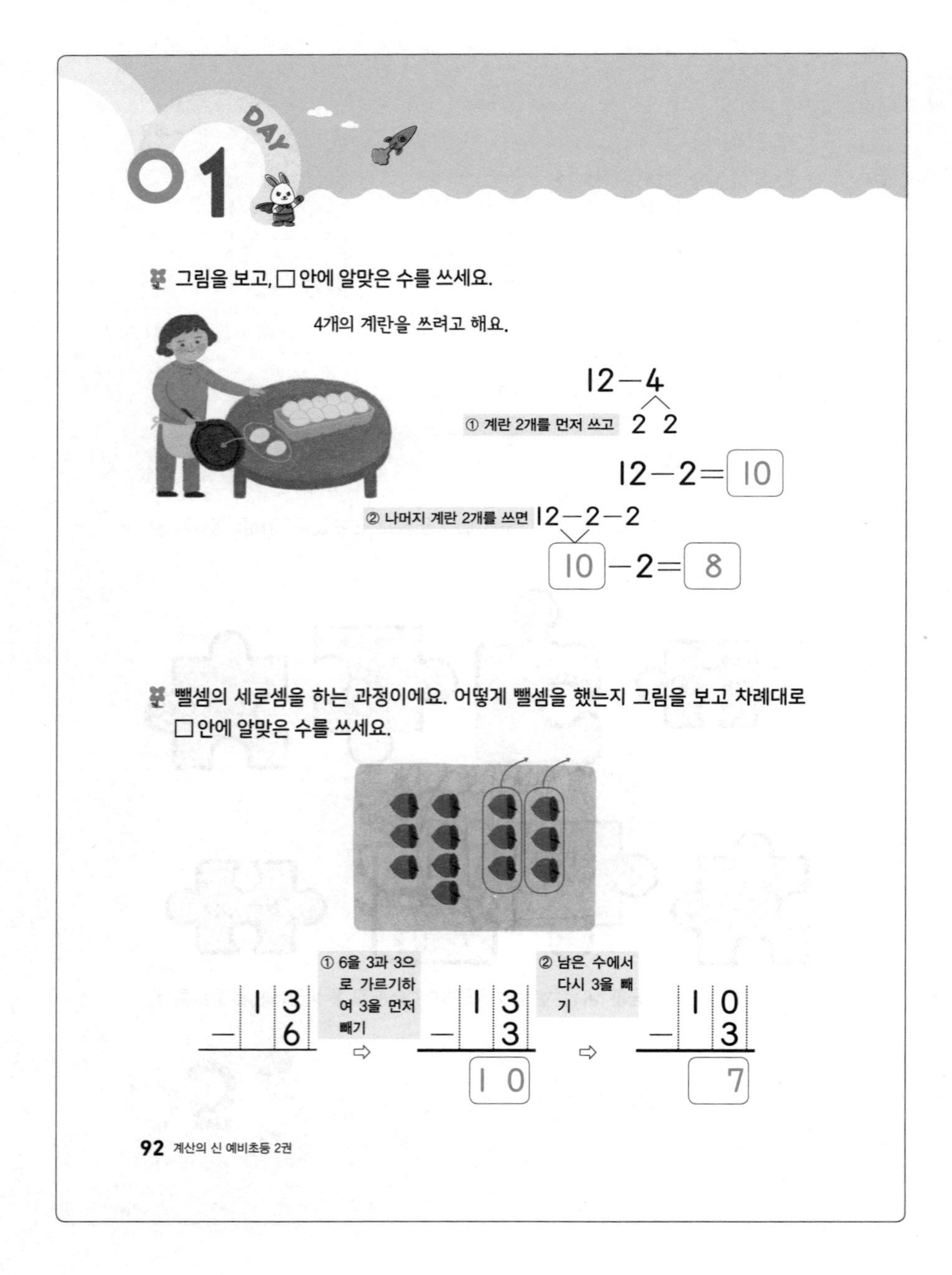

DAY 01

그림을 보고, □안에 알맞은 수를 쓰세요.

4개의 계란을 쓰려고 해요.

$12-4$ → 2, 2

① 계란 2개를 먼저 쓰고 $12-2=$ 10

② 나머지 계란 2개를 쓰면 $12-2-2$ → 10 $-2=$ 8

빨셈의 세로셈을 하는 과정이에요. 어떻게 뺄셈을 했는지 그림을 보고 차례대로 □안에 알맞은 수를 쓰세요.

$13-6$ ⇨ ① 6을 3과 3으로 가르기하여 3을 먼저 빼기 ⇨ $13-3=$ 10 ⇨ ② 남은 수에서 다시 3을 빼기 ⇨ $10-3=$ 7

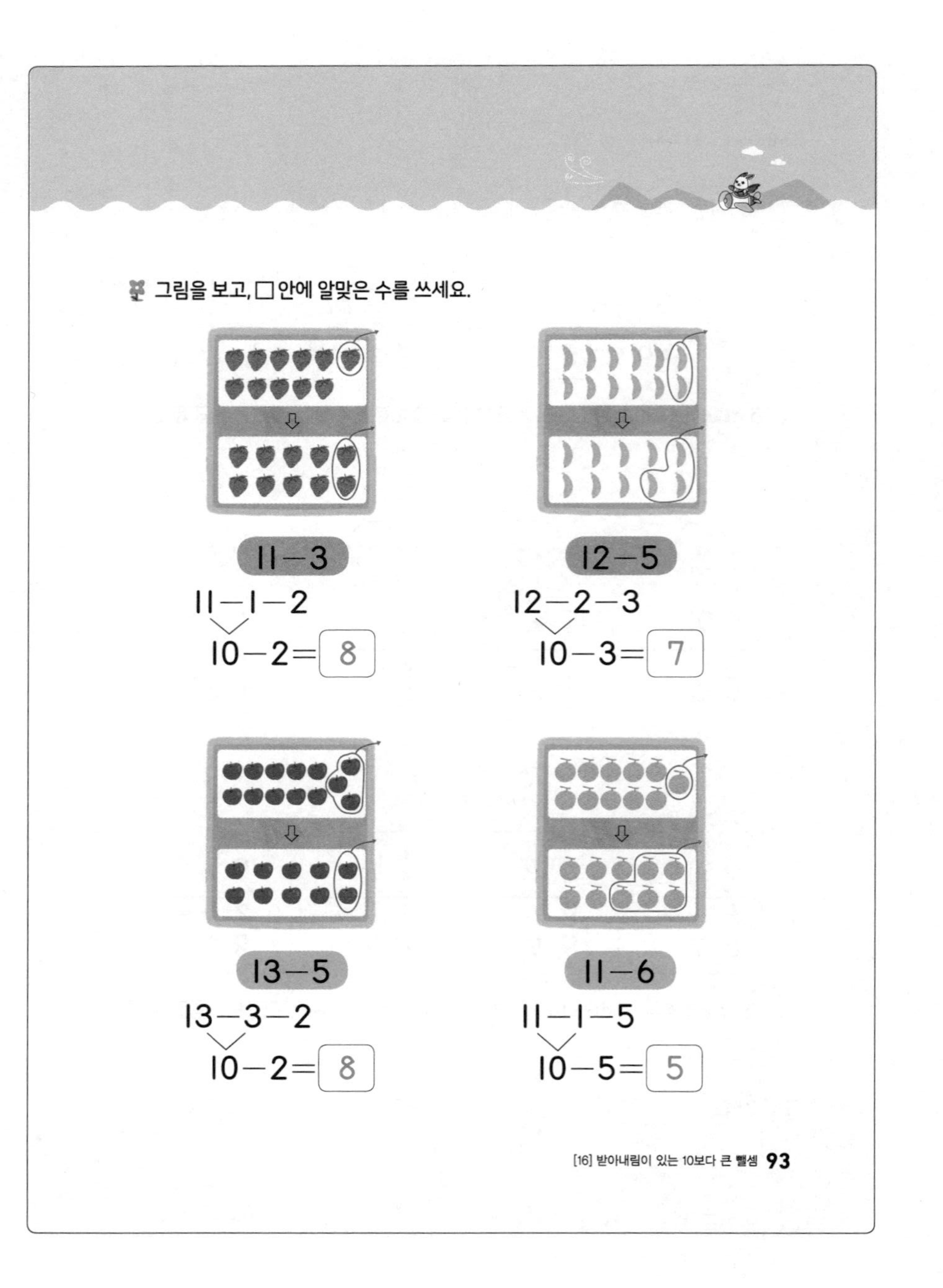

그림을 보고, □안에 알맞은 수를 쓰세요.

$11-3$

$11-1-2$ → $10-2=$ 8

$12-5$

$12-2-3$ → $10-3=$ 7

$13-5$

$13-3-2$ → $10-2=$ 8

$11-6$

$11-1-5$ → $10-5=$ 5

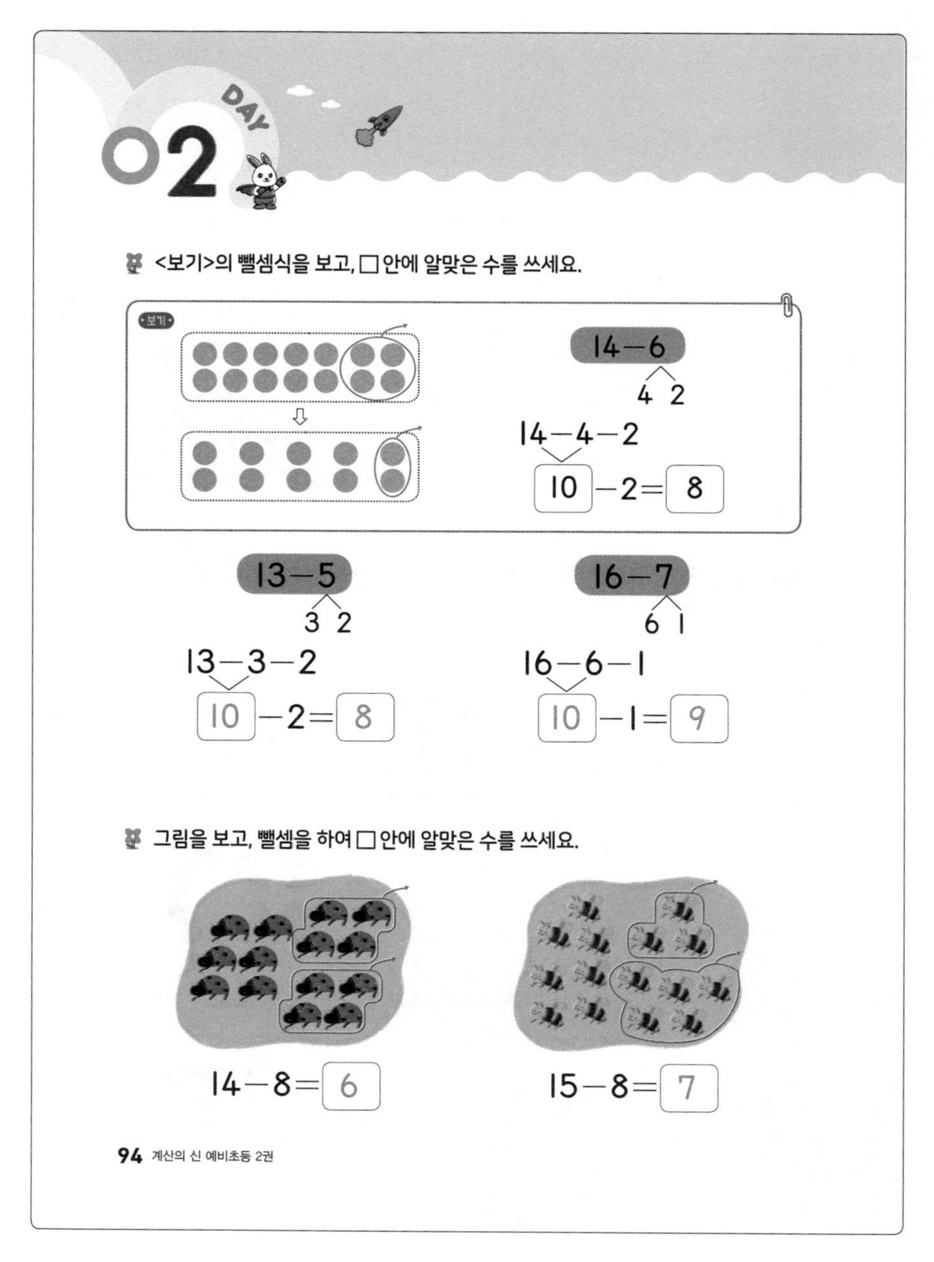
DAY 02

<보기>의 뺄셈식을 보고, □ 안에 알맞은 수를 쓰세요.

보기

14−6 (4, 2)

14−4−2

10−2=8

13−5 (3, 2)

13−3−2

10−2=8

16−7 (6, 1)

16−6−1

10−1=9

그림을 보고, 뺄셈을 하여 □ 안에 알맞은 수를 쓰세요.

14−8=6

15−8=7

94 계산의 신 예비초등 2권

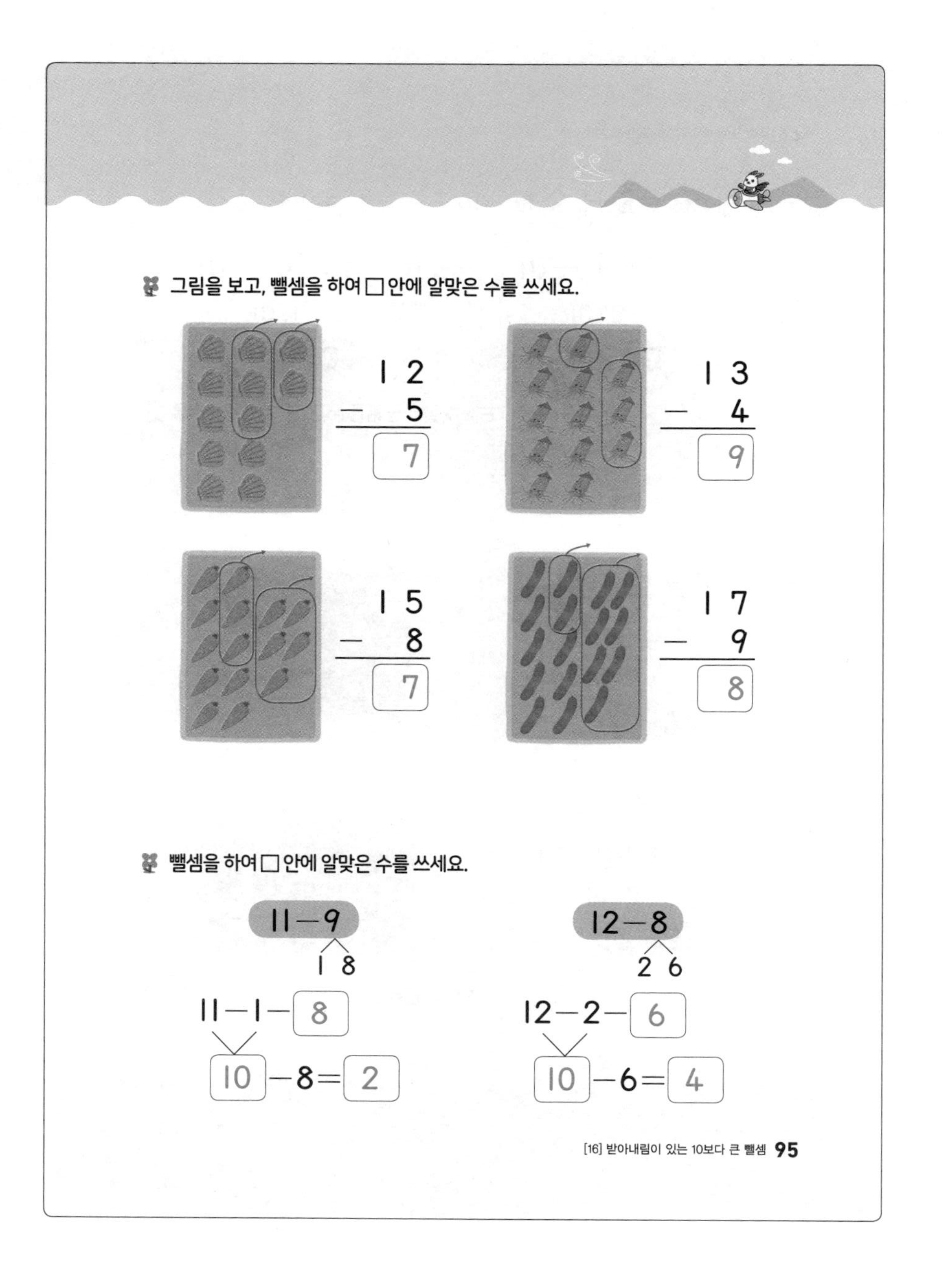
그림을 보고, 뺄셈을 하여 □ 안에 알맞은 수를 쓰세요.

12−5=7

13−4=9

15−8=7

17−9=8

뺄셈을 하여 □ 안에 알맞은 수를 쓰세요.

11−9 (1, 8)

11−1−8

10−8=2

12−8 (2, 6)

12−2−6

10−6=4

[16] 받아내림이 있는 10보다 큰 뺄셈 95

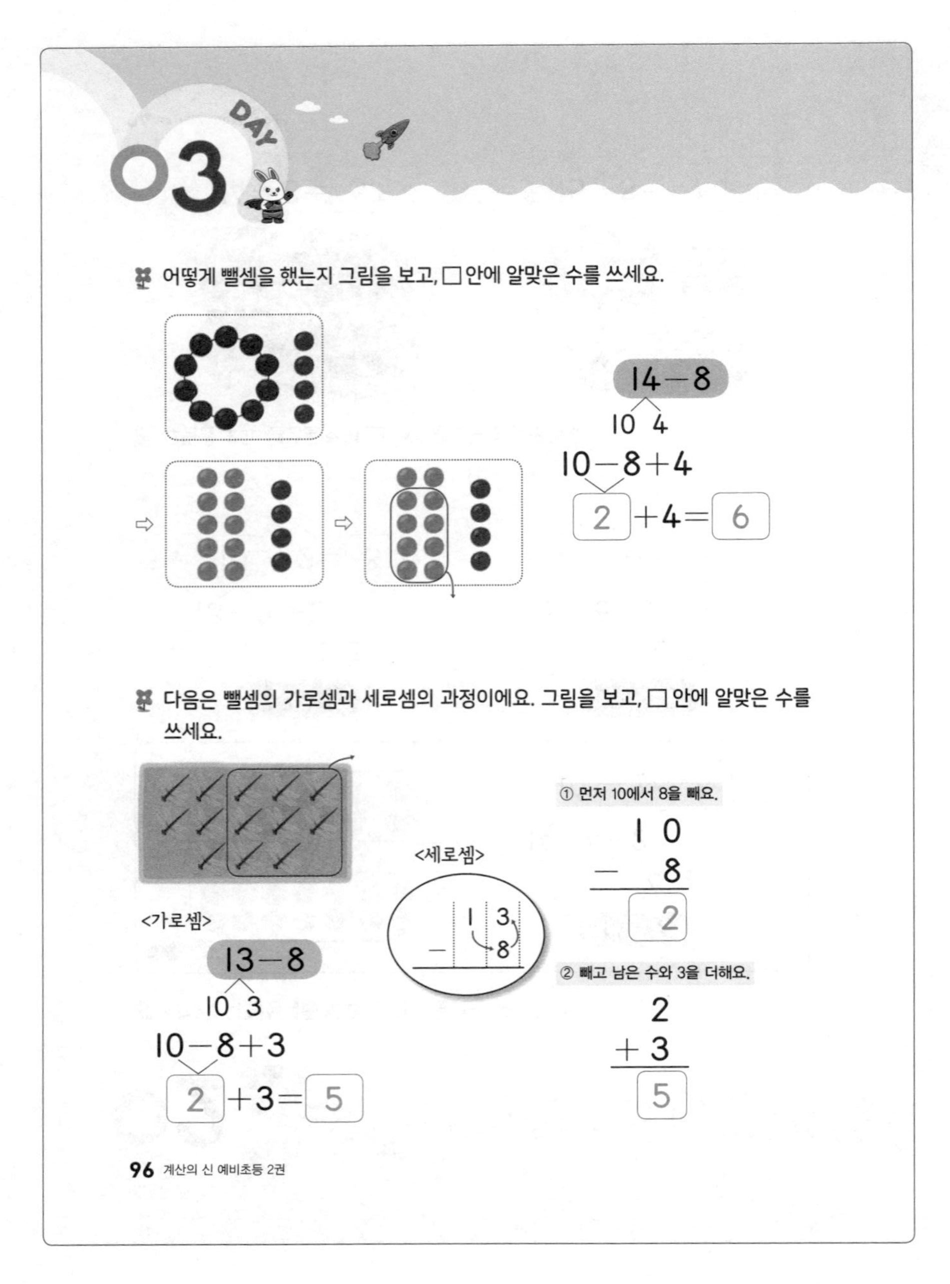

DAY 03

어떻게 뺄셈을 했는지 그림을 보고, □ 안에 알맞은 수를 쓰세요.

14−8
10 4
10−8+4
2 +4= 6

다음은 뺄셈의 가로셈과 세로셈의 과정이에요. 그림을 보고, □ 안에 알맞은 수를 쓰세요.

<가로셈>
13−8
10 3
10−8+3
2 +3= 5

<세로셈>

① 먼저 10에서 8을 빼요.
10
− 8
2

② 빼고 남은 수와 3을 더해요.
2
+ 3
5

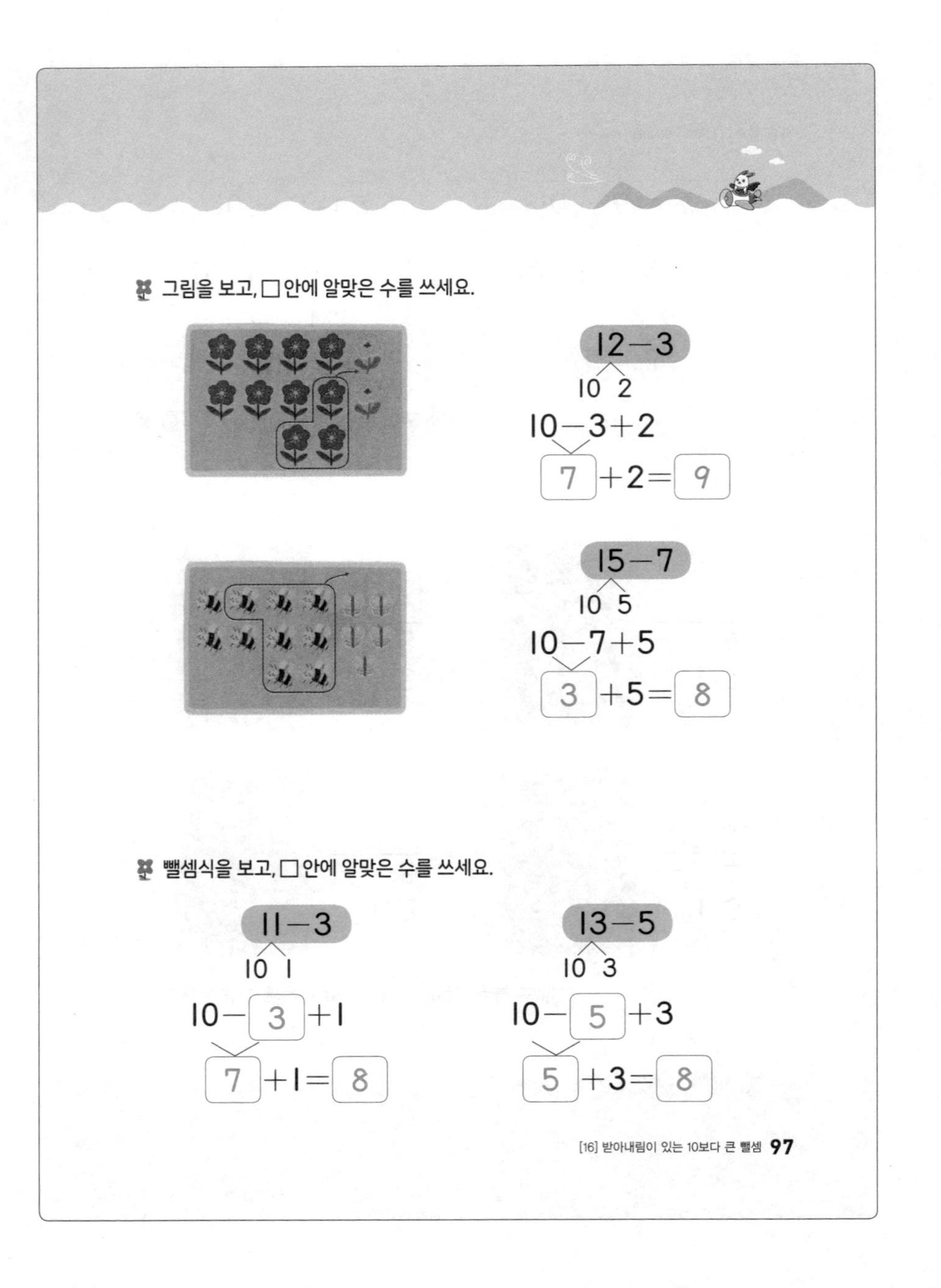

그림을 보고, □ 안에 알맞은 수를 쓰세요.

12−3
10 2
10−3+2
7 +2= 9

15−7
10 5
10−7+5
3 +5= 8

뺄셈식을 보고, □ 안에 알맞은 수를 쓰세요.

11−3
10 1
10− 3 +1
7 +1= 8

13−5
10 3
10− 5 +3
5 +3= 8

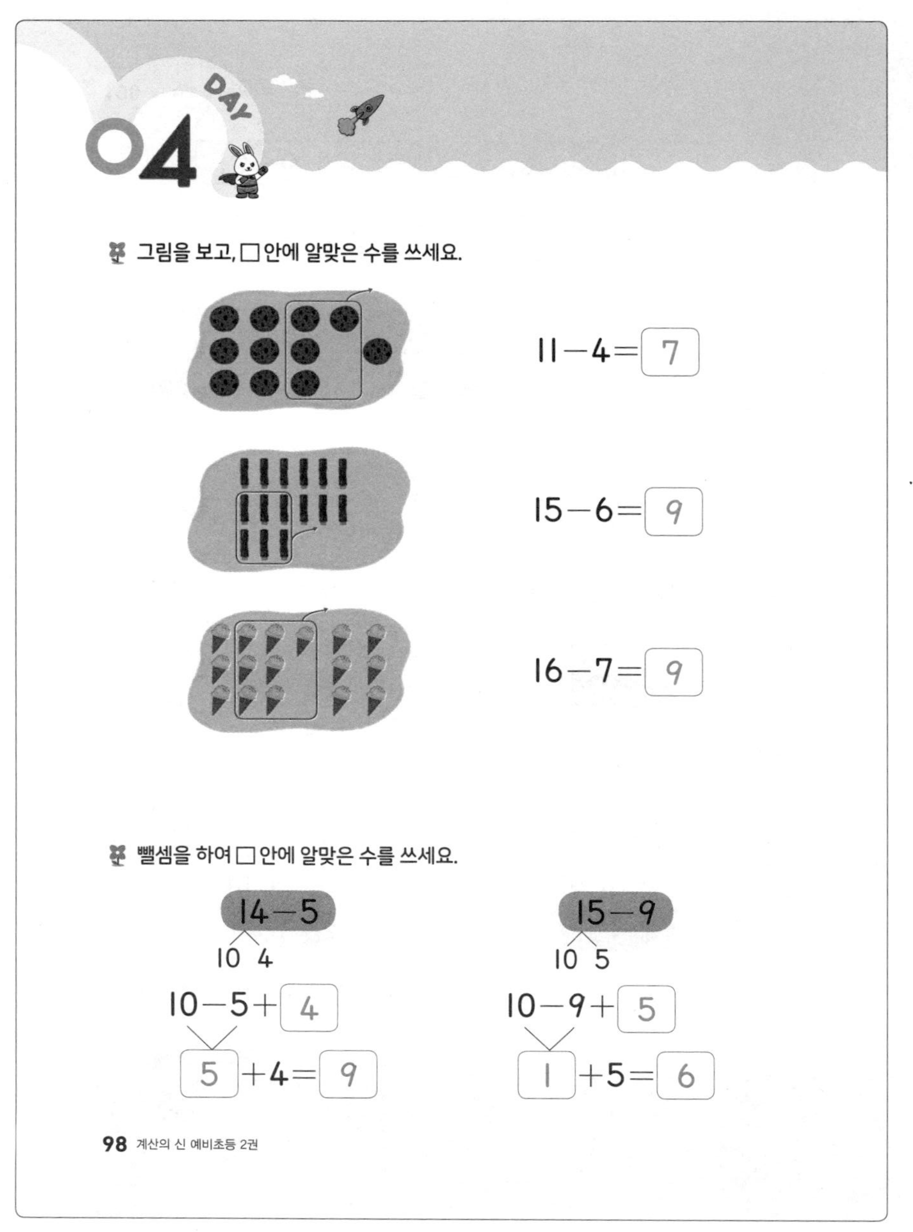

DAY 04

그림을 보고, □ 안에 알맞은 수를 쓰세요.

11－4＝7

15－6＝9

16－7＝9

뺄셈을 하여 □ 안에 알맞은 수를 쓰세요.

14－5 (10 4)
10－5＋4
5＋4＝9

15－9 (10 5)
10－9＋5
1＋5＝6

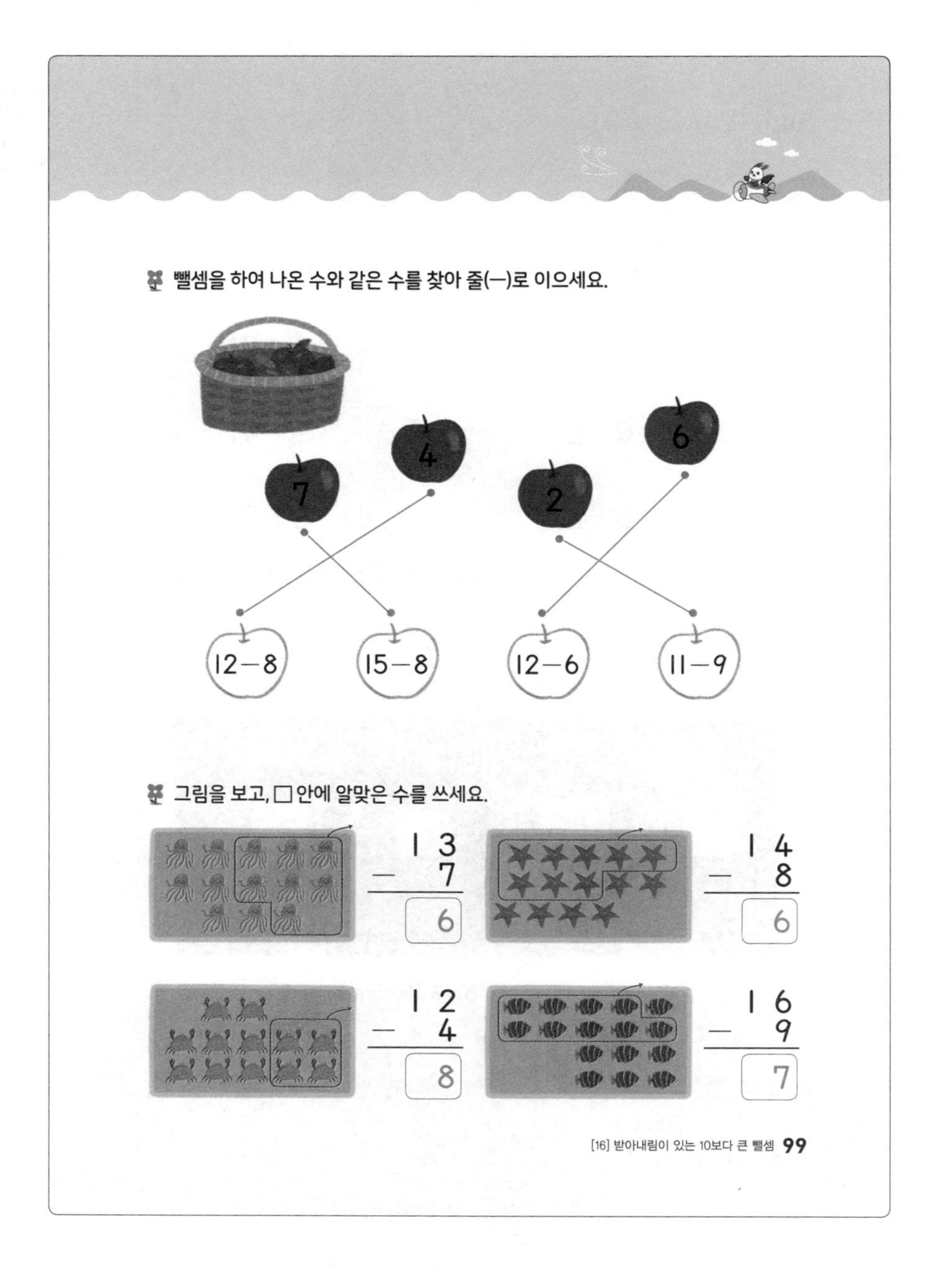

뺄셈을 하여 나온 수와 같은 수를 찾아 줄(—)로 이으세요.

그림을 보고, □ 안에 알맞은 수를 쓰세요.

$$\begin{array}{r} 13 \\ -\ 7 \\ \hline 6 \end{array} \quad \begin{array}{r} 14 \\ -\ 8 \\ \hline 6 \end{array}$$

$$\begin{array}{r} 12 \\ -\ 4 \\ \hline 8 \end{array} \quad \begin{array}{r} 16 \\ -\ 9 \\ \hline 7 \end{array}$$

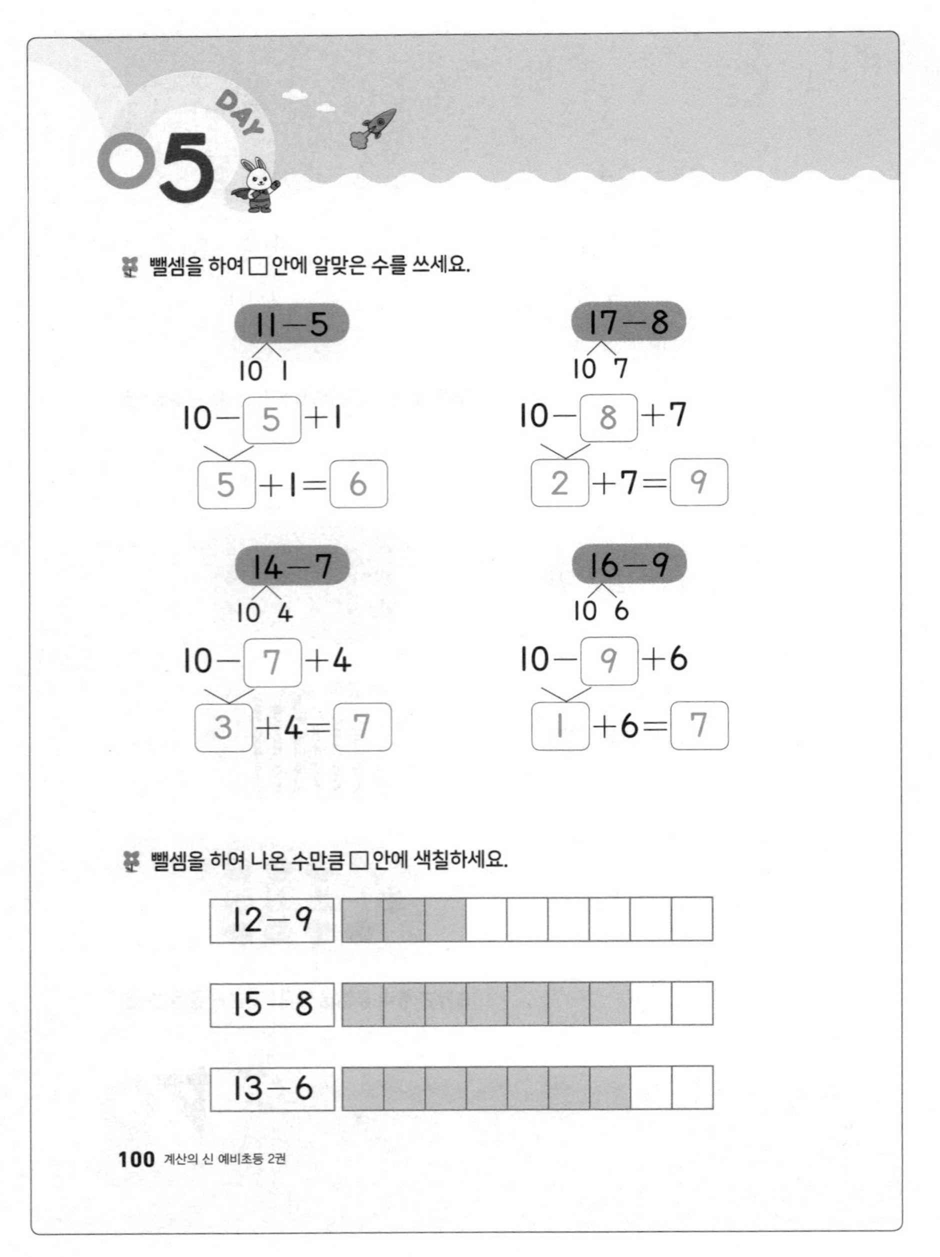

DAY 05

빼셈을 하여 □ 안에 알맞은 수를 쓰세요.

11−5 (10, 1): 10−[5]+1, [5]+1=[6]

17−8 (10, 7): 10−[8]+7, [2]+7=[9]

14−7 (10, 4): 10−[7]+4, [3]+4=[7]

16−9 (10, 6): 10−[9]+6, [1]+6=[7]

빼셈을 하여 나온 수만큼 □ 안에 색칠하세요.

12−9: 3칸 색칠

15−8: 7칸 색칠

13−6: 7칸 색칠

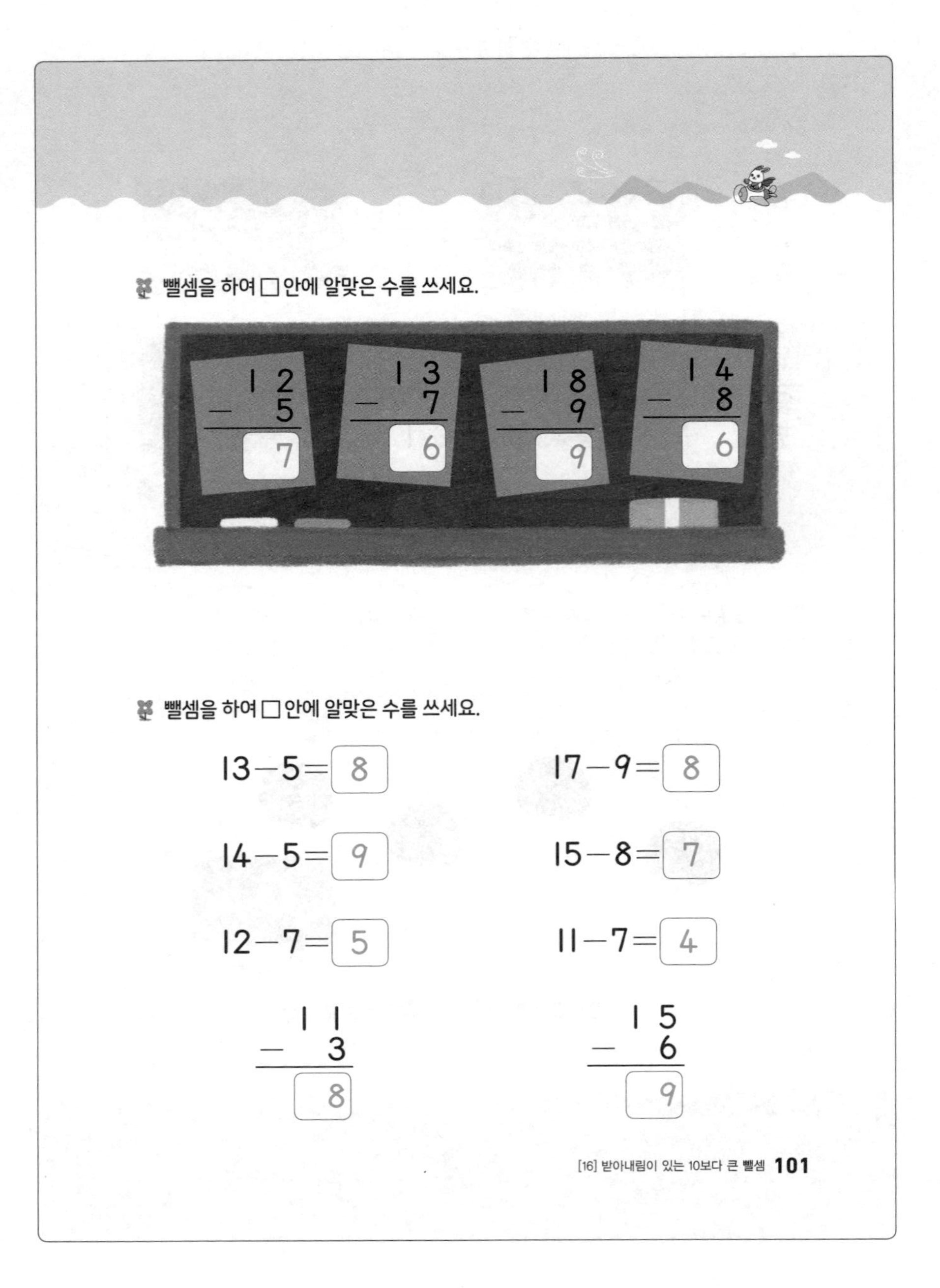

빼셈을 하여 □ 안에 알맞은 수를 쓰세요.

$12-5=[7]$, $13-7=[6]$, $18-9=[9]$, $14-8=[6]$

빼셈을 하여 □ 안에 알맞은 수를 쓰세요.

13−5=[8]　　17−9=[8]

14−5=[9]　　15−8=[7]

12−7=[5]　　11−7=[4]

$11-3=[8]$　　$15-6=[9]$

초등학교 입학 전 익히는 수와 기초 연산

매일 두 쪽씩, 하루 10분 문제 풀이로 계산의 신이 되자!

	《계산의 신》 권별 핵심 내용		
예비 초등	1권	한 자리 수의 덧셈, 뺄셈	10까지의 수 한 자리 수의 덧셈, 뺄셈
	2권	두 자리 수의 덧셈, 뺄셈	100까지의 수 두 자리 수의 덧셈, 뺄셈
초등 1학년	1권	자연수의 덧셈과 뺄셈 기본(1)	합과 차가 9까지인 덧셈과 뺄셈 받아올림/내림이 없는 (두 자리 수)±(한 자리 수)
	2권	자연수의 덧셈과 뺄셈 기본(2)	받아올림/내림이 없는 (두 자리 수)±(두 자리 수) 받아올림/내림이 있는 (한/두 자리 수)±(한 자리 수)
초등 2학년	3권	자연수의 덧셈과 뺄셈 발전	(두 자리 수)±(한 자리 수) (두 자리 수)±(두 자리 수)
	4권	네 자리 수/곱셈구구	네 자리 수 곱셈구구
초등 3학년	5권	자연수의 덧셈과 뺄셈/곱셈과 나눗셈	(세 자리 수)±(세 자리 수), (두 자리 수)×(한 자리 수) 곱셈구구 범위에서의 나눗셈
	6권	자연수의 곱셈과 나눗셈 발전	(세 자리 수)×(한 자리 수), (두 자리 수)×(두 자리 수) (두/세 자리 수)÷(한 자리 수)
초등 4학년	7권	자연수의 곱셈과 나눗셈 심화	(세 자리 수)×(두 자리 수) (두/세 자리 수)÷(두 자리 수)
	8권	분수와 소수의 덧셈과 뺄셈 기본	분모가 같은 분수의 덧셈과 뺄셈 소수의 덧셈과 뺄셈
초등 5학년	9권	자연수의 혼합 계산/분수의 덧셈과 뺄셈	자연수의 혼합 계산, 약수와 배수, 약분과 통분 분모가 다른 분수의 덧셈과 뺄셈
	10권	분수와 소수의 곱셈	(분수)×(자연수), (분수)×(분수) (소수)×(자연수), (소수)×(소수)
초등 6학년	11권	분수와 소수의 나눗셈 기본	(분수)÷(자연수), (소수)÷(자연수) (자연수)÷(자연수)
	12권	분수와 소수의 나눗셈 발전	(분수)÷(분수), (자연수)÷(분수), (소수)÷(소수), (자연수)÷(소수), 비례식과 비례배분

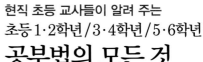